Hans Benker

Mathematik mit dem PC

ISBN 978-3-528-05413-7   ISBN 978-3-322-85926-6 (eBook)
DOI 10.1007/978-3-322-85926-6

Softcover reprint of the hardcover 1st edition 1994

CorelDraw – Profi Praxis
von Michael Kiermeier

Online Recherche – Neue Wege zum Wissen der Welt
von Peter Horvath

Professionelle Grafiklösungen mit dem Designer 4.0
von Dieter Staas und Jean Hee Song

Word 6.0 für Windows
Praxislösungen für Büro und Sekretariat
von Ernst Tiemeyer

Mathematik mit dem PC
von Hans Benker

DTP-Praxis mit PageMaker 5
von Wolfgang Müller

Excel 5.0 für Büro und kaufmännische Praxis
von Bernd Kretschmer und Uwe Grigoleit

Telekommunikation mit dem PC
von Albrecht Darimont

Vieweg

Vorwort

Dieses Buch gibt eine Einführung in die *Anwendung* von *Computer-algebra-Programmen*, die sich zu einem wirkungsvollen Hilfsmittel für die Lösung von *mathematischen Aufgaben* mit dem Computer entwickelt haben. Von den einzelnen Computeralgebra-Programmen werden die Versionen behandelt, die für IBM-kompatible Personalcomputer (kurz als PC bezeichnet) unter DOS und WIN-DOWS erstellt wurden. Falls man Programmversionen für andere Computertypen (z.B. APPLE, Workstations unter UNIX) benutzt, so lassen sich die hier gegebenen Grundlagen ebenfalls anwenden, da die Kommandostruktur der einzelnen Programme nicht vom verwendeten Computertyp abhängt.

Im Unterschied zu der zahlreich vorhandenen Literatur über Computeralgebra, in der nur einzelne Computeralgebra-Programme vorgestellt bzw. theoretische Grundlagen behandelt werden, stehen im vorliegenden Buch die Anwendungen im Vordergrund, d.h., wie kann ein konkretes *mathematisches Problem* mittels eines der weit verbreiteten *Computeralgebra-Programme* DERIVE, MAPLE und MATHEMATICA *gelöst* werden. Weiterhin wird auf das in den Ingenieurwissenschaften häufig genutzte *Mathematikprogramm* MATHCAD eingegangen, in das eine Minimalversion des Programmsystems MAPLE integriert ist.

Dabei werden *Möglichkeiten* und *Grenzen* dieser Programme an einer Reihe von *Beispielen* aufgezeigt. Die gegebenen Beispiele können zugleich zu ersten Übungen mit einem vorhandenen Programm dienen.

Mit den im Buch gegebenen Grundlagen ist auch ein Einsteiger in der Lage, in Schule, Studium und Beruf anfallende mathematische Standardaufgaben ohne große Mühe unter Verwendung eines beliebigen Computeralgebra-Programms zu lösen. Gegebenenfalls muß das zu dem verwendeten Programm mitgelieferte Benutzerhandbuch oder die in jedem Programm enthaltene Hilfe konsultiert werden, um zu den einzelnen Kommandos noch detailliertere Informationen zu erhalten. Weiterhin kann man mit einem gegebenen

Kommando *„experimentieren"*, um tiefere Einblicke in seine Wirkungsweise und seine Möglichkeiten zu erhalten.

Der behandelte *mathematische Stoff* umfaßt die in den Grundvorlesungen für Studenten der Informatik, Natur-, Ingenieur- und Wirtschaftswissenschaften an Fachhochschulen und Universitäten dargelegte Mathematik. So ist dieses Buch aus Vorlesungen entstanden, die ich vor Studenten der Mathematik, Informatik, Physik und Ingenieurwissenschaften der Universität Halle, der Fachhochschule und der Technischen Hochschule Merseburg hielt. Der Stoff wird so dargestellt, daß er auch an Gymnasien zur Einführung in die Anwendung von Computeralgebra-Programmen verwendet werden kann. Von den möglichen Kommandos (und den dafür zulässigen Argumenten und Optionen) zur Lösung eines bestimmten Problems werden bei den einzelnen Computeralgebra-Programmen nur jeweils die gebräuchlichsten besprochen. Neben den in diesem Buch betrachteten mathematischen Grundaufgaben lassen sich auch komplexere Aufgaben erfolgreich mit den Computeralgebra-Programmen lösen. Dies ist der Inhalt weiterführender Bücher zur Anwendung der Computeralgebra (siehe [9], [51], [60], [67], [70], [71], [81], [91], [95], [103]).

Mit diesem Buch soll auch der Vorstellung entgegengetreten werden, daß Computeralgebra-Programme nur etwas für Mathematiker sind. Diese Programme sind erstellt worden, um mathematische Probleme lösen zu können, ohne daß man unbedingt Mathematiker sein muß. In der *Zukunft* wird die Anwendung der Mathematik stark durch *Computeralgebra-Programme* mitgeprägt werden. So wie der *elektronische Taschenrechner* in den siebziger Jahren auf breiter Front Rechenschieber und mathematische Tabellen ablöste, wird dieser in den folgenden Jahren durch *Mikrocomputer* (Palmtops, Notebooks, Laptops, usw.) ersetzt werden, auf denen Computeralgebra-Programme installiert sind. Deshalb besteht für breite Anwenderkreise die Notwendigkeit, *Grundkenntnisse* auf dem Gebiet der *Computeralgebra* zu erwerben.

Da sich die Struktur der Kommandos auch bei zukünftigen Versionen der einzelnen Computeralgebra-Programme nicht wesentlich ändern wird (es verbessert sich nur die Effektivität), kann das vorliegende Buch auch in den nächsten Jahren als eine Anleitung für alle dienen, die mathematische Aufgaben auf einfachem Wege mittels Computer lösen wollen. Dies betrifft vor allem Aufgaben, die zwar exakt (analytisch) lösbar sind, deren Lösungsaufwand aber per Hand nicht mehr zu bewältigen ist. Des weiteren enthalten die einzelnen Programme schon eine Reihe numerischer Standardalgorithmen für den Fall, daß die exakte Lösung einer Aufgabe versagt.

Für die *Verwendung des Buches* wird empfohlen, die einzelnen Kapitel nicht nur theoretisch abzuhandeln, sondern möglichst unter Verwendung eines (oder mehrerer) der beschriebenen Programme anhand der gegebenen Beispiele praktisch abzuarbeiten.

Eine mögliche *Gefahr* bei der Anwendung von Computeralgebra-Programmen möchte ich auch nicht verschweigen. Da sich mit den vorhandenen Programmen ein großer Teil der in Schule und im Studium gestellten Aufgaben ohne große Mühe lösen läßt, könnte dies zu einer Verkümmerung der Mathematikkenntnisse führen. Dies soll aber gerade die Anwendung derartiger Programme nicht bewirken. Sie sollen lediglich von umfangreichen und manchmal auch stupiden Rechnungen befreien und den Weg zu einer verstärkt schöpferischen Anwendung der Mathematik ebnen. Auch darf man den von diesen Programmen gelieferten Ergebnissen nicht blindlings trauen, da fehlerhafte Ergebnisse auftreten können. Aus diesen Gründen müssen Lehrer und Dozenten dahingehend einwirken, daß Schüler und Studenten sich auch weiterhin intensiv mit Mathematik beschäftigen und die Computeralgebra-Programme nur als nützliche Hilfsmittel betrachten.

An dieser Stelle möchte ich auch noch allen danken, die mich bei der Realisierung des vorliegenden Buchprojektes unterstützt haben:

- Dies betrifft besonders meine Gattin Doris, die das Manuskript durchgesehen und viel Verständnis für meine Arbeit an den Wochenenden aufgebracht hat.

- Meine Tochter Uta las das Manuskript bzgl. seiner Anwendbarkeit im Gymnasium und gab hierfür viele nützliche Vorschläge.

- Meine Kollegen Prof. Dr. J. Seeländer, Dr. Ch. Henkel und Dipl.-Math. B. Burkhardt haben das Manuskript fachkundig gelesen und in zahlreichen Diskussionen viele Verbesserungen angeregt.

- Herr Lektor Schmitz vom Verlag Vieweg hat sich für die schnelle Aufnahme meines Buchvorschlages in das Verlagsprogramm eingesetzt und mir während der Erstellung des Manuskriptes viele konstruktive Hinweise gegeben.

Abschließend noch einige *Hinweise zur Gestaltung* des vorliegenden Buches:

- Neben den Überschriften werden Befehle, Kommandos und Menüs der Computeralgebra-Programme und Vektoren und Matrizen im *Fettdruck* dargestellt.

- Alle Programm-, Datei- und Verzeichnisnamen werden in *Groß-buchstaben* geschrieben.

- Die grundlegenden *Rechenbeispiele* werden in jedem Kapitel mit 1 beginnend *durchnumeriert*, wobei die erste Ziffer die Kapitelnummer angibt. So wird z.B. mit **Beispiel 4.14** das Beispiel 14 aus Kapitel 4 bezeichnet. Die gleiche Vorgehensweise gilt auch für die Numerierung der *Bilder*.

- Hervorzuhebende Textstellen sind *kursiv* gesetzt.

- *Wichtige Hinweise* werden durch dieses Zeichen auf dem Rand markiert.

Merseburg, im Mai 1994   Hans Benker

Inhaltsverzeichnis

1   Einleitung

In den einzelnen Abschnitten der *Einleitung* (*Kapitel* 1) geben wir einen kurzen Überblick über die Funktionsweise, Haupteinsatzgebiete und Geschichte der Computeralgebra-Programme und stellen die wichtigsten Programme vor.

Im *Kapitel* 2 werden die drei am häufigsten verwendeten Programme DERIVE, MAPLE und MATHEMATICA ausführlicher behandelt. Dazu betrachten wir Aufbau und Funktionsweise, so daß der Anwender in der Lage ist, diese Programme ohne große Schwierigkeiten zu bedienen. Es ist hierbei aber nicht möglich, ein bestes Programm zu empfehlen. Jedes Programm hat natürlich Vor- und Nachteile. Auch spielen Preis und Anwendungszweck eine wesentliche Rolle. Dieses Buch soll mit dazu beitragen, daß sich jeder Anwender sein optimales Programmsystem auswählen kann.

Im *Kapitel* 3 wird auf das Programmsystem MATHCAD eingegangen, das eine Minimalversion des Computeralgebra-Programms MAPLE enthält. MATHCAD ist vor allem in den technischen Wissenschaften verbreitet, da hierfür eine Reihe von Zusatzprogrammen existieren.

Im *Hauptteil* (*Kapitel* 4 und 5) wird die Lösung der am häufigsten bei praktischen Problemen auftretenden mathematischen Standardaufgaben mittels Computeralgebra-Programmen ausführlich behandelt und an Beispielen diskutiert. Es wird auch auf die Grafikfähigkeiten der einzelnen Programmsysteme eingegangen.

Im *Kapitel* 6 wird für den fortgeschrittenen Anwender ein kurzer Einblick in die Programmierung mittels der in den einzelnen Computeralgebra-Programmen vorhandenen Programmiersprachen gegeben. Mit den behandelten Befehlen ist ein Anwender in der Lage, selbst einfache Programme zu erstellen, falls für ein zu lösendes Problem keine Standardkommandos existieren. Außerdem kann er mit den gegebenen Programmierhinweisen bereits vorhandene Zusatzprogramme besser verstehen und seinem konkreten Problem anpassen.

Im *Kapitel* 7 werden die wesentlichen Eigenschaften der Computeralgebra-Programme zusammengefaßt und Hinweise für eine effektive Anwendung gegeben.

Im *Kapitel* 8 (*Schnellübersicht*) wird eine Zusammenstellung der wichtigsten Größen, Funktionen und Kommandos für die Programme DERIVE, MAPLE, MATHCAD und MATHEMATICA gegeben.

Für die praktischen Bedürfnisse eines Anwenders ist es völlig ausreichend, wenn er weiß, welche Probleme mittels der Computeralgebra-Programme lösbar sind und wie sich die Handhabung dieser Programme gestaltet, d.h., er braucht sich nicht mit der Theorie der Computeralgebra zu beschäftigen, die nicht zum Gegenstand dieses Buches gehört. Für Interessenten der *Theorie der Computeralgebra* wird auf die umfangreiche Literatur verwiesen (siehe [4], [7], [16], [26], [32], [53], [54], [80], [84]).

In der *Literaturübersicht* (*Kapitel* 9) werden alle dem Verfasser bekannten Bücher zur Computeralgebra zusammengestellt. Auf die Aufzählung der großen Anzahl von Artikeln in wissenschaftlichen Zeitschriften wurde verzichtet. Eine sehr gute *Übersicht* über den gegenwärtigen *Stand* in der *Forschung* und *Anwendung* auf dem Gebiet der Computeralgebra findet man in dem Buch [7].

Abschließend geben wir eine *Übersicht* über *Bücher* zu den einzelnen Programmen :

- AXIOM: [42]
- DERIVE: [5], [6], [29], [34], [43], [45], [48], [49], [85], [86], [89], [95], [100]
- MACSYMA: [48], [49]
- MAPLE: [19], [20], [21], [28], [33], [38], [47], [56], [61], [78], [79], [90], [92], [96], [97], [99]
- MATHCAD: [12], [64], [73], [74], [91], [94]
- MATHEMATICA:[1], [2], [3], [8], [9], [10], [11], [14], [15], [17], [18], [23], [24], [25], [27], [30], [35], [36], [37], [40], [41], [44], [46], [48], [51], [52], [58], [59], [60], [65], [66], [69], [70], [71], [72], [75], [76], [81], [82], [93], [101], [102], [103], [104], [106], [107], [108], [109]
- REDUCE: [13], [49], [50], [63], [68], [83]

1.1   Was versteht man unter Computeralgebra

Die *Verarbeitung symbolischer mathematischer Ausdrücke* auf einem Computer bezeichnet man als *Computeralgebra* oder *Formelmanipulation*. Beide Begriffe werden *synonym* verwandt, wobei die

Bezeichnung „Formelmanipulation" aus nachfolgend genannten Gründen den Sachverhalt besser trifft.

Der Begriff „*Computeralgebra*" könnte leicht zu dem Mißverständnis führen, daß man sich nur mit der Lösung algebraischer Probleme beschäftigt. Die Bezeichnung „*Algebra*" steht aber hier für die verwendeten Methoden zur *symbolischen Manipulation mathematischer Ausdrücke*, d.h., die Algebra liefert im wesentlichen das Werkzeug zum Auflösen von Ausdrücken und zur Entwicklung von Algorithmen. Es lassen sich jedoch nur solche Probleme behandeln, deren Bearbeitung nach endlich vielen Schritten die gewünschte Lösung liefert. Der Grund hierfür liegt in dem Sachverhalt, daß in der *Computeralgebra* alle *Berechnungen exakt* (*symbolisch*) ausgeführt werden, im Gegensatz zu den *numerischen Verfahren*, die mit gerundeten Gleitkommazahlen rechnen und deshalb nur *Näherungswerte* liefern. Weiterhin müssen numerische Verfahren immer nach einer endlichen Anzahl von Schritten abgebrochen werden (als Beispiel sei das bekannte Newton-Verfahren zur Nullstellenbestimmung erwähnt), obwohl in den meisten Fällen noch nicht das „exakte" Ergebnis erreicht wurde. Die bei numerischen Verfahren auftretenden *Rundungsfehler* resultieren aus der endlichen Rechengenauigkeit des Computers.

Ein Computeralgebra-Programm kann nur diejenigen Aufgaben lösen, für deren Lösung sich ein „*endlicher Algorithmus*" finden läßt, wie wir bereits erwähnten. Dabei versteht man unter einem „endlichen Algorithmus" eine Vorschrift, die ein Problem in endlich vielen Schritten exakt löst.

So ist z.B. ein Computeralgebra-Programm nicht in der Lage, jedes unbestimmte Integral

$$\int f(x)\,dx$$

zu berechnen. Es lassen sich nur diejenigen berechnen, bei denen die Stammfunktionen $F(x)$ der Funktion $f(x)$ (d.h. $F'(x) = f(x)$) nach endlich vielen Schritten in exakter (analytischer) Form angebbar ist (z.B. durch partielle Integration, Substitution, Partialbruchzerlegung u.a.). In diesem eben betrachteten Fall liefert die Computeralgebra die Stammfunktion als analytischen Ausdruck (Formel) und zeigt einen großen *Vorteil gegenüber numerischen Verfahren*, die nur eine Folge von Zahlen als Näherungen für die Funktionswerte der Stammfunktion in einzelnen Punkten liefern.

Beispiel:

Zur Berechnung des Integrals

$$\int x^5 \sin x \; dx$$

wird bei dem Computeralgebra-Programm MATHEMATICA das Kommando

Integrate[x^5*Sin[x], x]

eingegeben. Auf dem Bildschirm erscheint unmittelbar das Ergebnis:

$$-120\, x\, \text{Cos}[x] + 20\, x^3\, \text{Cos}[x] - x^5\, \text{Cos}[x] + 120\, \text{Sin}[x] - 60\, x^2\, \text{Sin}[x] + 5\, x^4\, \text{Sin}[x]$$

Dagegen liefert die Berechnung von

$$\int e^{x^2} dx$$

mittels Computeralgebra kein Ergebnis, da es für die Funktion e^{x^2} keine geschlossene Darstellung für ihre Stammfunktion gibt. In diesem Fall führt nur ein numerisches Verfahren zum Erfolg, das aber nur eine Näherungslösung für die Stammfunktion liefert.

Obwohl die Computeralgebra stark von der *Algebra* beeinflußt wird und hierfür auch viele Probleme löst (z.B. Matrizenrechnung, Determinantenberechnung, Gleichungsauflösung usw.), zeigt schon das vorangehende Beispiel der Integralberechnung, daß auch Probleme der *mathematischen Analysis* (d.h. u.a. Differential- und Integralrechnung, Differentialgleichungen) und darauf aufbauende Anwendungen mittels Computeralgebra gelöst werden können. Hierzu zählen vor allem Aufgaben, deren Lösung auf algebraischem Wege erhalten werden kann, d.h. durch symbolische Manipulation mathematischer Ausdrücke.

Ein *typisches Beispiell* hierfür liefert die *Differentiation* von Funktionen. Durch Kenntnis der Regeln für die Ableitung der elementaren Funktionen (x^n, $\sin x$, e^x usw.) und der bekannten Differentiationsregeln (Produkt-, Quotienten- und Kettenregel) läßt sich formal die Differentiation jeder auch noch so komplizierten (differenzierbaren) Funktion durchführen. Dies kann als eine algebraische Behandlung der Differentiation verstanden werden.

In ähnlicher Art und Weise lassen sich auch Verfahren zur Berechnung gewisser Klassen von Integralen und zur Lösung gewisser Typen von Differentialgleichungen formulieren und folglich im Rahmen der Computeralgebra durchführen.

Zusammenfassend kann zur *Gegenüberstellung* der beiden Methoden „*Computeralgebra und numerische Verfahren*", um Mathematik auf dem Computer zu betreiben, folgendes gesagt werden:

> Die *Vorteile der Computeralgebra* liegen in der *formelmäßigen Eingabe* des zu lösenden Problems. Das *Ergebnis* wird ebenfalls wieder als *Formel* geliefert. Daher rührt auch die Bezeichnung *Formelmanipulation*. Diese Vorgehensweise ist der manuellen Lösung mit Papier und Bleistift angepaßt und deshalb ohne große Programmierkenntnisse anwendbar.
>
> Da auch mit Zahlen symbolisch gerechnet wird, treten keine *Rundungsfehler* auf.
>
> Der einzige (aber nicht unwesentliche) *Nachteil* der *Computeralgebra* besteht darin, daß sich nur solche Probleme lösen lassen, für die ein „endlicher Algorithmus" existiert. Anderenfalls ist man auf *numerische Methoden*, d.h. die Numerische Mathematik („Numerik") als einzige Alternative angewiesen.
>
> Um einen *numerischen Algorithmus* auf dem Computer zu realisieren, muß man natürlich erst ein Programm (in einer Programmiersprache) schreiben oder auf vorhandene Programmbibliotheken zurückgreifen. Dies erfordert aber bedeutend tiefere Informatikkenntnisse und einen größeren Aufwand als die Anwendung der Computeralgebra. Weitere Nachteile der „*Numerik*" bestehen darin, daß *Rundungsfehler* auftreten können und das Ergebnis in Form von Zahlenwerten (als Näherungen) vorliegt, demnach leicht die Anschaulichkeit verlorengeht.

Zwei Beispiele sollen die Unterschiede zwischen Computeralgebra und Numerik veranschaulichen.

Beispiel:

a) $\sqrt{2}$ oder auch π werden bei der Eingabe von einem Computeralgebra-Programm nicht durch eine Gleitkommazahl (so z.B. $\sqrt{2} \approx 1.414214$ und $\pi \approx 3.141593$) approximiert, wie dies bei numerischen Verfahren erforderlich ist, sondern symbolisch erfaßt, so daß z.B. bei einer weiteren Rechnung für $(\sqrt{2})^2$ als exakter Wert 2 folgt.

b) An der Lösung des einfachen linearen Gleichungssystems

$$x + a \cdot y = 2$$

$$x - y = 0 \, ,$$

das einen frei wählbaren Parameter a enthält, läßt sich ebenfalls der typische Unterschied zwischen Computeralgebra und Numerik zeigen. Ein Vorteil der Computeralgebra liegt darin, daß auch derartige Aufgaben lösbar sind, während numerische Methoden für a einen Zahlenwert fordern. Alle Computeralgebra-Programme liefern die Lösung („*formelmäßige Lösung*")

$$x = \frac{2}{a+1} \, , \; y = \frac{2}{a+1} \qquad .$$

Der Anwender muß lediglich erkennen, daß der Parameter a nicht den Wert -1 annehmen darf, da für diesen Fall keine Lösung existiert.

Die Bestrebungen in der *Weiterentwicklung* der „*Computermathematik*" gehen dahin, die *Vorteile* von *Computeralgebra* und *Numerik* zu *kombinieren*. So besitzen die meisten Computeralgebra-Programme Kommandos zur numerischen Berechnung, die man anwenden kann, wenn die exakte Berechnung mittels Computeralgebra scheitert.

Beispiel:

MATHEMATICA besitzt die Kommandos

- **Integrate**[f(x), { x, a, b }]

  zur exakten (*symbolischen*)

  und

- **NIntegrate**[f(x), { x, a, b }]

  zur näherungsweisen (*numerischen*) *Berechnung*

  des bestimmten Integrals

$$\int_a^b f(x)\,dx \; .$$

Auch umgekehrt wird versucht, *Methoden* der *Computeralgebra* in der *Numerik* einzusetzen (z.B. das Ersetzen der ungenauen numerischen Differentiation durch die exakte (symbolische)).

Wir haben die *Prinzipien der Computeralgebra* nur kurz erläutert. In dem Buch [7] findet man hierzu weitere ausführliche Informationen.

1.2   Funktionsweise von Computeralgebra-Programmen

In der *Computeralgebra* werden *rationale Zahlen* (wenn möglich auch reelle wie z.B. $\sqrt{2}$ und π) *exakt* dargestellt und nicht in gerundeter Form wie in der Numerik. Der *Hauptschwerpunkt* der *Com-*

puteralgebra liegt folglich in *algebraischen Umformungen* im Gegensatz zu den arithmetischen Operationen der Numerik.

Während einfache numerische Algorithmen schon bei Grundkenntnissen einer Programmiersprache (z.B. BASIC) für den Computer programmiert werden können, erfordert das Erstellen eines Computeralgebra-Programms tiefe algebraische Kenntnisse. So wurden die im folgenden behandelten Programmsysteme von Wissenschaftlergruppen im Verlaufe mehrerer Jahre erstellt und werden laufend verbessert (neue Versionen).

Für den Anwender verhält sich der Sachverhalt gerade umgekehrt. Die *Anwendung* eines vorhandenen *Computeralgebra-Programms* gestaltet sich wesentlich *einfacher* und anschaulicher als die Erstellung eines fehlerfreien Computerprogramms für einen numerischen Algorithmus. Dies liegt vor allem darin begründet, daß Computeralgebra-Programme *interaktiv* arbeiten (d.h. im laufenden Dialog zwischen Nutzer und Computer) im Gegensatz zu den herkömmlichen Programmiersprachen (BASIC, FORTRAN, PASCAL usw.), die ausschließlich das prozedurale Programmieren unterstützen. Beim interaktiven Arbeiten mit einem Computeralgebra-Programm besteht ein laufender *Dialog* zwischen *Nutzer* und *Computer* mittels des Bildschirms, wobei sich fortlaufend der folgende *Zyklus* wiederholt:

Eingabe	**Berechnung**	**Ausgabe**
(durch den Nutzer)	(durch das Computeralgebra-Programm)	(des Ergebnisses auf dem Bildschirm).

Die Arbeit mit den meisten zur Zeit zur Verfügung stehenden Programmen wird noch dadurch erleichtert, daß eine leicht zu bedienende *Benutzeroberfläche (Benutzerschnittstelle)* existiert, über die man mit dem System in den Dialog tritt. MACSYMA, MAPLE, MATHCAD und MATHEMATICA verfügen über eine WINDOWS-Version, deren Oberflächen einen ähnlichen Aufbau besitzen.

Die *Struktur* der meisten *Computeralgebra-Programme* hat damit die folgende Gestalt:

⇨ *Benutzeroberfläche* (englisch: front end)

⇨ *Kern* (englisch: kernel)

⇨ *Zusatzpakete* (englisch: packages).

Dem allgemeinen Trend folgend, wird häufig für Benutzeroberfläche, Kern und Zusatzpakete in der deutschsprachigen Computerliteratur die entsprechende englische Bezeichnung (mit großem Anfangsbuchstaben) verwendet. Im *Kern*, der bei jeder Anwendung geladen wird, sind dabei die Grundoperationen realisiert. Die *Zusatzpakete* enthalten speziellere Anwendungen und müssen nur bei Bedarf geladen werden. Diese so gegebene Struktur hat wesentlichen Anteil bei der Einsparung von Speicherplatz im RAM und läßt laufende Erweiterungen durch den Nutzer zu.

Wir wollen auch nicht versäumen, auf die folgende Problematik bei der Arbeit mit Computeralgebra-Programmen hinzuweisen:

> Da die Algorithmen der Computeralgebra oft sehr aufwendig sind, kann die Berechnung für hochdimensionale (umfangreiche) Probleme unvertretbar lange dauern oder wegen Speichermangel abgebrochen werden. Dies bedeutet, daß die Berechnung fehlschlägt, obwohl das Problem symbolisch (d.h. im Sinne der Computeralgebra) lösbar ist.

1.3 Haupteinsatzgebiete von Computeralgebra-Programmen

Da der Hauptinhalt der Computeralgebra in der Umformung (Manipulation) von Ausdrücken besteht, sind u.a. die folgenden *typischen Anwendungsgebiete* in den bekanntesten universellen Computeralgebra-Programmen AXIOM, DERIVE, MACSYMA, MAPLE, MATHEMATICA und REDUCE realisiert.

1.3.1 Verwendung als wissenschaftlicher (intelligenter) Taschenrechner

Hierbei gilt die übliche Notation $+$, $-$, $*$, $/$ für die *Grundrechenarten* und $**$ oder $\wedge$ für das *Potenzieren*. Es ist dabei zu beachten, daß ohne besondere Vorkehrungen das *Grundprinzip* der *exakten Berechnung* (*exakten Arithmetik*) gilt:

So liefert z.B. die Addition

$$\frac{1}{2} + \frac{1}{3}$$

das Ergebnis

$$\frac{5}{6}$$

(wieder als Bruch dargestellt) und bei der Eingabe der reellen Zahl $\sqrt{2}$ erfolgt keine weitere Veränderung.

Alle Programme verfügen natürlich über eine Funktion, um rationale und reelle Zahlen durch Gleitkommazahlen mit vorgegebener Genauigkeit anzunähern.

1.3.2   Umformung von Ausdrücken

Dies gehört zu den Grundfunktionen der Computeralgebra-Programme. Dazu zählen:

- Vereinfachung von Ausdrücken
- Partialbruchzerlegung
- Potenzieren von Ausdrücken
- Multiplikation von Ausdrücken
- Faktorisierung von Polynomen und damit verbundene Nullstellenbestimmung
- Ausdrücke auf einen gemeinsamen Nenner bringen

Beispiel 1.1:

So ergibt sich z.B. bei der Verwendung der entsprechenden Kommandos:

$$(x+a)^3 \quad\rightarrow\quad x^3 + 3ax^2 + 3a^2x + a^3$$

$$\frac{x^2 - a^2}{x - a} \quad\rightarrow\quad x + a$$

$$x^2 + 2ax + a^2 \quad\rightarrow\quad (x+a)^2$$

$$x^3 - 2x^2 - x + 2 \quad\rightarrow\quad (x-1)(x+1)(x-2)$$

$$x^3 - 2x^2 - x + 2 = 0 \quad\rightarrow\quad x1 = 1,\ x2 = -1,\ x3 = 2$$

1.3.3   Lineare Algebra

Außer der Addition, Multiplikation, Transponierung und Inversion von Matrizen, lassen sich auch Eigenwerte, Eigenvektoren und Determinanten berechnen und lineare Gleichungssysteme lösen.

1.3.4 Verarbeitung von Funktionen

Alle Programmsysteme kennen die ganze Palette der elementaren Funktionen. Dazu gestatten sie auch in den meisten Fällen die Definition eigener Funktionen. Die Funktionen kann man nun differenzieren und in dem oben beschriebenen Rahmen auch integrieren. Des weiteren lassen sich u.a. gewisse Klassen von Differentialgleichungen lösen, Grenzwerte berechnen und Taylorentwicklungen angeben.

1.3.5 Aufnahme neuer Regeln und Algorithmen

Die meisten Programmsysteme gestatten es, neue Rechenregeln, Algorithmen usw. aufzunehmen, die man zur Lösung spezieller Probleme benötigt.

1.3.6 Programmierung

Die größeren Programme wie AXIOM, MACSYMA, MAPLE, MATHEMATICA und REDUCE besitzen eine Programmiersprache. Damit können eigene Zusatzpakete (-dateien) erstellt werden, die es erlauben, auch umfangreichere Probleme zu lösen.

1.3.7 Grafische Darstellungen

Diese sind bei den größeren Programmen weitentwickelt und gestatten die Erstellung zwei- und dreidimensionaler Grafiken, die vielfältig manipuliert werden können.

1.3.8 Numerische Berechnungen

Die behandelten Computeralgebra-Programme besitzen auch einen Numerikteil, der beim Versagen der exakten Berechnung mittels Computeralgebra (Formelmanipulation) eine näherungsweise Berechnung gestattet.

Neben den hier betrachteten universellen Computeralgebra-Programmen gibt es noch eine Vielzahl von Programmen, die nur für ein spezielles Gebiet erstellt wurden (siehe [7]).

1.4 Geschichte der Computeralgebra

Ein *Hauptgrund* für die Entwicklung von Computeralgebra-Programmen besteht in dem Bestreben der Mathematiker und Anwender, (symbolische) *Umformungen* und *Berechnungen* mathematischer Ausdrücke *maschinell* durchführen zu lassen. Einerseits wird hierdurch die Fehleranfälligkeit stark verringert. Andererseits werden umfangreichere Rechnungen möglich, die per Hand nicht mehr durchführbar sind.

Als erster Initiator in der Entwicklung der Computeralgebra kann *Charles Babbage* (1791-1871) aus England angesehen werden, der mit seiner *Analytical Engine* eine rein mechanische Maschine entwarf, die bereits Symbole verarbeiten konnte. Die Unzulänglichkeiten der mechanischen Arbeitsweise ließen hier aber keine umfangreiche Nutzung zu.

Der entscheidende Durchbruch in der Entwicklung und praktischen Nutzung der Computeralgebra gelang erst mit der Entwicklung elektronischer Rechenanlagen.

In den *sechziger Jahren* dieses Jahrhunderts wurden *erste Computeralgebra-Programme* durch zwei amerikanische Forschungsgruppen entwickelt. So erarbeitete man am MIT (Massachusetts Institute of Technology) unter der Leitung von J. Moses das System MACSYMA und bei der Rand Corporation unter Leitung des Physikers A.C. Hearn das System REDUCE. Beide Systeme sind auch heute noch verfügbar.

Seit *Beginn der achtziger Jahre* setzte dann eine rasche Entwicklung weiterer Computeralgebra-Programme ein. Dies geht einher mit der schnellen Entwicklung immer leistungsfähigerer Personalcomputer, die für breite Schichten von Nutzern den Einsatz von Computeralgebra-Programmen ermöglichen.

Zu den bekanntesten in dieser Zeit entwickelten *universellen Programmsystemen* zählen (in Klammern werden die Entwickler angegeben):

- AXIOM (Gruppe unter Leitung von R. Jenks im Forschungszentrum von IBM in Yorktown Heights),

- MAPLE (Forschungsgruppe an der Universität von Waterloo in Ontario/Kanada unter Leitung von K.O. Geddes und G. Gonnet),

- MATHEMATICA (Forschungsgruppe an der Universität von Illinois/USA unter Leitung von Stephen Wolfram, der später die Firma Wolfram Research gründete),

- MUMATH / DERIVE (Forschungsgruppe an der Universität von Hawai/USA unter Leitung von D. Stoutemeyer und A. Rich, die später die Firma Soft Warehouse Inc. in Honolulu, Hawai/USA gründeten).

1.5   Überblick über aktuelle Programme

In diesem Abschnitt wird etwas ausführlicher auf die einzelnen Programme eingegangen.

Wie bereits erwähnt, zählen die in diesem Abschnitt beschriebenen Programme zu den universellen Programmsystemen, d.h., sie sind für die in Abschnitt 1.3 beschriebenen Einsatzgebiete anwendbar.

1.5.1   Axiom

AXIOM (früher mit SCRATCHPAD bezeichnet) ist ein relativ neues Projekt einer Gruppe von Wissenschaftlern des Forschungszentrums von IBM und wurde 1989 erstmalig vorgestellt. Es ist das erste objektorientierte Computeralgebra-Programm und wird als *System der dritten Generation* bezeichnet, das sich als Programmiersprache mit abstrakten, parametrisierten Datentypen und polymorpher Programmierung von den *Systemen der zweiten Generation* wie DERIVE, MACSYMA, MAPLE, MATHEMATICA und REDUCE unterscheidet. Es ist in LISP geschrieben und läuft gegenwärtig nur auf Workstations und Großrechnern.

Axiom besitzt eine umfangreiche Mathematikbibliothek mit mehr als 600 Datentypen und 1700 Funktionsnamen und hat auch Schnittstellen zu FORTRAN, SCRIPT und LATEX.

1.5.2   Derive

Es ist als Nachfolger des Programms MUMATH das „kleinste" und „preiswerteste" Computeralgebra-Programm und findet unkomprimiert auf einer Diskette Platz. DERIVE wurde in LISP programmiert, läuft auch schon auf XT- und AT-Rechnern (ohne Koprozessor und Festplatte) mit 512 KByte RAM und ist trotz seiner Kompaktheit sehr leistungsfähig. Seine Nachteile bestehen in den eingeschränkten Programmiermöglichkeiten und in der veralteten Benutzeroberfläche.

Der Vorläufer MUMATH lief bereits Anfang der 80er Jahre auf Rechnern mit nur 64 KByte Hauptspeicher unter dem Betriebssystem CP/M (z.B. auf dem COMMODORE 128).

1988 erschien die Version 1 von DERIVE und gegenwärtig liegt die *Version* 2.58 vor, für die es auch die *Variante* XM gibt, die den Erweiterungsspeicher (*extended memory*) verwendet.

DERIVE XM wurde speziell für die Behandlung symbolischer, mathematischer bzw. numerischer Probleme mit großen Zahlenmengen entwickelt. Es arbeitet in der gleichen Weise wie das herkömmliche

DERIVE, kann aber zusätzliche Speichererweiterungen bis 4 Gigabyte nutzen. Dadurch können höherdimensionale Probleme gelöst werden. So können z.B. bei 4 MByte RAM 100*100 Matrizen invertiert werden, im Gegensatz zum herkömmlichen DERIVE, das nur 40*40 Matrizen zuläßt. Trotz dieser Vorteile stellt DERIVE XM nur „geringe" Anforderungen an die Hardware. Voraussetzung ist ein 386er PC mit mindestens 2MByte RAM.

Die Zeitschrift „The International DERIVE Journal" erscheint dreimal jährlich und enthält Artikel zur Lösung praktischer Probleme mittels DERIVE und zum Einsatz von DERIVE in Lehrveranstaltungen an Schulen, Hochschulen und Universitäten.

1.5.3   Macsyma

Es ist ein sehr großes System und wie REDUCE in der Sprache LISP geschrieben. Es besteht aus etwa 3000 LISP-Routinen (etwa 300000 Zeilen LISP-Kode) und wird neuerdings auch weiterentwickelt.

Obwohl es ursprünglich für Großrechner entwickelt wurde, ist vor kurzem die *Version* 417.125 *delta* II für PCs unter WINDOWS 3.1 erschienen. Diese Version benötigt allerdings einen recht anspruchs-vollen Rechner.

Gefordert wird mindestens ein 386er Rechner mit Koprozessor, 8 MByte RAM und einer permanenten Auslagerungsdatei auf der Festplatte von etwa 30 MByte (bei 16 MByte RAM etwa die Hälfte). Des weiteren benötigt man bei einer Vollinstallation ca. weitere 19 MByte auf der Festplatte.

Es existieren auch UNIX-Versionen für Workstations.

Unter Verwendung des im Lieferumfang enthaltenen LISP-Compilers können mit MACSYMA eigene mathematische Programme ge-schrieben werden. Außerdem sind Schnittstellen zu den Program-miersprachen FORTRAN und C vorhanden. Weiterhin existiert auch eine eigene Programmiersprache, die leicht zu erlernen und anzu-wenden ist, ohne tiefergehende Kenntnisse einer höheren Program-miersprache zu besitzen.

Der Grafikteil, der unabhängig vom Kern benutzt werden kann, ist weitentwickelt und kann zwei- und dreidimensionale Grafiken er-stellen, die auf vielfältige Art manipuliert werden können.

1.5.4   Maple

Es liegt gegenwärtig als MAPLE V *Release* (Version) 2 (auch für WINDOWS 3.1) vor und ist in der Sprache C geschrieben. MAPLE läuft auch unter UNIX auf Workstations und Supercomputern und besitzt einen verhältnismäßig kleinen Kern mit ca. 20000 Zeilen C-Kode (der Kern von MATHEMATICA besteht dagegen aus 180000 Zeilen C-Kode). Die mitgelieferten Zusatzpakete (MAPLE-Bibliothek) sind in MAPLE (so heißt die gleichnamige Programmiersprache) selbst programmiert und enthalten ca. 2500 Funktionen (mit etwa 150000 Zeichen MAPLE-Kode).

Die Trennung in kleinen Kern (ca. 200-400 KByte RAM) und große Bibliothek (Zusatzpakete) erlaubt es, daß MAPLE auf AT-Rechnern (ohne Koprozessor) ab 2 MByte RAM lauffähig ist, da nötige Programmteile in Abhängigkeit von der Aufgabenstellung von der Festplatte geladen werden. Diese Verfügbarkeit auch für kleinere Computer war eines der Hauptziele bei der Entwicklung von MAPLE neben der Schaffung einer effizienten Sprache zur Programmierung mathematischer Algorithmen.

Die Zeitschrift „MAPLE TECH" erscheint zweimal jährlich und enthält Zusatzpakete und Hinweise zur Anwendung von MAPLE in zahlreichen Gebieten.

1.5.5   Mathematica

MATHEMATICA ist eine *Weiterentwicklung* von SMP, das im wesentlichen von Stephen Wolfram erstellt wurde. Die Version 1 von MATHEMATICA erschien nach mehreren Entwicklungsjahren 1988. Die von Wolfram gegründete Firma Wolfram Research entwickelt MATHEMATICA laufend weiter und vermarktet es konsequent. Für PCs ist MATHEMATICA gegenwärtig in der *Version* 2.2.1 sowohl unter DOS als auch unter WINDOWS 3.1 verfügbar. Des weiteren gibt es Versionen für eine Vielzahl von Rechnertypen vom APPLE-Macintosh bis zur Workstation.

MATHEMATICA ist in der *Programmiersprache* C geschrieben, umfaßt ca. 800000 Zeilen C-Sourcekode und besitzt die für Computeralgebra-Programme typische *Einteilung* in:

— *Benutzeroberfläche*

— *Kern* (führt Berechnungen durch)

— *Zusatzpakete* (*Packages:* für zusätzliche nicht im Kern enthaltene Funktionen).

Die Zusatzpakete sind in der Regel in der Programmiersprache von MATHEMATICA geschrieben und existieren schon für eine Vielzahl von Anwendungen.

MATHEMATICA stellt relativ hohe Anforderungen an die Hardware. Man benötigt mindestens einen 386er Rechner mit 4 MByte RAM sowie 12 MByte auf der Festplatte. In der Standardversion benötigt man keinen Koprozessor. Dieser ist aber für die erweiterte Version erforderlich.

Die Grafikfähigkeit von MATHEMATICA ist ebenfalls stark entwikkelt. Die meisten Versionen unterstützen grafische Animationen, d.h., dynamisches Verhalten oder die Veränderung einer Grafik bei Variation von Parametern können veranschaulicht werden.

MATHEMATICA hat sich in den letzten Jahren zu dem am meisten verbreiteten Programmsystem entwickelt. Davon zeugen auch die vielen Bücher, die vierteljährlich erscheinende Fachzeitschrift „MATHEMATICA-Journal" (mit neuen Packages) und jährliche Fachtagungen.

1.5.6   Reduce

REDUCE ist in der Sprache LISP geschrieben und läuft sowohl auf einem PC als auch auf Workstations und Supercomputern. Es eignet sich besonders für Anwendungen im Bereich der Natur- und Ingenieurwissenschaften.

REDUCE wird auch weiterentwickelt und liegt seit 1992 in der *Version* 3.4.1 vor. Im Unterschied zu MACSYMA stellt REDUCE keine hohen Anforderungen an die Hardware. So findet die Version 3.3 auf einer HD-Diskette Platz und läuft auch schon auf AT-Rechnern. Leider existiert noch keine WINDOWS-Version. REDUCE ist ein sogenanntes offenes System, d.h., sein Programmtext ist allen Benutzern zugänglich. Des weiteren ist REDUCE selbst eine leicht erlernbare und verständliche Programmiersprache (ähnlich zu PASCAL) und gehört zu den funktionalen Programmiersprachen.

2   Computeralgebra-Programme im Detail

In diesem Kapitel behandeln wir die Struktur und die grundlegenden Eigenschaften der auf PCs am häufigsten verwendeten Programme DERIVE, MAPLE und MATHEMATICA. Dies betrifft vor allem die *Installation* und den *Aufbau* der Programme und die *Wirkungsweise* ihrer *Benutzeroberfläche*. Damit soll ein Anwender in die Lage versetzt werden, das entsprechende Computeralgebra-Programmsystem zu installieren und die Benutzeroberfläche zu verstehen und anzuwenden. Die einzelnen Kommandos zur Lösung mathematischer Aufgaben werden hier noch nicht besprochen. Dies geschieht in den Kapiteln 4 und 5.

Im Abschnitt 2.4 gehen wir nur kurz auf das System AXIOM ein, das eines der mächtigsten Programmsysteme ist. Da es zur Zeit jedoch nur für Workstations unter UNIX verfügbar ist, gibt es einen eingeschränkten Nutzerkreis, so daß auf das ausführliche Handbuch [42] verwiesen wird.

Bezüglich der Anforderungen der einzelnen Systeme an die Hardware wird auf den Abschnitt 1.5 verwiesen. Für die Programme MAPLE und MATHEMATICA legen wir die aktuellen WINDOWS-Versionen zugrunde, so daß die Handhabung relativ kurz erläutert werden kann. Die im Hauptteil (Kapitel 4 und 5) besprochenen Kommandos gelten weitgehend auch für die DOS-Versionen.

Da es für DERIVE noch keine WINDOWS-Version gibt, wird die verwendete Benutzeroberfläche ausführlicher besprochen.

2.1   DERIVE

Derive existiert in der aktuellen DOS-*Version* 2.58 (von 1993) mit einer zusätzlichen *Variante* XM (für PCs mit 80386 Prozessor und mindestens 2 MByte RAM) zur Ausnutzung des *Erweiterungsspeichers* (extended memory). Es findet auf einer Diskette (3½"-DD) in unkomprimierter Form Platz und kann auch direkt von dieser Diskette aus gestartet werden. Beim Vorhandensein einer Festplatte empfiehlt es sich, die Dateien des Programms in ein Verzeichnis (sinnvollerweise mit DERIVE bezeichnet) dieser Platte zu kopieren und das Programm hieraus zu starten. Dies beschleunigt die Arbeit des Programms wesentlich.

Bisher gibt es nur englischsprachige Versionen, so daß Englischkenntnisse bei der Arbeit mit DERIVE von Nutzen sind. Das dem Autor zur Verfügung stehende Programm besteht aus 39 Dateien, die auf der Festplatte 697 424 Bytes belegen. Es sind dies:

Programm-Dateien:

- DERIVE.EXE (zum *Starten des Programms*)
- DERIVE.HLP (enthält die *Hilfedatei*)
- DERIVE.INI (*Initialisierungsdatei:* enthält die aktuellen Einstellungen von DERIVE)

Demonstrations-Dateien: Diese besitzen die Endung „.DMO" und enthalten Beispiele aus Gebieten, die der Dateiname bezeichnet: z.B. enthält die Datei „MATRIX.DMO" Beispiele zu Vektoren und Matrizen.

Mathematik- und Grafik-Dateien: Diese besitzen die Endung „.MTH" und enthalten Beispiele bzw. weitere zusätzliche Funktionen.

Dateien der beiden letzten Gruppen (mit Endungen „.DMO" und „.MTH") werden mit dem Kommando

Transfer

geladen, das im folgenden noch genauer betrachtet wird.

Kommen wir zur *Benutzeroberfläche*, die sich nach dem Start von „DERIVE.EXE" ergibt (siehe Bild 2.1). Da es von DERIVE keine WINDOWS-Version gibt, muß man sich erst etwas an die gelieferte Oberfläche gewöhnen, die noch nicht den SAA-Standard besitzt, sondern denen älterer Textverarbeitungsprogramme ähnelt (z.B. WORD 5.0).

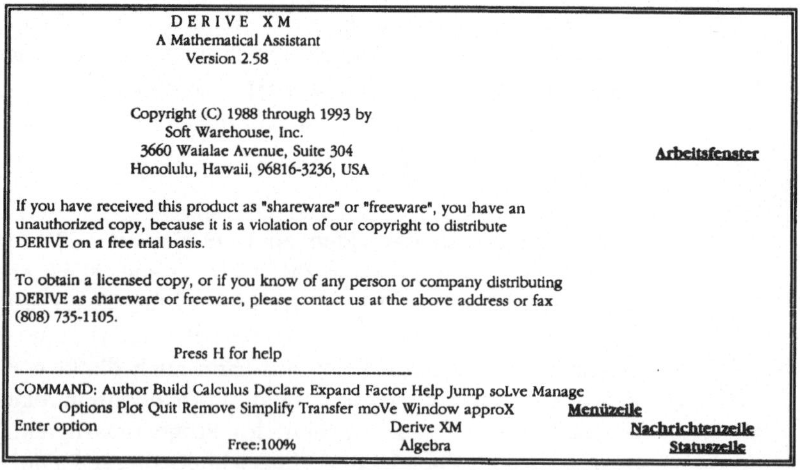

Bild 2.1:
Die Benutzeroberfläche von DERIVE nach dem Programmstart

Die *Benutzeroberfläche* (DERIVE-Bildschirm) teilt sich von oben nach unten in die folgenden Bereiche auf (siehe Bild 2.1):

Arbeitsfenster (-bereich): Dieses nimmt den größten Teil des Bildschirms ein und zeigt sämtliche vom Nutzer eingegebenen Ausdrücke und von DERIVE erzielten Ergebnisse an. Ein Beispiel für das Aussehen dieses Fensters während einer Arbeitssitzung findet man im Bild 2.2 (hier werden die Probleme aus Beispiel 1.1 mittels DERIVE gelöst). Das Arbeitsfenster ist offensichtlich einem *Rechenblatt* für mathematische Rechnungen per Hand nachempfunden:

zu lösendes Problem (Eingabe) $\rightarrow$ *Lösung* (Ausgabe) .

Dabei werden alle Ein- und Ausgaben durchnumeriert, so daß später leicht darauf zurückgegriffen werden kann, indem man hinter dem Zeichen # die Nummer des gewünschten Ausdrucks eingibt.

Es kann auch *erläuternder Text* mittels des Kommandos

Author:

eingegeben werden. Dieser Text ist in " und " einzuschließen.

Menüzeile: Sie besteht maximal aus zwei Zeilen und enthält zu Beginn den Titel, der durch Doppelpunkt von den verfügbaren Kommandos (Befehlen) oder Optionen getrennt ist. So sieht man in Bild 2.1 das *Kommando-Menü* (COMMAND:), zu dem die 19 Kommandos

Author, Build , ... , approX

gehören. Die *Auswahl* des gewünschten *Kommandos* geschieht durch Eingabe des *Großbuchstabens* aus dem Kommandonamen oder durch *Bewegen* des *Auswahlbalkens* mittels der Tasten ⬚ oder ⬚ (Rückwärtsbewegung mittels ⬚). Jede Auswahl wird immer mit ⬚ (Enter/Return/Eingabe-Taste) abgeschlossen. Eine Reihe von Kommandos enthalten dabei Untermenüs (will man hier nichts auswählen, gelangt man mit der ⬚-Taste wieder in das übergeordnete Menü zurück).

Bei DERIVE werden die meisten Kommandos über die Menüzeile aktiviert. Hierin besteht ein wesentlicher Unterschied zu MAPLE und MATHEMATICA, bei denen die Kommandos mit Namen und Argument im Arbeitsfenster eingegeben werden.

Die Menüzeile ist damit bei der Arbeit mit DERIVE die wichtigste Zeile.

Die *Eingabe* von *Ausdrücken* geschieht über das Kommando (Menü)

Author: .

Nach Betätigung der ⏎-Taste erscheint der Ausdruck im *Arbeitsfenster*. Mit der F3- oder F4- Taste kann ein im Arbeitsfenster stehender Ausdruck wieder in das Menü *„Author"* geholt werden. Mit dem Kommando (Menü)

Quit

wird DERIVE verlassen. Weitere wichtige Kommandos werden im Verlauf dieses und der weiteren Kapitel erläutert.

Nachrichtenzeile: Sie befindet sich unterhalb der Menüzeile und zeigt an, welche Arbeit DERIVE gerade erledigt oder welche Aktivitäten vom Nutzer erwartet werden. So bedeutet in Bild 2.1 die Nachricht *„Enter option"*, daß ein Kommando aus dem Menü ausgewählt werden kann. Weiterhin wird angegeben, daß man hier mit DERIVE XM arbeitet.

Statuszeile: Sie bildet die letzte Zeile der Benutzeroberfläche und zeigt den momentanen Zustand (Status) an, der sich natürlich im Verlauf einer Arbeitssitzung ändert.

So sieht man z.B. auf dem Eingangsbildschirm (Bild 2.1):

- *Free:100%:* bezeichnet den Anteil des Speichers, der noch zur Verfügung steht

- *Algebra:* bedeutet, daß das aktuelle Fenster ein *Algebrafenster* im Gegensatz zum *Grafikfenster* (mit „2D-*plot"* für zweidimensionale und „3D-*plot"* für dreidimensionale Grafiken) darstellt.

Im folgenden geben wir eine *Kurzbeschreibung* der am häufigsten verwendeten *Kommandos* aus der *Kommando-Menüzeile* („COMMAND:"), die über den Auswahlbalken oder den im Kommandonamen enthaltenen Großbuchstaben aufgerufen und mit anschließender Betätigung der ⏎-Taste aktiviert werden und die wieder Untermenüs enthalten können. Manche Kommandos enthalten *Auswahlfelder* (*Eingabefelder*), zwischen denen mit der ⇆-Taste umgeschaltet wird.

Author: *Eingabe* des zu *berechnenden Ausdrucks.* Dies kann für bestimmte Rechnungen zusätzlich mit dem vorhandenen *Rechenkommando* geschehen.

Beispiel:

Die Berechnung des bestimmten Integrals

$$\int_1^2 x^2 \, dx$$

kann durch die Kommandofolge

Author:x^2⇒Calculus⇒Integrate ⇒ Simplify

(mit Angabe der Integrationsvariablen x und der Grenzen 1 und 2 in den angezeigten Auswahlfeldern)

oder durch die Kommandofolge

Author: int(x^2, x, 1, 2) ⇒ Simplify

mit dem *Rechenkommando „int"* realisiert werden.

Erläuternder *Text* ist mittels

Author: " Text "

einzugeben und erscheint nach Betätigung der ⏎-Taste im Arbeitsfenster.

Build: Dieses Kommando dient zum *Verknüpfen* (Multiplizieren, Addieren usw.) von *Ausdrücken*. Nach dem Aufruf ergibt sich die *Eingabereihenfolge:*

- Nr. des 1. Ausdrucks
- *„Operationssymbol"*
- Nr. des 2. Ausdrucks
- *„Done"*

Beispiel:

Aus

1: x+1

2: x−1

läßt sich mit den Operationssymbolen „*" oder „." (für die Multiplikation) der Ausdruck

3: (x+1)(x−1)

bilden.

Calculus: Dies ist ein häufig verwendetes *Rechenkommando* und bewirkt Differentiation *(„Differentiate")*, Integration *(„Integrate")*, Grenzwertbildung *(„Limit")*, Produktbildung *(„Product")*, Summenbildung *(„Sum")* oder Taylorentwicklung *(„Taylor")* des im Arbeitsfenster stehenden Ausdrucks. In dieser Reihenfolge sind die Kommandos in dem zu *„Calculus"* gehörenden Untermenü enthalten.

Declare: Dieses Kommando wird zur *Vereinbarung* von Funktionen *(„Function")*, Variablen *(„Variable")*, Matrizen *(„Matrix")* und Vektoren *(„vectoR")* über das erscheinende Untermenü und die darin enthaltenen Eingabefelder verwendet.

Expand: Verwendung zur *Entwicklung von Ausdrücken.*

Beispiel:

Der Ausdruck

$$(x+1)^3$$

wird durch „*Expand*" in

$$x^3 + 3x^2 + 3x + 1$$

umgewandelt, d.h. ausmultipliziert.

Factor: *Zerlegt* einen Ausdruck *in Faktoren.*

Beispiel:

Der Ausdruck

$$x^3 + 3x^2 + 3x + 1$$

wird durch „*Factor*" in

$$(x+1)^3$$

umgewandelt.

Help: Liefert englischsprachige *Hilfen* für „*Editing*" (Zeileneditierung), „*Functions*" (Bedeutung der vorhandenen Funktionen), „*Algebra*" (gibt Kapitelnummern des Benutzerhandbuches), „2D-*plot*" (gibt Kapitelnummern des Benutzerhandbuches), „3D-*plot*" (gibt Kapitelnummern des Benutzerhandbuches), „*Utility*" (Erläuterungen zu den mitgelieferten Dateien mit der Endung „.MTH"), „*State*" (gibt Einstellungen von DERIVE), „*Resume*" (bewirkt Übergang ins übergeordnete Menü).

Diese Hilfen *ersetzen* in vielen Fällen das *Handbuch*, wenn man eine Tastenkombination oder Funktion vergessen hat.

Jump: Wählt den Ausdruck im Arbeitsfenster aus, dessen Nummer man eingibt.

solVe: Löst *Gleichungen* und bestimmt *Nullstellen* von Ausdrücken, die sich im Arbeitsfenster befinden.

Manage: Dient bei der Umformung von Ausdrücken zur Festlegung der Um*formungsrichtung*.

Options: Liefert das *Untermenü*

- **Color:** Gestattet *farbliche Gestaltung* des Bildschirms.
- **Display:** Gestattet Umschaltung zwischen *Text- und Grafikmodus*.
- **Execute:** Gestattet das *Wechseln zu* DOS.
- **Input:** Hier kann zwischen Buchstaben- („*Character*") und Worteingabe („*Word*") umgeschaltet werden, um mehrbuchstabige Variablennamen eingeben zu können.

- **Mute:**   Dient zur Abschaltung eines *Warntons* bei fehlerhaften Eingaben.
- **Notation:**   Gestattet die Einstellung der *Zahlendarstellung*.
- **Precision:**   Gestattet das *Umschalten* von *exakter* zu *näherungsweiser Rechnung*.
- **Radix:**   Gestattet die *Veränderung der Zahlenbasis*. So wandelt z.B. die Einstellung **Input:** 10 **Output:** 2 Dezimalzahlen nach der Eingabe in Dualzahlen um.

Plot: Legt die *Lage* des *Grafikfensters* für zwei- und dreidimensionale Grafiken fest, wenn man sich im Algebrafenster befindet. *„Beside"* und *„Under"* teilen das Arbeitsfenster in Algebra- und Grafikfenster, während durch *„Overlay"* das Algebrafenster vom Grafikfenster überlagert wird. Dabei geschieht die *Umschaltung* zwischen den Fenstern mit der F1-Taste bei zweigeteiltem Fenster und mit der F2-Taste bei Überlappung der Fenster. Nach der Umschaltung in das Grafikfenster läßt sich mit dem Kommando *„Plot"* in diesem Fenster die grafische Darstellung des im Algebrafenster markierten Ausdrucks realisieren.

Quit: Bewirkt das *Verlassen* von DERIVE.

Remove: *Löschen* von Ausdrücken im Algebrafenster.

Simplify: *Vereinfachung* von Ausdrücken im Algebrafenster. Hat man z.B. eine Funktion f(x) über

Author: f(x)

eingegeben und über

Calculus ⇒ Differentiate

die Differentiation veranlaßt, so erscheint noch nicht das Ergebnis, sondern nur die symbolische Darstellung der Differentiation. Nach anschließender Ausführung des Kommandos

Simplify

erhält man das Ergebnis.

Transfer: Gestattet das *Laden* und *Speichern* (Drucken) von Dateien. So können mit

Transfer ⇒ Load ⇒ Derive (bzw. **Utility**)

Dateien mit der Endung „.MTH" und mit

Transfer ⇒ Demo

Dateien mit der Endung „.DMO" in das aktuelle Algebrafenster geladen werden. Mit

Transfer ⇒ Load ⇒ daTa

werden numerische Dateien mit der Endung „.DAT" geladen.

Transfer ⇒ Print

bewirkt das Drucken von Ausdrücken aus dem Algebrafenster.

Transfer ⇒ Save

dient zum Speichern, so speichert

Transfer ⇒ Save ⇒ Derive

den Inhalt des Algebrafensters in das Verzeichnis von DERIVE auf der Festplatte (in eine zu benennende Datei mit der Endung „.MTH") und

Transfer ⇒ Save ⇒ State

speichert den aktuellen Zustand von DERIVE in die Initialisierungsdatei „DERIVE.INI".

moVe: Bewirkt die *Verschiebung* von Ausdrücken im Algebrafenster. So werden z.B. für die konkreten Eingabefelder

Before: 2   **Start:** 5   **End:** 8

die Ausdrücke Nr. 5 - 8 vor dem Ausdruck Nr. 2 eingefügt, aber die ursprüngliche Numerierung der Ausdrücke beibehalten.

Window: Dient u.a. zum Schließen (*„Close"*), zur Typdeklarierung (*„Designate:"* *„2D-plot"*, *„3D-plot"*, *„Algebra"*), Wechseln (*„Goto"*), Teilen (*„Split:"* *„Horizontal"*, *„Vertical"*) eines Fensters.

approX: *Approximiert* einen Ausdruck numerisch, z.B. wird $\sqrt{2}$ mittels dieses Kommandos durch 1.414214 angenähert.

Damit haben wir die wichtigsten Kommandos behandelt, um mit DERIVE arbeiten zu können. Auf viele kommen wir im Hauptteil des Buches (Kapitel 4 und 5) zurück. Es bleibt noch das *Editieren* von Ausdrücken, d.h. die Korrektur bzw. Veränderung bereits eingegebener Ausdrücke. Dieses Editieren eines Ausdrucks A geschieht im Menüpunkt

Author: A

Der hier stehender *Ausdruck* A wird folgendermaßen *korrigiert:*

- Mit ⌫ wird wie gewohnt das links vom Kursor stehende Zeichen gelöscht.

- Falls man mit den Kursortasten den Kursor nicht nach links oder rechts bewegen kann, ohne die Zeichen zu löschen, so gelingt dies mit den Tastenkombinationen Strg S bzw. Strg D. Danach kann man im *Einfüge (Insert)*- oder *Überschreibemodus (Overwrite)* korrigieren.

Soll ein bereits im Arbeitsfenster stehender Ausdruck verändert werden, so ist er mit dem Auswahlbalken (mit Hilfe der Kursortasten) zu markieren. Anschließend wird er mittels der Funktionstasten F3 oder F4 in das Menü „*Author*" geholt und dann wie oben korrigiert.

Bild 2.2:
Die Benutzer-oberfläche von DERIVE nach einer Arbeits-sitzung (Beispiel 1.1)

```
5:  x + 2 a x + a
         2          2

6:  (x + a)
         2

7:  x - 2 x - x + 2
       3   2

8:  (x - 2) (x - 1) (x + 1)

9:  x - 2 x - x + 2 = 0
       3   2

10:  x = 1

11:  x = -1

12:  x = 2
-------------------------------------------------------------
COMMAND: Author Build Calculus Declare Expand Factor Help Jump soLve Manage
         Options Plot Quit Remove Simplify Transfer moVe Window approX
User               A:\DERIVE.MTH        Free:100%             Algebra
```

2.2   MAPLE

Im folgenden legen wir die Version MAPLE V *Release* 2.0a für WINDOWS 3.1 von 1993 zugrunde, die ebenso wie die vorhergehenden Versionen nur in englischer Sprache vorliegt.

Die *Installation* auf einem PC mit 80386-Prozessor (Koprozessor nicht erforderlich), 2MByte RAM und ca. 12 MByte Platz auf der Festplatte vollzieht sich *wie folgt*.

Da sich auf den sechs gelieferten Programmdisketten sowohl die DOS- als auch die WINDOWS-Version befindet, kann man MAPLE unter DOS oder WINDOWS (Dateimanager) installieren. Man *startet* die *Installation* von *Diskette* 1 mit der Datei „INSTALL.EXE". Das weitere *Vorgehen* erfolgt nun *menügesteuert*. In dem *Anfangsmenü* wird u.a. vorgeschlagen, das Programm auf der Festplatte C im *Verzeichnis* „MAPLEV2" zu speichern und sowohl die DOS- als auch die WINDOWS-Version zu installieren. Danach wird durch Betätigung der F3-Taste die Installation fortgeführt, indem nach Aufforderung durch das Menü die restlichen fünf Programmdisketten eingelegt werden. Nach Abschluß der Installation muß noch der Name des Nutzers und die Seriennummer eingegeben werden. Hat man die WINDOWS-Version installiert, kann man abschließend das Programm noch als Symbol in ein WINDOWS-Fenster aufnehmen.

Nach der Installation befindet sich MAPLE auf der Festplatte im Verzeichnis „C:\MAPLEV2". Hier stehen eine Reihe von Unterverzeichnissen (die unbedingt notwendigen sind „BIN" und „LIB"), aus denen man die typische Aufteilung von MAPLE in *Kern* und *Zusatzpakete* (*Zusatzprozeduren*) erkennen kann. Im Unterverzeichnis „BIN" stehen die Dateien für den *Kern*, so die Programmdateien (mit Endung „.EXE"), von denen für den Nutzer nur die Dateien „MAPLE.EXE" (Start von MAPLE unter DOS), „WINMAPLE.EXE" (Start von MAPLE unter WINDOWS), „MAPLEEDIT.EXE" (MAPLE-Editor) und „MINT.EXE" (Fehleranalyse von Prozeduren) von Interesse sind. Im Unterverzeichnis „ETC" sind hauptsächlich Formatierungsbefehle für die Grafiktreiber (mit Endung „.BGI") enthalten. Das Unterverzeichnis „LIB" enthält als wichtigste die *Bibliotheksdatei* „MAPLE.LIB" (MAPLE-Bibliothek: ca. 9 MByte groß) mit den *Zusatzpaketen und -prozeduren*, die nur bei Bedarf geladen werden und die auch als *Standardpakete* bzw. *-prozeduren* bezeichnet werden. Weiterhin befinden sich hier u.a. die Dateien „MAPLE.INI" (*Initialisierungsdatei* von MAPLE), *Notebook-Dateien* mit der Endung „.MS", die Beispiele für MAPLE-Anwendungen enthalten und in denen man eigene Rechnungen abspeichern kann, und Dateien für die in MAPLE enthaltene Hilfe. Außerdem befinden sich hier noch Dateien mit der Endung „.M", die einzelne Pakete (z.B. selbsterstellte – siehe Abschnitt 6.4.2) enthalten. Das Unterverzeichnis „SHARE" enthält weitere Zusatzpakete außerhalb der Bibliotheksdatei für eine Vielzahl von Anwendungen. Im Unterverzeichnis „TUTORIAL" stehen Dateien mit Hilfetexten.

Nach dem Starten ergibt sich die in Bild 2.3 dargestellte *Notebook-Oberfläche* der WINDOWS-Version von MAPLE mit der *Menüzeile* (*Menüleiste*):

File   **Edit**   **Format**   **Options**   **Help**.

Bild 2.3:
Notebook-
Oberfläche der
WINDOWS-
Version von
MAPLE

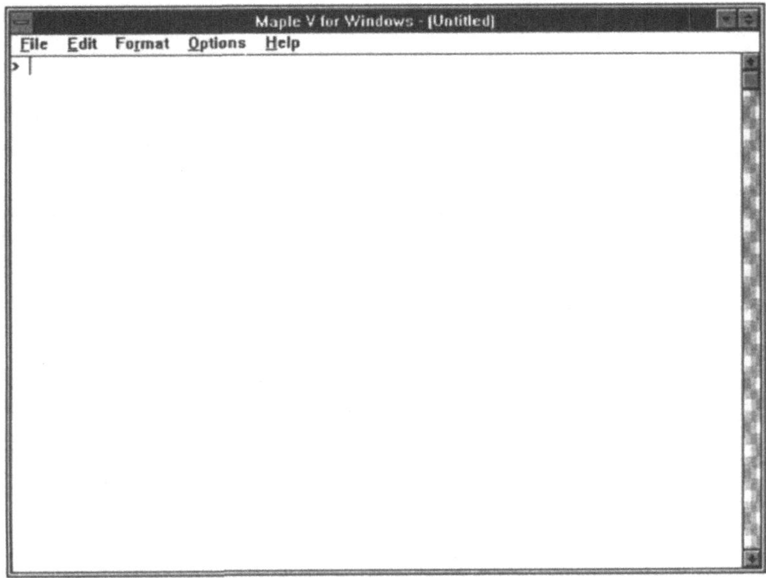

Die einzelnen *Menüs* erlauben den Zugriff auf:

File: Enthält die bei WINDOWS-Programmen üblichen Dateioperationen:

- **New:**   Neue Datei öffnen
- **Open:**   Öffnen einer vorhandenen Datei
- **Save:**   Sichern einer aktuellen Datei
- **Save as:** Sichern einer aktuellen Datei unter einem einzugebenden Namen
- **Print:**   Drucken einer aktuellen Datei

Edit: Enthält die bei WINDOWS-Programmen üblichen Editieroperationen:

- **Cut:**   Ausschneiden
- **Copy:**   Kopieren
- **Paste:**   Einfügen
- **Delete:** Löschen von markierten Bereichen

Format: Enthält u.a.:

- **Text Region /**
  Input Region: Umschaltung von Text- in Kommandoeingabe
- **Remove All:** Alles löschen

- **Fonts:**   Auswahl von Schriftarten

Options: Optionen

Help: Hilfe

Die einzelnen (in Kapitel 4 und 5 behandelten) *Kommandos* werden in *Kleinbuchstaben* im Modus *Input Region* in das Arbeitsfenster (unterhalb der Menüzeile) nach dem Zeichen > eingegeben (das *Argument in runde Klammern* eingeschlossen), mit *Semikolon* abgeschlossen und mit ⏎ aktiviert. Dabei können auch bereits früher eingegebene Kommandos verändert und wieder ausgeführt werden, indem der Kursor an der entsprechenden Stelle positioniert, anschließend korrigiert und die Operation mit ⏎ beendet wird.

Möchte man bei Kommandos auf *Ausdrücke* aus *vorhergehenden Ausgaben* (Berechnungen) *zurückgreifen*, so schreibt man im Argument anstatt des Ausdrucks folgendes:

- "   für den Ausdruck der letzten Ausgabe

- " "   für den Ausdruck der vorletzten Ausgabe

- " " "   für den Ausdruck der drittletzten Ausgabe (weiter geht es nicht).

Aus der MAPLE-Bibliothek werden *Zusatzpakete* durch das *Kommando*

with(Paketname);

geladen. So bewirkt z.B.

with(linalg);

das Laden des Pakets „Lineare Algebra". *Zusatzprozeduren* lädt man mittels

readlib(Prozedurname); ,

wie im Kapitel 6 näher ausgeführt wird.

Durch die *Trennung* in *Text-* und *Kommandobereiche* läßt sich das MAPLE-Arbeitsfenster wie ein *Rechenblatt gestalten*, das ebenso wie bei MATHEMATICA als *Notebook* bezeichnet wird. Man kann hier *Rechenkommandos* und erläuternden *Text* eingeben. Die Umschaltung erfolgt mit dem Menü „*Format*" durch „*Input Region*" (für Kommandos) oder „*Text Region*" (für Text). Das Rechenblatt (Notebook) einer Arbeitssitzung mit MAPLE läßt sich als Datei (Dateinamen hat Endung „.MS") durch die Menüfolge

File ⇒ SaveAs ⇒ Dateiname:

beispielsweise in das Verzeichnis „LIB" von MAPLE abspeichern und bei späteren Sitzungen durch die Menüfolge

File ⇒ Open ⇒ Dateiname:

wieder einlesen. Im Bild 2.4 ist die Gestaltung eines solchen Notebooks anhand der Berechnungen aus Beispiel 1.1 dargestellt.

Bild 2.4:
Notebook-
Oberfläche von
MAPLE nach
einer Arbeitssit-
zung (Bei-
spiel 1.1)

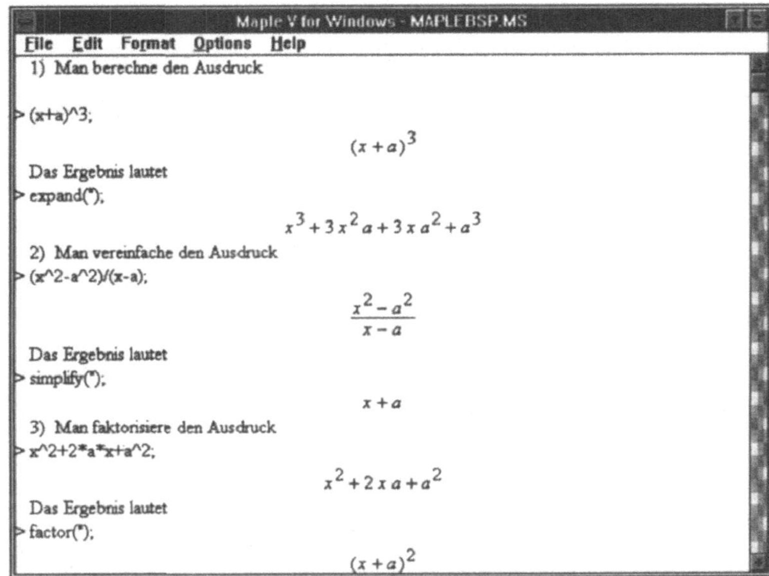

2.3   MATHEMATICA

Im folgenden legen wir die *Version* 2.2.1 für WINDOWS 3.1 von 1993 zugrunde, die ebenso wie die vorhergehenden Versionen nur in englischer Sprache vorliegt.

Die *Installation* auf einem PC mit 80386-Prozessor und Koprozessor, ab 4 MByte RAM und ca. 12 MByte Platz auf der Festplatte geschieht *wie folgt.*

Mittels des WINDOWS-Dateimanagers ruft man die Programmdatei MINSTALL.EXE von Diskette Nr.1 auf. Die weitere Installation erfolgt *menügesteuert:*

- Auswahl zwischen „*Default Installation*" oder „*Custom Installation*", wobei erstere alle Dateien installiert und die zweite eine Auswahl durch den Nutzer zuläßt.

- Auswahl des Verzeichnisses, in das installiert werden soll (vorgeschlagen wird „C:\WNMATH22").

- Zum Einlegen der weiteren drei Programmdisketten wird im folgenden aufgefordert.

- Abschließend wird gefragt, ob ein MATHEMATICA-Fenster im Programmanager eingerichtet werden soll.

Beim ersten Aufruf des Programms muß noch das auf den Disketten stehende Paßwort eingegeben werden, um im weiteren mit dem Programm arbeiten zu können.

Nach der *Installation* befindet sich MATHEMATICA auf der Festplatte im Verzeichnis „C:\WNMATH22", in dem man wieder die typische Aufteilung in *Kern und Zusatzpakete* erkennen kann. So stehen hier u.a. die *Initialisierungsdatei* („MATH22.INI"), die Programme zum Starten von MATHEMATICA („MATH.EXE"), für den *Kern* („WMATHEXE.EXP") und folgende *Unterverzeichnisse:*

DOCS: Enthält hauptsächlich Textdateien (Endung „.TXT") und Notebook Dateien (Endung „.MA") mit Informationen zur vorliegenden Version.

NOTEBOOK: Enthält Notebook-Dateien (Dateinamen mit Endung „.MA"), auf die wir später zurückkommen.

PACKAGES: Hier befinden sich weitere Unterverzeichnisse mit Dateien (Dateinamen mit Endung „.M"), die als *Zusatzpakete* bezeichnet werden. Mittels dieser Pakete können *zusätzliche* (nicht im Kern befindliche) *Funktionen* realisiert werden. Falls man neben den mitgelieferten Paketen (*Standardpakete*) weitere benötigt, so müssen diese ebenfalls hier abgespeichert werden.

Zum *Aufruf* eines *Paketes* existieren *zwei Möglichkeiten*, die wir am Beispiel erklären wollen.

Beispiel:

Das Paket „Laplacetransformation" wird folgendermaßen aufgerufen:

<<Calculus`LaplaceTransform`

oder

Needs["Calculus`LaplaceTransform`"].

Dabei bezeichnet „CALCULUS" das entsprechende Unterverzeichnis im Verzeichnis „PACKAGES", in dem sich das Paket „Laplacetransformation" befindet. Es wird i.a. empfohlen, Pakete mittels „*Needs*" aufzurufen.

Bei der Arbeit mit Paketen ist der folgende Hinweis zu beachten. Wenn ein aus einem Paket verwendetes Kommando nicht funktioniert, muß zuerst das Kommando

Remove[Kommandoname]

aktiviert werden, wobei für „*Kommandoname*" der Name des betreffenden Kommandos einzusetzen ist. Die tieferen Ursachen für dieses Phänomen sind in [46] (S.92/93) beschrieben.

Bild 2.5:
Notebook-Oberfläche der WINDOWS-Version von MATHEMATICA

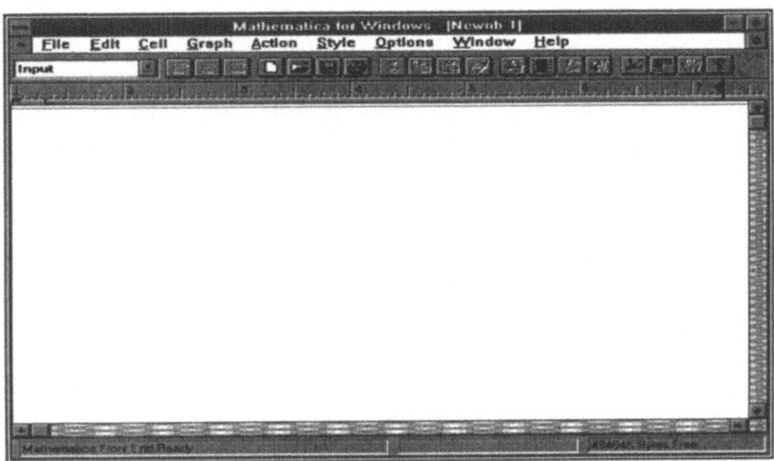

Nach dem *Starten* von MATHEMATICA zeigt sich die in Bild 2.5 dargestellte *Notebook-Oberfläche* (Notebook-Frontend) der WINDOWS-Version von MATHEMATICA.

Im Unterschied zu MAPLE findet man unterhalb der *Menüzeile* (*Menüleiste*) noch eine *Symbolleiste* (Icon-Leiste), die u.a. eine Reihe von Symbolen (Icons) enthält, die aus Textverarbeitungsprogrammen bekannt sind, und ein *Zeilenlineal*. Am unteren Bildschirmrand (unterhalb des Arbeitsfensters) gibt es noch eine *Nachrichtenzeile* (*Statuszeile*). Diese letzten drei Leisten lassen sich über das Menü

Options

durch

Tool Bar,   **Ruler Bars**   bzw.   **Status Bar**

enfernen.

Die *Menüleiste* enthält mit

File   **Edit**   **Options**   **Help**

Menüs, die auch bei MAPLE vorkommen und ähnliche Aufgaben erfüllen. Hinzukommen u.a. noch die Menüs:

- **Cell:**   Dient zur Einteilung des Notebooks in Abschnitte (*Zellen*).

- **Style:**   Festlegung der Schriftarten und -stile.

- **Window:** Fensteraufteilung (mehrere geöffnete Notebooks können gleichzeitig betrachtet werden).

Das *Arbeitsfenster* von MATHEMATICA ist ebenso wie das von MAPLE einem *Rechenblatt* (Berechnungen und erläuternder Text) nachempfunden und wird wieder als *Notebook* (Notizblock) bezeichnet. Man kann *Rechenkommandos* und erläuternden *Text* eingeben. Die Umschaltung erfolgt in der Symbolleiste durch *Input* (für Kommandos) oder *Text*, nachdem die entsprechende Zelle aktiviert wurde (durch Mausklick). Die Einteilung des Notebooks in *Zellen* (Abschnitte) geschieht mittels eckiger Klammern am rechten Rand des Arbeitsfensters und läßt sich durch das Menü

Cell

steuern. Aktiviert wird eine Zelle durch Anklicken der sie markierenden eckigen Klammer mittels der Maus. Jede Arbeitssitzung mit MATHEMATICA läßt sich analog wie bei MAPLE in Form einer *Notebook-Datei* (Dateinamen hat Endung „.MA") durch die Menüfolge

File ⇒ SaveAs ⇒ Dateiname:

auf die Festplatte (z.B. in das Unterverzeichnis „NOTEBOOK") oder auf Diskette abspeichern und bei späteren Sitzungen wieder durch die Menüfolge

File ⇒ Open ⇒ Dateiname:

einlesen. Im Verzeichnis „NOTEBOOK" von MATHEMATICA befinden sich eine Reihe von Notebooks zu ausgewählten Problemen. Dieses Verzeichnis bietet sich deshalb zur Sammlung selbst erstellter oder neu erhaltener Notebooks an.

Die Kommandos sind im *Input-Modus* einzugegeben und mit der [Einfg]-Taste zu aktivieren. Dabei müssen die Kommandos mit einem Großbuchstaben beginnen und im weiteren bis auf zusammengesetzte Kommandos in Kleinbuchstaben geschrieben werden, wobei das Argument in eckige Klammern einzuschließen ist (*Achtung* : Am Ende des Kommandos darf kein Semikolon stehen). Der im Argument manchmal vorkommende *Pfeil* → wird durch Eingabe von − (Bindestrich) und > (Größerzeichen) realisiert. Bereits früher eingegebene Kommandos können verändert und wieder ausgeführt werden, indem der Kursor an der entsprechenden Stelle positioniert, anschließend korrigiert und die Operation mit der [Einfg]-Taste beendet wird.

MATHEMATICA numeriert Ein- und Ausgaben und versieht diese noch mit den Bezeichnungen „*In*" bzw. „*Out*".

Möchte man auf Ausdrücke aus vorhergehenden Ausgaben zurückgreifen, so schreibt man im Argument des entsprechenden Kommandos anstatt des Ausdrucks folgendes:

- % für den Ausdruck der letzten Ausgabe
- % % für den Ausdruck der vorletzten Ausgabe
- %n für den Ausdruck der Ausgabe Nr. n.

Im Bild 2.6 ist die Gestaltung eines Notebooks anhand der Berechnungen aus Beispiel 1.1 dargestellt.

Bild 2.6:
Notebook-
Oberfläche von
MATHEMATI-
CA nach einer
Arbeitssitzung
(Beispiel 1.1)

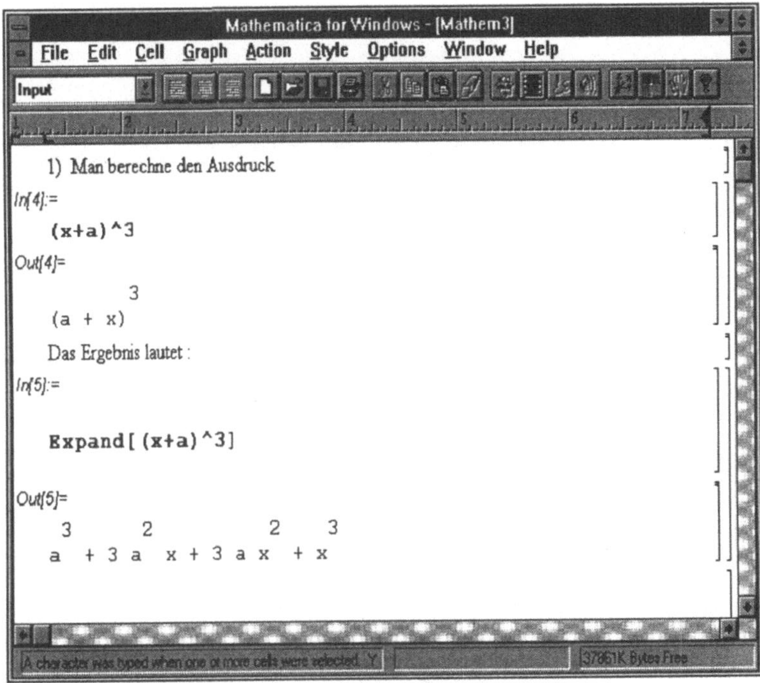

2.4   AXIOM

Da AXIOM zur Zeit nur für *Workstations* unter UNIX verfügbar ist
und deshalb der Nutzerkreis sehr eingeschränkt ist, wollen wir auf
Installationshinweise und eine eingehende Behandlung verzichten.
AXIOM läuft unter der Oberfläche X-WINDOWS, die ähnlich wie
WINDOWS 3.1 einfach zu erlernen ist.

Die im Hauptteil des Buches (Kapitel 4 und 5) behandelten Kommandos existieren auch in analoger Form für AXIOM, so daß sie un-

ter Verwendung des Benutzerhandbuches [42] ohne große Schwierigkeiten angewendet werden können, wenn man schon etwas Erfahrung mit einem in diesem Buch beschriebenen Computeralgebra-Programm gewonnen hat.

3 Das Programmsystem MATHCAD

Im folgenden wird die *Version* 4 für WINDOWS 3.1 von 1993 verwendet, die zur Zeit nur in englischer Sprache vorliegt. Für 1994 ist hierfür auch eine deutschsprachige Variante angekündigt, die gegenwärtig nur für die Version 3.1 existiert. Die Entwicklung dieses Programmsystem wird zügig fortgesetzt. So ist für April 1994 schon die *Version 5* angekündigt.

MATHCAD war ursprünglich ein reines System für *numerische Rechnungen*. Die neueren Versionen unter WINDOWS besitzen jedoch eine Lizenz von MAPLE für exakte (symbolische) Rechnungen (Computeralgebra).

Die *Installation* auf einem PC mit einem 80386-Prozessor (Koprozessor ist nicht erforderlich), mindestens 4 MByte RAM und ca. 7 MByte Platz auf der Festplatte geschieht *folgendermaßen:*

Von der Diskette 1 wird das Programm „SETUP.EXE" gestartet. Dies ist sowohl unter DOS als auch unter WINDOWS möglich. Das weitere Vorgehen erfolgt *menügesteuert*, wobei das Verzeichnis „C:\WINMCAD" für die Speicherung des Systems auf der Festplatte vorgeschlagen wird. Nach Bestätigung oder Abänderung des Verzeichnisnamens wird die Installation fortgeführt, indem nach Aufforderung durch das Menü die restlichen zwei Programmdisketten eingelegt werden. Nach der Installation muß WINDOWS erneut gestartet werden, indem man den Knopf (Button) *„Restart Windows"* im angezeigten Menü anklickt. Danach erscheint der Programmanager von WINDOWS mit einem neuen Fenster „MATHCAD 4.0". In diesem Fenster befindet sich ein MATHCAD-Symbol, mit dessen Hilfe das Programm in üblicher Weise durch Mausklick gestartet wird.

Nach der Installation befindet sich MATHCAD auf der Festplatte im Verzeichnis „C:\WINMCAD". Hier stehen u.a. die Dateien „MCAD.EXE" (ausführbare Programmdatei – *Kern* von MATHCAD), „MCAD.INI" (*Initialisierungsdatei*), „MCAD.HLP" (Hilfedatei) und die Unterverzeichnisse „CLIPS", „HANDBOOK" und „MAPLE". Im Unterverzeichnis „HANDBOOK" stehen die *Handbuchdateien* mit der Endung „.HBK", die die jeweiligen Dateien (Dokumente) in den dazugehörigen Unterverzeichnissen „SAMPLE", „STANDARD" und

„TUTORIAL" aufrufen. In diesen Unterverzeichnissen befinden sich vor allem Dateien mit der Endung „.MCD". Dies sind die MATH-CAD-*Dokumente*, die Verfahren, Texte und Formeln aus verschiedenen Wissenschaftsgebieten enthalten (u.a. Mathematik, Physik, Elektrotechnik, Chemie). Neben diesen Handbüchern (Handbooks), die bei der Installation eingerichtet werden, existieren noch weitere für spezielle Gebiete, die jedoch zusätzlich gekauft werden müssen. Für die Mathematik sind dies die *Handbücher*, die Dateien (Dokumente) für *„höhere Mathematik"*, *„numerische Methoden"* und *„Statistik"* enthalten. Die Handbücher werden laufend erweitert und für neue Gebiete erstellt. Das Prinzip der Handbücher entspricht in MAPLE und MATHEMATICA den Zusatzpaketen (Packages).

Im Unterverzeichnis „MAPLE" befindet sich der aus MAPLE übernommene *Symbolprozessor* (Dateien „MAPLE.IND", „MAPLE.LIB"), der die Durchführung *exakter* (*symbolischer*) *Berechnungen* erlaubt.

Nach dem Starten erhält man die in Bild 3.1 dargestellte Benutzeroberfläche für die WINDOWS-Version von MATHCAD mit der *Menüleiste*:

File-Edit-Text-Math-Graphics-Symbolic-Window-Books-Help

Bild 3.1: Benutzeroberfläche der WINDOWS-Version von MATHCAD

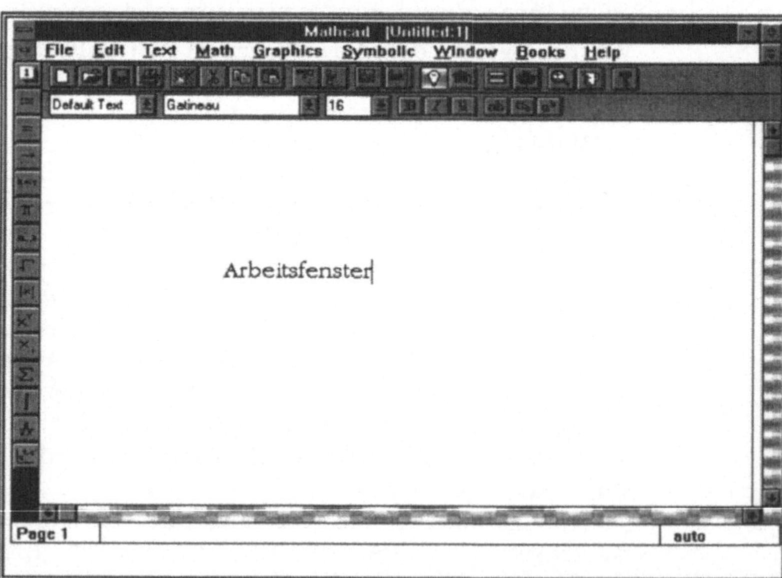

Die einzelnen *Menüs* beinhalten u.a. folgendes:

File: Enthält die bei WINDOWS-Programmen üblichen *Dateioperationen* (siehe MAPLE).

Edit: Enthält die bei WINDOWS-Programmen üblichen *Editieroperationen* (siehe MAPLE).

Text: Dient zur Umschaltung von *Formel-* in *Texteingabe* durch Anklicken von

Create Text Region

in der dazugehörigen Dialogbox. Dieses Prinzip haben wir schon bei MAPLE und MATHEMATICA kennengelernt und dient zur Gestaltung des MATHCAD-Arbeitsfensters als *Rechenblatt* (Berechnungen und erläuternder Text), das sich auch in dieser Form abspeichern läßt (als Datei mit der Endung „.MCD" z.B. in das Unterverzeichnis „HANDBOOK" von MATHCAD). Ein Rechenblatt wird bei MATHCAD als *Dokument* (englisch: *Document*) bezeichnet. Beim Start ist man automatisch im Berechnungsmodus (Formelmodus). Man erkennt diesen Modus am *Einfügekreuz* +. Will man in den *Textmodus* umschalten, so geschieht dies wie eben beschrieben oder durch Eingabe von ". Das Verlassen der Texteingabe (und damit wieder Übergang zur Formeleingabe) geschieht mittels Mausklick außerhalb des Textes.

Weiterhin läßt sich mit diesem Menüpunkt die Schriftart einstellen

Change Default Font

bzw. ändern

Change Font.

Math: Hier können u.a. das *Format* bei Zahlenrechnungen

Numerical Format,

die *Schriftart* für die Formeleingabe

Apply Font Tag..., Modify Font Tag... ,

die *automatische Berechnung*

Automatic Mode:

(in der Nachrichtenzeile erscheint die Meldung „*auto*")

eingestellt und *Matrizen*

Matrices

definiert werden.

Zusätzlich kann hier noch

SmartMath

aktiviert werden, eine Neuerung gegenüber der Version 3.1. „*SmartMath*" ist ein Expertensystem, das von der NASA (USA) entwickelt wurde und das bei der Lösung von Aufgaben Unterstützung liefert. Hierauf können wir jedoch im Rahmen dieser Einführung nicht eingehen und verweisen auf das zu MATHCAD 4.0 mitgelieferte Benutzerhandbuch.

Graphics: Dient u.a. zur grafischen Darstellung von Kurven

X–Y Plot

und Flächen

Create Surface Plot

einschließlich der Festlegung der zu verwendenden Koordinatensysteme.

Symbolic: In diesem Menü befinden sich alle *Kommandos* (Befehle) zur *exakten (symbolischen) Berechnung*, auf die wir in den Kapiteln 4 und 5 zurückkommen.

Window: Dient zur Einteilung und farblichen *Gestaltung* des *Arbeitsfensters.*

Sind mehrere Dokumente (Arbeitsfenster) geöffnet, so können diese mittels

Tile

nebeneinander und

Cascade

überlappend angeordnet werden. Außerdem können Zeilen aus der Anzeige ausgeblendet werden z.B. mittels

Hide Tool Bar

die obere Symbolleiste.

Books: Dient zum Öffnen der *Handbücher* (Handbooks).

Help: Beinhaltet die *Hilfefunktion* von MATHCAD.

Unterhalb der Menüzeile befindet sich eine *Symbolleiste* (englisch: Tool Bar) mit einer Reihe schon aus anderen WINDOWS-Programmen bekannten Symbolen (z.B. für Drucken, Speichern usw.). Unter dieser Symbolleiste gibt es noch eine Leiste zur Einstellung der Schriftarten (englisch: Font Bar). An der linken Seite des Arbeitsfensters liegt die *Operatorleiste* (englisch: Operator Palette) in vierfacher Form (Nr.1–4), wobei die Umschaltung mittels Mausklick auf die Nummer der Leiste erfolgt. Diese vier Operatorleisten enthalten die gängigen *mathematischen Symbole* (u.a. Differentiationssymbol,

Integralzeichen, Summenzeichen, Matrixsymbol, Wurzelzeichen usw.), wobei das gewünschte Zeichen durch Mausklick in das Arbeitsfenster an die festgelegte Stelle gebracht wird. Diese Operatoren dienen in den meisten Fällen zur Durchführung numerischer Rechnungen, wie in den Kapiteln 4 und 5 noch näher erläutert wird.

Den Hauptteil der Benutzeroberfläche nimmt das *Arbeitsfenster* ein, das nach oben und nach links durch die eben besprochenen Leisten begrenzt wird. Unter dem Arbeitsfenster liegt noch die aus vielen WINDOWS-Programmen bekannte *Nachrichtenzeile* (Statuszeile). Das Arbeitsfenster kann wie ein *Rechenblatt* nach den obigen Regeln gestaltet und durch die Menüfolge

File ⇒ Save Document As ⇒ Dateiname:

als *Dokument* (Datei mit Endung „.MCD") abgespeichert werden. Ein derart gestaltetes Fenster für die Rechnungen aus Beispiel 1.1 ist im Bild 3.2 zu sehen.

Für die *Durchführung exakter (symbolischer) Berechnungen* mittels des integrierten Symbolprozessors von MAPLE geht man folgendermaßen vor:

- Vor der ersten exakten (symbolischen) Rechnung muß dieser Symbolprozessor geladen werden, wofür es zwei Möglichkeiten gibt:

  – Anklicken des Ahornblatt-Symbols in der Symbolleiste

  – Aktivierung der Kommandofolge (Menüfolge)

  Symbolic ⇒ Load Symbolic Prozessor

- Durch die Anwendung der Kommandofolge (Menüfolge)

  Symbolic ⇒ Derivation Format...

  erhält man eine Dialogbox, in der man bestimmen kann, ob das Ergebnis neben oder unterhalb der eingegebenen Aufgabe erscheint und ob ein kurzer Text (in englischer Sprache) über die durchgeführte Operation

  Show derivation comments

  angezeigt werden soll.

- Jetzt kann man den zu berechnenden Ausdruck in das Arbeitsfenster eingeben (unter Zuhilfenahme der Operatorleisten) und er erscheint an der Stelle, an der sich der Cursor (Einfügekreuz +) befindet. Dabei können auch bereits frühere Eingaben verändert und wieder ausgeführt werden, indem der Cursor an der entsprechenden Stelle positioniert und anschließend korrigiert wird. Je nach der durchzuführenden Rechnung muß eine Veränderliche des Ausdrucks markiert oder der gesamte Ausdruck mittels einer Selektionsbox umrahmt werden, bevor man das entsprechende Rechenkommando aus dem Menü „*Symbolic*" aktiviert.

Bei MATHCAD existieren drei *Formen* für den *Cursor.*

Einfüge-kreuz + Mit ihm kann man die Position im Arbeitsfenster festlegen, an der die Eingabe stattfinden soll.

Einfüge-balken | Er ist schon aus Textverarbeitungsprogrammen bekannt und dient zum Einfügen oder Löschen von Zahlen und Buchstaben und zum Markieren von Variablen bei symbolischen Berechnungen (hier muß er vor einer Variablen eingefügt werden).

Beispiel:

Wenn der Ausdruck

$$x^2 + \sin(x) + 1$$

bzgl. x symbolisch differenziert oder integriert werden soll, muß die Variable x vor dem Aufruf des entsprechenden Kommandos einmal markiert werden, d.h.

$$|x^2 + \sin(x) + 1 \qquad \text{oder} \qquad x^2 + \sin(|x) + 1$$

Selektionsbox Sie dient einerseits zum Markieren ganzer Ausdrücke für die symbolische Berechnung. Andererseits benötigt man sie zum Eingeben mathematischer Ausdrücke. Erzeugt wird diese Selektionsbox durch Mausklick oder Betätigung der ⬆-Taste. Da eine derartige Box bei den anderen Computeralgebra-Programmen nicht vorkommt, empfehlen sich einige Übungen.

Beispiel:

Wir wollen den Ausdruck

$$\frac{x+1}{x-1} + 2^x + 1$$

eingeben.

Wir beginnen wie gewohnt mit

$$(x+1)/(x-1)$$

und erhalten

$$\frac{x+1}{x-1|} \cdot$$

Um

$$2^x$$

zu addieren, muß durch 3 maliges Drücken von ⬆ der Ausdruck

$$\frac{x+1}{x-1}$$

durch eine Selektionsbox umrahmt werden. Jetzt kann man

+ 2^x

eingeben und erhält

$$\frac{x+1}{x-1} + 2^{x}|.$$

Um noch

1

addieren zu können, muß 2^x durch zweimaliges Drücken der ⬆-Taste mit einer Selektionsbox umrahmt werden. Jetzt kann man +1 eingeben. Die Selektionsbox dient hier dazu, um wieder in das gewünschte „Niveau" des Ausdrucks zurückzukehren.

Bild 3.2:
Benutzer-Ober-
fläche von
MATHCAD
nach einer Ar-
beitssitzung
(Beispiel 1.1)

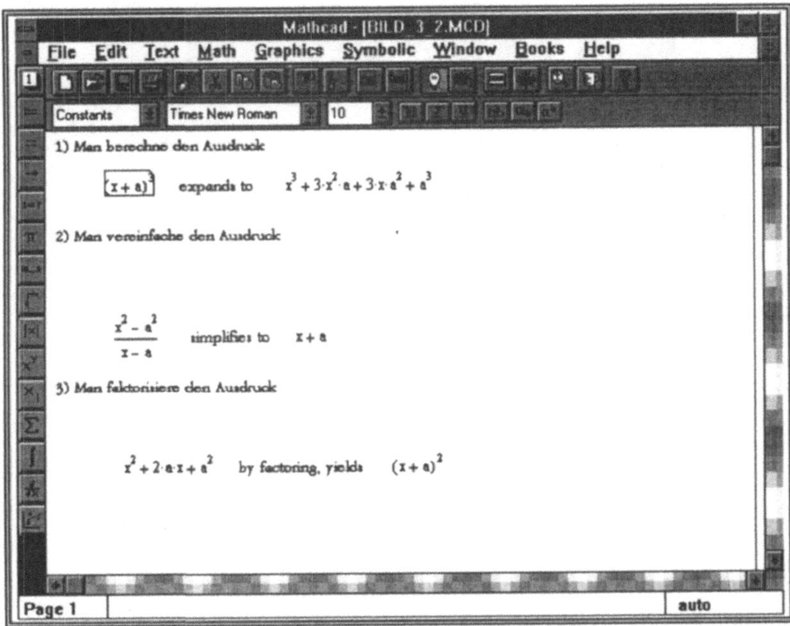

4 Praktische Anwendung der Programme

Im folgenden und im Kapitel 5 werden wir die *Lösung grundlegender mathematischer Probleme* mittels Computeralgebra-Programmen behandeln, wobei der *Schwerpunkt* auf der *Umsetzung* des *mathematischen Problems* in die *Sprache* der *Computeralgebra* und der Darlegung der *Leistungsfähigkeit der Programme* liegt.

Da das vorliegende Buch als Computerhandbuch konzipiert ist, können die mathematischen Probleme nur soweit beschrieben werden, wie es für die Anwendung eines Computeralgebra-Programms notwendig ist. Bei Verständnisschwierigkeiten mathematischer Natur müssen dann Mathematiklehrbücher konsultiert werden. Die behandelten mathematischen Aufgaben umfassen den Stoff, der in der mathematischen Grundausbildung an Universitäten und Fachhochschulen geboten wird. Das Buch kann aber auch schon zur Lösung von Aufgaben an Gymnasien herangezogen werden.

Außer für die im Buch besprochenen Probleme lassen sich die Computeralgebra-Programme aufgrund ihrerer Universalität natürlich auch für weiterführende Anwendungen nutzen. So existieren z.B. schon Bücher zur Anwendung in der Technik/Physik [9],[22], [23],[81],[91], Informatik [51] und Ökonomie [70].

Zur Lösung des gleichen mathematischen Problems besitzen die einzelnen Computeralgebra-Programme unterschiedliche Schreibweisen (Bezeichnungen) für die einzugebenden Kommandos. Auch besitzen die Kommandos in den einzelnen Programmen eine verschiedene Anordnung und Anzahl der benötigten Argumente und liefern die Ergebnisse in unterschiedlicher Form. Deshalb geben wir die Kommandos für jedes Programm an und stellen die wichtigsten in einer Schnellübersicht (Kapitel 8) zusammen.

Um mit dem Programmsystem MATHCAD exakte (symbolische) Rechnungen durchführen zu können, muß vorher der *Symbolprozessor* (aus MAPLE übernommen) z.B. über die Kommandofolge (Menüfolge)

Symbolic ⇒ Load Symbolic Processor

geladen werden. Danach sind alle *Kommandos zur symbolischen Rechnung* in der zu dem Menü „*Symbolic*" gehörenden Dialogbox anwendbar. Zusätzlich kann man sich noch die ausgeführte Berechnung durch einen kurzen Text anzeigen lassen, indem man die Kommandofolge (Menüfolge)

Symbolic ⇒ Derivation Format ⇒ Show derivation comments

aktiviert.

Die im weiteren auftretenden Kommandos bzw. Eingaben müssen bei MATHEMATICA mit der [Einfg]-Taste und bei allen anderen Programmen mit der [⏎]-Taste abgeschlossen werden, auch wenn dies nicht besonders vermerkt wird. Die zu den Kommandos und Funktionen gehörenden Argumente sind bei MATHEMATICA in eckige Klammern und bei allen anderen Programmen in runde Klammern einzuschließen.

Möchte man bei MAPLE oder MATHEMATICA mehrere Kommandos

Kommando_1, Kommando_2,..., Kommando_n

nacheinander ausführen (*Kommandofolge*), so besteht die Möglichkeit, diese zuerst alle einzugeben und erst nach der Eingabe des letzten (n-ten) Kommandos die Eingabe wie eben beschrieben abzuschließen. Die einzelnen Kommandos müssen natürlich durch Trennzeichen separiert werden. Dazu verwenden MAPLE Doppelpunkt oder Semikolon (hier werden zusätzlich die Ergebnisse der einzelnen Kommandos angezeigt) und MATHEMATICA das Semikolon, d.h.

Kommando_1: Kommando_2: ... Kommando_n; [⏎]

oder

Kommando_1; Kommando_2; ... Kommando_n; [⏎]

bei MAPLE bzw.

Kommando_1; Kommando_2; ... Kommando_n [Einfg]

bei MATHEMATICA.

Falls bei der Eingabe der Kommandofolge ein *Zeilenwechsel* erforderlich wird, so geschieht dies bei MAPLE mittels [⇧][⏎] und bei MATHEMATICA mittels [⏎].

Bei der Anwendung der Programme möchte man häufig die durch ein Kommando erhaltenen *Ergebnisse* in folgenden Rechnungen *weiterverwenden*. Für die dafür benötigten *Zuweisungen* (*Lösungszuweisungen*) stellen die Programme Hilfsmittel zur Verfügung. Dabei sind zwei grundlegende Fälle zu unterscheiden. Das Ergebnis liegt entweder in Form von „Zahlenwerten" oder in „Funktionsform" vor. Wie man bei Funktionen vorgeht, wird ausführlich im Abschnitt

6.2 beschrieben. „Zahlenwerte" treten häufig bei der Lösung von Gleichungen auf. Wie man diese weiterverwendet, wird im Abschnitt 4.5 an Beispielen erläutert (siehe Aufgabe f) aus Beispiel 4.20). Die hier gezeigten Möglichkeiten lassen sich auch heranziehen, wenn man „Zahlenergebnisse" aus anderen Rechnungen weiterverwenden möchte (siehe Beispiel 5.15).

Das *Versagen* eines Programmes bei der exakten (symbolischen) Berechnung eines Problems kann sich auf verschiedene Weise äußern:

- Es wird eine Meldung ausgegeben, daß keine Lösung gefunden wurde.

- Als Ausgabe wird das Rechenkommando unverändert zurückgegeben.

- Die Rechnung wird nicht in angemessener Zeit beendet.

Will man im letzten Fall die *Rechnung abbrechen*, so geschieht dies bei DERIVE mittels [Esc], während es bei den WINDOWS-Versionen von MAPLE, MATHCAD und MATHEMATICA meistens nur durch einen Neustart (Warmstart) des Programms gelingt. Bei den DOS-Versionen kann man noch die Tastenkombinationen [Strg][C] oder [Strg][Ende] versuchen.

Falls bei einem Programm das Kommando zur exakten (symbolischen) Berechnung versagt, kann das entsprechende *Numerikkommando* zur näherungsweisen Berechnung herangezogen werden:

DERIVE: **Simplify** durch **approX** ersetzen, wenn nicht ein gesondertes Numerikkommando existiert.

MAPLE: **evalf**(symbolisches Kommando); eingeben.

MATHCAD: Den zu berechnenden Ausdruck eingeben, mit einer Selektionsbox umrahmen und abschließend ein Gleichheitszeichen eintippen.

MATHEMATICA: Entweder **N** vor oder **//N** hinter das symbolische Kommando setzen.

Bevor wir zu den einzelnen mathematischen Aufgaben kommen, wollen wir noch auf den Begriff der *Liste* eingehen, der für Computeralgebra-Programme eine große Rolle spielt.

Bei Berechnungen ist es häufig vorteilhaft, verschiedene Größen als eine Gesamtheit zu betrachten und hiermit zu rechnen wie mit einem einzigen Objekt. Dies geschieht mittels Listen. Ein *typisches Beispiel* hierfür liefert die *Matrizenrechnung*.

Eine Matrix ist bekanntlich ein rechteckiges Schema von Größen (z.B. Zahlen), d.h.

$$\begin{pmatrix} a_{11} & a_{12} & \cdots & a_{1n} \\ a_{21} & a_{22} & \cdots & a_{2n} \\ \cdots & \cdots & \cdots & \cdots \\ a_{m1} & a_{m2} & \cdots & a_{mn} \end{pmatrix}$$

Um hiermit rechnen zu können, wird diese Matrix als Liste eingegeben.

Für die einzelnen Computeralgebra-Programme haben die *Listen* folgende Form :

- DERIVE:[$a_1,...,a_n$]
- MAPLE: [$a_1,...,a_n$]
- MATHEMATICA: { $a_1,...,a_n$ }

Dabei können die Listenelemente $a_1,...,a_n$ wieder Listen sein. So schreibt sich unsere Matrix als

[[$a_{11},...,a_{1n}$] ,..., [$a_{m1},...,a_{mn}$]]

bei DERIVE und MAPLE bzw.

{ { $a_{11},...,a_{1n}$ } ,..., { $a_{m1},...,a_{mn}$ } }

bei MATHEMATICA,

d.h., die Listenelemente sind die Zeilenvektoren, die ihrerseits die Elemente einer Zeile als Liste zusammenfassen.

Bei MAPLE gebraucht man noch den Begriff der *Menge*. Diese wird im Unterschied zur Liste mittels geschweiften Klammern gebildet. Mengen werden bei MAPLE z.B. für die Eingabe von Gleichungen verwendet (siehe Abschnitt 4.5 und 4.12). Außerdem kennt MAPLE noch *Felder* und *Tabellen* zur Darstellung von Daten. Dies ist ein Nachteil gegenüber MATHEMATICA, das alle Daten in einem einheitlichen Listenkonzept darstellt.

4.1 Verwendung als wissenschaftlicher Taschenrechner

Diese Funktion zählt natürlich nicht zu den Haupteinsatzgebieten der Computeralgebra-Programme. Hierfür kann man auch weiterhin den Taschenrechner verwenden. Sie wird aber benötigt, wenn man exakte Ergebnisse (ohne Rundungsfehler) braucht oder im Verlauf einer Arbeitssitzung Grundrechenoperationen durchzuführen hat.

Für die *Grundrechenarten* akzeptieren alle Computeralgebra-Programme die folgenden *Operationssymbole* (einige lassen auch noch zusätzliche Schreibweisen zu, so z.B. das Leerzeichen für die Multiplikation bei DERIVE und MATHEMATICA):

+ (*Addition*), − (*Subtraktion*), * (*Multiplikation*), / (*Division*), ∧ (*Potenzierung*), ! (*Fakultät*).

Dabei gelten die üblichen *Prioritäten* für die Durchführung der Operationen, d.h., zuerst wird potenziert, dann multipliziert (dividiert) und zuletzt addiert (subtrahiert). Ist man sich nicht sicher, so empfiehlt es sich, zusätzliche Klammern zu verwenden. Statt des Kommas wird in Dezimalzahlen der *Dezimalpunkt* verwandt.

Schon an den Grundrechenoperationen zeigt sich das *Grundprinzip* der Computeralgebra: *das exakte Rechnen*.

So erhält man z.B. für

$$\frac{1}{3} + \frac{1}{4}$$

das *exakte Ergebnis*

$$\frac{7}{12}$$

und nicht die *Gleitkommanäherung*

0.58333....

Erst durch die Einschaltung der folgenden zusätzlichen Kommandos (*Numerikkommandos*):

DERIVE: **approX**

MAPLE: **evalf**(...);

MATHCAD: Eingabe des Gleichheitszeichen

MATHEMATICA: **N**[...]   oder   **//N**

erhält man als Näherung (Approximation) eine *Gleitkommazahl*, deren *Stellenzahl* mittels der folgenden *Kommandos* eingestellt werden kann:

DERIVE: **Option** ⇒ **Precision** ⇒ **Approximate** ⇒ **Digits**: Anzahl der Stellen

MAPLE: **Digits**:= Anzahl der Stellen;

MATHCAD: **Math** ⇒ **Numerical Format**: Anzahl der Stellen (max. 15)

MATHEMATICA: Durch Angabe der zur numerischen Berechnung des Ausdrucks A gewünschten Stellenanzahl S im Kommando **N**[A, S]

Die *elementaren Funktionen* werden durch folgende Symbole eingegeben (bei MATHEMATICA muß der erste Buchstabe ein Großbuchstabe sein und bei den Umkehrfunktionen auch noch der

Buchstabe der Funktion, z.B. *ArcTan*), wobei das Argument bis auf MATHEMATICA (hier eckige Klammern) in runde Klammern einzuschließen ist (die ausführliche Darstellung findet man in der Schnellübersicht – Kapitel 8):

Quadratwurzel – **sqrt**, *e-Funktion* – **exp**, *Logarithmusfunktion* – **ln** oder **log**, *Betrag* – **abs**, *trigonometrische Funktionen* – **sin**, **cos**, **tan**, **cot**, **arcsin**,...(bei DERIVE und MATHCAD **asin**,...), *hyperbolische Funktionen* – **sinh**, **cosh**, **tanh**, **coth**, **arcsinh**,...(bei DERIVE und MATHCAD **asinh**,...).

Wenn man die *numerischen Werte* verwenden möchte, sind die obigen Kommandos zum Erhalt einer Gleitkommazahl zu benutzen.

Weiterhin sind den Programmen u.a. folgende *Größen* bekannt (die zu verwendende Bezeichnung steht in Klammern):

- π = 3.14159... (pi – DERIVE, Pi – MAPLE und MATHEMATICA, π aus der Operatorleiste Nr.1 – MATHCAD),

- **e** = 2.718281... (ê – DERIVE, E – MAPLE und MATHEMATICA, e – MATHCAD),

- **i** = $\sqrt{-1}$ (î – DERIVE, I – MAPLE und MATHEMATICA, 1i – MATHCAD),

- ∞ (inf – DERIVE, infinity – MAPLE, Infinity – MATHEMATICA, ∞ aus der Operatorleiste Nr.4 – MATHCAD).

Die *Technik* für die *Durchführung* der *Rechnungen* mittels der einzelnen Programme gestaltet sich wie folgt:

DERIVE: Ausdruck A unter **Author:** A eingeben $\boxed{\leftarrow}$ und mit **Simplify** $\boxed{\leftarrow}$ berechnen,

MAPLE: Ausdruck A mit Semikolon eingeben, d.h. A; $\boxed{\leftarrow}$,

MATHCAD: Ausdruck A eingeben und mittels Selektionsbox   markieren. Anschließend wird die Kommandofolge (Menüfolge) **Symbolic**$\boxed{\leftarrow}$ $\Rightarrow$ **Simplify**$\boxed{\leftarrow}$ angewendet,

MATHEMATICA: Ausdruck A eingeben $\boxed{\text{Einfg}}$.

Möchte man als Ergebnis eine *Gleitkommazahl* erhalten, so ist wie oben angegeben ein *Numerikkommando* anzuwenden.

Die *Abschließung der Eingabe* eines Ausdrucks bzw. Kommandos mittels der Tasten $\boxed{\leftarrow}$ bzw. $\boxed{\text{Einfg}}$ wird im weiteren Verlauf des Buches nicht mehr extra angezeigt.

Beispiel 4.1:

Man löse die folgenden Aufgaben exakt (symbolisch) und numerisch und begründe die erhaltenen unterschiedlichen Formen für die Ergebnisse

a) $\dfrac{1}{2} + \dfrac{1}{3} + \dfrac{1}{4}$

b) $e^2 + \sin\left(\dfrac{\pi}{2}\right)$

c) $\cos(1) + \log(3)$

d) $\dfrac{3^4(\sqrt{25}+1)+9}{4^3 + \sqrt{169}}$

e) $\dfrac{\sqrt{2}\left(10^2 + \sqrt{3}\right)}{\sqrt{5} + 3^2}$.

4.2 Umformung von Ausdrücken

Die *Umformung* (Manipulation) von *algebraischen* und *transzendenten Ausdrücken* stellt eine wesentliche Klasse von Operationen dar, die von Computeralgebra-Programmen ausgeführt werden. Dabei versteht man unter einem *algebraischen Ausdruck* eine beliebige Zusammenstellung von Zahlen und Buchstaben (Variablen und Konstanten), die durch die Rechenoperationen

$$+ \qquad - \qquad * \qquad / \qquad \wedge$$

verbunden sind.

Beispiel 4.2: Im folgenden sehen wir algebraische Ausdrücke.

a) $(a+b)^3$,   b) $a^3 + 3a^2b + 3ab^2 + b^3$,   c) $\dfrac{a+b}{a^2 - b + c}$,

d) $\dfrac{x^3 + x + 1}{3x^4 + 2x^3 + x}$,   e) $\dfrac{1}{1+x} + \dfrac{1}{1-x}$,   f) $\dfrac{(x^2-1)(x^2+1)}{(x-1)(x+1)}$.

Transzendente Ausdrücke werden wie algebraische Ausdrücke gebildet, wobei zusätzlich Exponentialfunktionen, trigonometrische und hyperbolische Funktionen und deren Umkehrfunktionen auftreten können.

Beispiel 4.3: Im folgenden sehen wir transzendente Ausdrücke.

a) $\dfrac{\cos(x+y)}{\sin x \sin y}$,   b) $\dfrac{e^{a+x}}{\tan x}$,   c) $\dfrac{\ln x + e^x}{\sin x + a^{2x}}$.

Algebraische Ausdrücke lassen sich

- *vereinfachen* (kürzen, zusammenfassen)

Beispiel 4.4:

$$\text{a) } \frac{x^2 - 1}{x + 1} \to x - 1, \qquad \text{b) } \frac{x}{x - 1} - \frac{1}{x - 1} \to 1,$$

$$\text{c) } \frac{x^2 + 2xy + y^2}{x^2 - y^2} \to \frac{x + y}{x - y}.$$

- in *Partialbrüche* zerlegen

Beispiel 4.5:

$$\frac{2x}{x^2 - 1} \to \frac{1}{x + 1} + \frac{1}{x - 1}.$$

- *potenzieren* (Anwendung des binomischen Satzes: Sonderfall für Multiplizieren)

Beispiel 4.6:

$$(a + b)^3 \to a^3 + 3a^2 b + 3ab^2 + b^3.$$

- *multiplizieren*

Beispiel 4.7:

$$\frac{1}{x^2 - 1} * \frac{x + 1}{x + 2} \to \frac{1}{(x - 1)(x + 2)},$$
$$(x + 1)^2 * (x - 1) \to x^3 + x^2 - x - 1.$$

- *faktorisieren* (als inverse Operation zum Multiplizieren)

Beispiel 4.8:

$$x^3 + x^2 - x - 1 \to (x + 1)^2 (x - 1),$$
$$a^3 + 3a^2 b + 3ab^2 + b^3 \to (a + b)^3$$

- auf einen *gemeinsamen Nenner* bringen

Beispiel 4.9:

$$\frac{1}{x + 1} + \frac{1}{x + 2} \to \frac{2x + 3}{(x + 1)(x + 2)}.$$

Betrachten wir im folgenden die *Kommandos* für die obigen Operationen in den einzelnen Computeralgebra-Programmen, wobei der konkrete algebraische Ausdruck mit A abgekürzt wird.

4.2.1　　　Vereinfachung

DERIVE:　　Anwendung der Kommandofolge

Author: A $\Rightarrow$ **Simplify**

MAPLE:　　**simplify**(A);

MATHCAD:　Den Ausdruck eingeben und mit einer Selektionsbox umrahmen. Danach wird die Kommandofolge

Symbolic $\Rightarrow$ **Simplify**

angewendet.

MATHEMATICA: **Simplify**[A]

Alle Programme besitzen hierfür ein Kommando „*simplify*" (deutsch: vereinfachen).

4.2.2　　　Partialbruchzerlegung

Der gebrochenrationale Ausdruck A sei eine Funktion von x, d.h. A(x).

DERIVE:　　**Author:** A(x) $\Rightarrow$ **Expand**

MAPLE:　　**convert**(A(x), parfrac, x);

MATHCAD:　Den Ausdruck eingeben, die Variable x markieren und anschließend die Kommandofolge

Symbolic $\Rightarrow$ **Convert to Partial Fraction**

aktivieren.

MATHEMATICA: **Apart**[A(x)]

Hierfür werden in den einzelnen Programmen unterschiedliche Kommandos verwendet. Wenn das Nennerpolynom komplexe Nullstellen besitzt, können bei allen Programmen Schwierigkeiten auftreten.

Beispiel 4.10:

Alle Programme scheitern schon an der einfachen Funktion

a)　$\dfrac{1}{x^4+1}$,

die die Zerlegung

$$\frac{1}{2\sqrt{2}} \cdot \frac{x+\sqrt{2}}{x^2+\sqrt{2}\cdot x+1} - \frac{1}{2\sqrt{2}} \cdot \frac{x-\sqrt{2}}{x^2-\sqrt{2}\cdot x+1}$$

besitzt.

Dagegen liefern z.B. alle Programme die Zerlegung

b) $\quad \dfrac{x+2}{x^6+x^4-x^2-1} = \dfrac{3}{8}\dfrac{1}{x-1} - \dfrac{1}{8}\dfrac{1}{x+1} - \dfrac{1}{2}\dfrac{x+2}{(x^2+1)^2} - \dfrac{1}{4}\dfrac{x+2}{x^2+1}.$

4.2.3   Potenzieren

DERIVE: **Author:** A $\Rightarrow$ **Expand**

MAPLE: **expand**(A);

MATHCAD: Den Ausdruck eingeben, mit einer Selektionsbox umrahmen und anschließend die Kommandofolge

Symbolic $\Rightarrow$ **Expand Expression**

aktivieren.

MATHEMATICA: **Expand**[A]

Mit den angegebenen Kommandos „*expand*" (deutsch: entwickeln) lassen sich Ausdrücke der folgenden Form (n ganze Zahl) problemlos berechnen:

$$\left(a+b+c+...+f\right)^n.$$

4.2.4   Multiplikation von Ausdrücken

DERIVE: **Author:** A $\Rightarrow$ **Expand**

MAPLE: **expand**(A);

MATHCAD: Den gesamten Ausdruck eingeben, mit einer Selektionsbox umrahmen und anschließend die Kommandofolge

Symbolic $\Rightarrow$ **Expand Expression**

aktivieren.

MATHEMATICA: **Expand**[A] oder **Simplify**[A]

Es sind bei allen Programmen die *zu muliplizierenden Ausdrücke* in der üblichen Schreibweise als ein *Gesamtausdruck* A einzugeben und hierauf die Kommandos „*expand*" bzw. „*simplify*" anzuwenden.

Beispiel 4.11:

$$(x^2+x+1)*(x^3-x^2+1) \to x^5+x+1.$$

4.2.5　Faktorisierung

DERIVE:　**Author:** A $\Rightarrow$ **Factor** ($\Rightarrow$ z.B. **Rational**)

MAPLE:　**factor**(A);

MATHCAD:　Den Ausdruck eingeben, mit einer Selektionsbox umrahmen und anschließend die Kommandofolge

Symbolic $\Rightarrow$ **Factor Expression**

aktivieren.

MATHEMATICA: **Factor**[A]

Alle Programme besitzen zur Faktorisierung ein Kommando „*factor*"

Beispiel 4.12:

Mit den gegebenen Kommandos lassen sich Ausdrücke wie

a)　$a^2 + 2*a*b + b^2 \rightarrow (a+b)^2$

und

b)　$x^6 + x^4 - x^2 - 1 \rightarrow (x-1)(x+1)(1+x^2)^2$

mit allen Programmen problemlos in Faktoren zerlegen.

Die *Zerlegung* einer *natürlichen Zahl* N in *Primfaktoren* (z.B. 12345 $\Rightarrow$ 3·5·823) geschieht bei DERIVE und MATHCAD ebenfalls mit dem oben gegebenen Befehl, während MAPLE hierfür das Kommando

ifactor(N);

und MATHEMATICA das Kommando

FactorInteger[N]

verwenden.

4.2.6　Auf einen gemeinsamen Nenner bringen

DERIVE:　**Author:** A $\Rightarrow$ **Simplify**

oder

Author: A $\Rightarrow$ **Factor** $\Rightarrow$ **Trivial**

MAPLE:　**simplify**(A);

MATHCAD:　Den Ausdruck eingeben, mit einer Selektionsbox umrahmen und anschließend die Kommandofolge

Symbolic $\Rightarrow$ **Simplify**

aktivieren.

MATHEMATICA: **Together**[A] oder **Simplify**[A]

Mit den gegebenen Kommandos lassen sich rationale Ausdrücke gleichnamig machen.

Beispiel 4.13:

$$\frac{1}{x-1}+\frac{1}{x+1} \to \frac{2x}{x^2-1} \qquad \text{bzw.} \qquad \frac{2x}{(x-1)(x+1)}.$$

4.2.7   Umformung transzendenter Ausdrücke

Kommen wir zur *Umformung transzendenter Ausdrücke*. Dies betrifft vor allem die Umformung *trigonometrischer Funktionen*, so z.B. die bekannten *Additionstheoreme*. Die einzelnen Programme stellen hierfür eine Reihe von *Kommandos* zur Verfügung, wobei der umzuformende Ausdruck mit A bezeichnet wird:

DERIVE: Die Richtung der Umformung wird mit der Kommandofolge

Manage $\Rightarrow$ **Trigonometry** ($\Rightarrow$ **Collect** oder **Expand**)

ausgewählt und danach die Kommandofolge

Author: A $\Rightarrow$ **Simplify**

angewandt.

Beispiel:

So liefern das obige Kommando

Expand

$\sin(x+y) \to \cos(x)\sin(y) + \sin(x)\cos(y)$

und das Kommando

Collect

$$\sin(x)*\sin(y) \to \frac{\cos(x-y) - \cos(x+y)}{2}.$$

MAPLE: **expand**(A);

für Additionstheoreme,

combine(A, trig);

verwandelt Produkte in Summen,

convert(A, F);

wandelt den Ausdrucks A in einen Ausdruck um, der die Funktion F enthält.

Beispiel:

Das Kommando

expand(sin(x+y));

liefert das Ergebnis

sin(x) cos(y) + cos(x) sin(y),

das Kommando

combine(sin(x)*cos(y), trig);

liefert das Ergebnis

$$\frac{\sin(x + y) + \sin(x - y)}{2}$$

und das Kommando

convert(sin(2*x), tan);

liefert das Ergebnis

$$2\frac{\tan(x)}{1 + \tan(x)^2}.$$

MATHCAD: Den Ausdruck A eingeben, mit einer Selektionsbox umrahmen und die Kommandofolge

Symbolic ⇒ Expand Expression

aktivieren (für Additionstheoreme).

Beispiel:

Die Anwendung der gegebenen Kommandofolge auf

sin(x+y)

liefert das Ergebnis in folgender Form auf dem Bildschirm:

sin(x+y)   *expands to*   sin(x)·cos(y) + cos(x)·sin(y)

MATHEMATICA: Durch Angabe der Option

Trig → True

in den Kommandos für die Umformung algebraischer Ausdrücke lassen sich trigonometrische Ausdrücke umformen.

Beispiel:

Das Kommando

Apart[Cos[x+y], Trig→True]

liefert das Ergebnis

Cos[x] Cos[y] − Sin[x] Sin[y],

das Kommando

Cancel[Sin[x]*Sin[y], Trig→True]

liefert das Ergebnis

$$\frac{Cos[x - y] - Cos[x + y]}{2},$$

das Kommando

Expand[Sin[x]^3, Trig→True]

liefert das Ergebnis

$$\frac{3\ Sin[x]\ -\ Sin[3\ x]}{4}$$

und das Kommando

Factor[(3*Sin[x] − Sin[3*x])/4, Trig→True]

liefert das Ergebnis

$Sin[x]^3$.

Weitere Spezialkommandos zur Umformung trigonometrischer Ausdrücke erhält man durch Laden des Pakets „Algebra`Trigonometry`".

Es konnte bei allen Programmen beobachtet werden, daß nicht jeder transzendente Ausdruck umgeformt wird.

4.3 Behandlung von Polynomen

Da *Polynome n-ten Grades* mit reellen Koeffizienten (ganze rationale Funktionen), die sich in der Form

$$P(x) = \sum_{k=0}^{n} a_k x^k = a_n x^n + a_{n-1} x^{n-1} + \ldots + a_1 x + a_o, \qquad (a_n \neq 0)$$

schreiben, in der Mathematik eine große Rolle spielen, wollen wir diese extra betrachten.

Eine wesentliche Aufgabe bei Polynomen besteht in der Bestimmung der (reellen und komplexen) *Nullstellen*, d.h. derjenigen Werte x_i, für die $P(x_i) = 0$ gilt. Bekanntlich besitzt ein Polynom n-ten Grades n Nullstellen, die jedoch mehrfach sein können. Zur Bestimmung der Nullstellen besitzt man nur bis n=4 *Formeln*. Die bekannteste ist die für n=2:

Die *quadratische Gleichung*

$$x^2 + a_1 x + a_o = 0$$

besitzt die beiden Lösungen

$$x_{1,2} = -\frac{a_1}{2} \pm \sqrt{\frac{a_1^2}{4} - a_o}\ .$$

Für n=3 und 4 gestalten sich die Formeln schon wesentlich schwieriger. Ab n=5 existieren keine Formeln mehr für die Nullstellenberechnung, da allgemeine Polynome ab dem 5. Grad nicht durch Radikale lösbar sind. Deshalb kann nicht von den Computeralgebra-Programmen erwartet werden, daß sie für n≥5 immer eine exakte Lösung liefern.

Die *Nullstellenberechnung* für Polynome geschieht mittels folgender *Kommandos*:

DERIVE: **Author:** P(x)=0 $\Rightarrow$ **soLve**

oder

Author: solve(P(x)=0, x) $\Rightarrow$ **Simplify**

MAPLE: **solve**(P(x)=0, x);

MATHCAD: Das Polynom P(x) eingeben, ein x markieren und die Kommando-folge

Symbolic $\Rightarrow$ **Solve for Variable**

aktivieren.

MATHEMATICA: **Solve**[P(x) == 0, x]

Beispiel 4.14:

Alle Programme liefern für

a) $x^7 + 2x^6 - 55x^5 - 10x^4 + 779x^3 - 1042x^2 - 725x + 1050$

die Nullstellen

-7,   -5,   -1,   1,   2,   3,   5,

die eine relativ einfache Struktur haben,

während für

b) $x^7 + x + 1$

von allen Programmen keine Nullstelle gefunden wurde, obwohl mindestens eine reelle Nullstelle existiert, da der Grad des Polynoms ungerade ist.

Eng mit der Nullstellenbestimmung hängt die *Faktorisierung von Polynomen* zusammen. Unter *Faktorisierung* versteht man die Schreibweise eines Polynoms als Produkt von Linearfaktoren (für die reellen Nullstellen) und quadratischen Polynomen (für die komplexen Nullstellen), d.h.

$$\sum_{k=0}^{n} a_k x^k =$$

$$(x - x_1)(x - x_2) \cdot \ldots \cdot (x - x_r)(x^2 + b_1 x + c_1) \cdot \ldots \cdot (x^2 + b_s x + c_s) \, ,$$

wobei $x_1, \ldots, x_r$ die reellen Nullstellen sind (in ihrer eventuellen Vielfachheit gezählt).

Bei der Faktorisierung wird man nur ein Resultat erwarten können, wenn sich die Nullstellen exakt bestimmen lassen.

Die *Faktorisierung* des Polynoms P(x) geschieht mittels folgender *Kommandos*:

DERIVE: **Author:** P(x) $\Rightarrow$ **Factor**

MAPLE: **factor**(P(x));

MATHCAD: Das Polynom P(x) eingeben, mit einer Selektionsbox umrahmen und die Kommandofolge

Symbolic $\Rightarrow$ **Factor Expression**

aktivieren.

MATHEMATICA: **Factor**[P(x)]

Alle Programme besitzen zur Faktorisierung von Polynomen ein Kommando „*factor*"

Beispiel 4.15:

Es ergibt sich die gleiche Situation wie bei der Nullstellenbestimmung (siehe Beispiel 4.14).

a) Für die Aufgabe a) aus Beispiel 4.14 erhält man die Zerlegung

$(x - 1)(x - 2)(x - 3)(x - 5)(x + 1)(x + 5)(x + 7)$.

b) Für die Aufgabe b) aus Beispiel 4.14 erhält man kein Resultat.

c) Für das Polynom

$x^8 + 2x^7 + 3x^6 + 2x^5 - 2x^3 - 3x^2 - 2x - 1$

erhält man

$(x - 1)(x + 1)(x^2 + 1)(x^2 + x + 1)^2$.

Wenn das exakte (symbolische) Bestimmen der Nullstellen versagt, kann auf die *Numerikkommandos* der einzelnen Programme zur Lösung von Gleichungen zurückgegriffen werden, die wir im Abschnitt 4.5 besprechen.

4.4 Vektoren und Matrizen

Im folgenden wollen wir uns mit *Matrizen* vom Typ (m,n) (d.h. m Zeilen und n Spalten) der Form

$$\mathbf{A}_{(m,n)} = \begin{pmatrix} a_{11} & a_{12} & \dots & a_{1n} \\ a_{21} & a_{22} & \dots & a_{2n} \\ \dots & \dots & \dots & \dots \\ a_{m1} & a_{m2} & \dots & a_{mn} \end{pmatrix}$$

und n-dimensionalen Vektoren

$\mathbf{a} = (a_1, \ldots, a_n)$

(als *Zeilenvektor* geschrieben) als einen Spezialfall (Matrix vom Typ (1,n)) beschäftigen.

Das erste auftretende Problem bei der Anwendung von Computer-algebra-Programmen betrifft die *Eingabe* dieser *Matrizen*, die für die einzelnen Programme mit folgenden *Kommandos* realisiert wird:

DERIVE: Mit der Kommandofolge

Declare $\Rightarrow$ vectoR (Dimension: $\Rightarrow$ element:)

lassen sich *Vektoren eingeben*, wobei hinter „*Dimension*" die Dimension (Anzahl der Komponenten) des Vektors und hinter „*element*" nacheinander die einzelnen Komponenten einzutragen sind. Eine weitere Möglichkeit ist durch die Eingabe als *Liste* über das Kommando

Author: $[\, a_1, a_2, \ldots, a_n \,]$
gegeben.

Mit der Kommandofolge

Declare $\Rightarrow$ Matrix (Rows: Columns: $\Rightarrow$ element:)
lassen sich *Matrizen eingeben*, wobei hinter „*Rows*" die Anzahl der Zeilen, hinter „*Columns*" die Anzahl der Spalten und hinter „*element*" nacheinander die einzelnen Elemente der Matrix zeilen-weise einzutragen sind. Weiterhin besteht noch die Möglichkeit der Eingabe als *Liste* über das Kommando

Author: $[\, [a_{11}, \ldots, a_{1n}]\,, \ldots, [a_{m1}, \ldots, a_{mn}]\,]$.

So liefert z.B.

Author: A:=$[\, [\, 1, 2, 3\,], [\, 4, 5, 6\,]\,]$

die Matrix

$$\mathbf{A} = \begin{pmatrix} 1 & 2 & 3 \\ 4 & 5 & 6 \end{pmatrix}$$

MAPLE: Das Kommando
A:= **array**$(\, [\, [a_{11}, \ldots, a_{1n}]\,, \ldots, [a_{m1}, \ldots, a_{mn}]\,]\,)$;

erzeugt die Matrix

$\mathbf{A}_{(m,n)}$,

die in Listenform einzugeben ist. So liefern z.B.

A:= **array**$(\, [\, [\, 1, 2, 3\,], [\, 4, 5, 6\,]\,]\,)$;

die Matrix

$$A = \begin{pmatrix} 1 & 2 & 3 \\ 4 & 5 & 6 \end{pmatrix}$$

und

a:= **array**([1, 2, 3, 4, 5, 6, 7]);

den Vektor

a = (1, 2, 3, 4, 5, 6, 7).

MATHCAD: In der Operatorleiste Nr.2 muß das Matrixsymbol mit der Maus angeklickt werden. Eine andere Möglichkeit besteht in der Aktivierung der Kommandofolge (Menüfolge)

Math ⇒ Matrices ...   .

Danach erscheint ein Fenster, in das die Anzahl der Zeilen

Rows:

und Spalten

Columns:

einzugeben sind. Durch Anklicken des Buttons (Knopf)

Create

erscheint an der gewünschten Stelle die Matrix, in die nun die einzelnen Elemente

a_{ik}

einzutragen sind. Es ist dabei zu beachten, daß man Vektoren immer als Spalten eingeben muß.

MATHEMATICA: Es gilt ebenfalls die Eingabe in *Listenform*

{ { a_{11},...,a_{1n} } ,...., { a_{m1},...,a_{mn} } }

für die Matrix

$A_{(m,n)}$.

So stellen z.B.

A= { { 1, 2, 3 }, { 4, 5, 6 } }

die Matrix

$$A = \begin{pmatrix} 1 & 2 & 3 \\ 4 & 5 & 6 \end{pmatrix}$$

und

a= { 1, 2, 3, 4, 5, 6, 7 }

den Vektor

a=(1, 2, 3, 4, 5, 6, 7)

dar.

Möchte man die eingegebene Liste in der übersichtlicheren Matrixform (erscheint allerdings ohne Klammern auf dem Bildschirm) erhalten, so ist entweder das zusätzliche Kommando

MatrixForm[A]

anzuschließen oder bereits bei der Eingabe der Matrix das Kommando

//MatrixForm

dem Eingabekommando hinzuzufügen. Will man allerdings mit der eingegebenen Matrix weiterrechnen, so darf das Kommando „*MatrixForm*" nicht verwendet werden. In diesem Fall muß die eingegebene Listenform beibehalten werden.

Kommen wir zu den Rechenoperationen *Addition* (bzw. *Subtraktion*) und *Multiplikation* von Matrizen.

Es ist zu beachten, daß die *Addition* (Subtraktion) **A** ± **B** nur möglich ist, wenn die Matrizen **A** und **B** den gleichen Typ besitzen. Für die *Multiplikation* **A** · **B** müssen die Matrizen **A** und **B** verkettet sein, d.h., **A** muß genauso viele Spalten haben, wie **B** Zeilen besitzt. Die Eingabe der Matrizen **A** und **B** geschieht für die einzelnen Programme wie oben beschrieben.

Die *Addition* und *Multiplikation* vollzieht sich in den einzelnen Programmen mittels der folgenden *Kommandos:*

DERIVE: Nachdem die beiden Matrizen **A** und **B** in das Arbeitsfenster eingegeben wurden, ist die Kommandofolge

Build (mit Operator + bzw. * oder .) ⇒ **Simplify**

zu aktivieren.

MAPLE: Die Kommandos

evalm(A+B);   und   **evalm**(A*B);

liefern

A+B bzw.   **A·B**,

während

M:=**evalm**(A+B);   und   M:= **evalm**(A*B);

zusätzlich die Zuweisung des Ergebnisses zur Matrix **M** liefern, d.h.

M=A+B   bzw.   **M=A·B** .

Falls mittels

with(linalg);

das Zusatzpaket „Lineare Algebra" geladen wurde, kann man für die Addition auch das Kommando

add(A,B);

verwenden.

MATHCAD: Eingabe von A+B bzw. A∗B unter Verwendung des Matrixsymbols aus der Operatorleiste Nr.2. Danach wird der Ausdruck mit einer Selektionsbox umrahmt. Das Eintippen des Gleichheitszeichen liefert das Ergebnis.

MATHEMATICA: Die Kommandos M=A+B (bei der Addition) und M=A.B (bei der Multiplikation) liefern als Ergebnis die Matrix **M** wieder in Listenform, die man mittels des Kommandos

MatrixForm[M]

in Matrizengestalt anzeigen lassen kann.

Eine weitere Operation für Matrizen ist das *Transponieren*, d.h. das Vertauschen von Zeilen und Spalten:

DERIVE: Die Matrix **A** in „*Author*" mit dem Operator ` versehen, d.h.

Author: A`

und anschließend das Kommando

Simplify

aktivieren.

MAPLE: Anwendung des Kommandos

transpose(A); ,

wobei vorher mittels

with(linalg);

das Zusatzpaket „Lineare Algebra" geladen werden muß.

MATHCAD: Umrahmung der eingegebenen Matrix mit einer Selektionsbox und Anwendung der Kommandofolge

Symbolic ⇒ Transpose Matrix.

MATHEMATICA: **Transpose**[A] .

Während die bisher betrachteten Operationen auch für relativ große Matrizen durchführbar sind, stößt man bei der im folgenden behandelten Berechnung der *Determinante* und der *Inversen* einer n-reihigen quadratischen Matrix für großes n schnell auf Schwierigkeiten, da Rechenaufwand und Speicherbedarf stark anwachsen.

Betrachten wir zuerst die Berechnung der *Determinante*

$$\det \mathbf{A} = \begin{vmatrix} a_{11} & \cdots & a_{1n} \\ \cdots & \cdots & \cdots \\ a_{n1} & \cdots & a_{nn} \end{vmatrix}$$

für eine n-reihige Matrix **A**.

Bekanntlich existieren hierfür Berechnungsvorschriften (z.B. Umformung auf Dreiecksgestalt, Anwendung des Laplaceschen Entwicklungssatzes usw.), die jedoch mit wachsendem n sehr aufwendig werden. Die Computeralgebra-Programme leisten bei der Berechnung eine große Hilfe, solange die Dimension n der Determinante nicht den vorhandenen Speicherplatz überfordert.

Die einzelnen Programme verwenden die folgenden *Kommandos* zur Berechnung der *Determinante* einer Matrix **A**:

DERIVE: Falls sich die Matrix **A** schon im Arbeitsfenster unter der Nummer n befindet, wird die Kommandofolge

Author: det(#n) $\Rightarrow$ Simplify

verwendet, andernfalls ist

Author: det ([[a_{11},...,a_{1n}] ,..., [a_{n1},...,a_{nn}]]) $\Rightarrow$ **Simplify**

einzugeben.

MAPLE: Nach dem Laden des Paketes „Lineare Algebra" mittels

with(linalg);

lautet das Kommando

det(A);   ,

falls die Matrix **A** schon vorher eingegeben wurde, ansonsten ist das Kommando

det([[a_{11},...,a_{1n}],...,[a_{n1},...,a_{nn}]]);

zu verwenden.

MATHCAD: Umrahmung der eingegebenen Matrix **A** mit einer Selektionsbox und Aktivierung der Kommandofolge

Symbolic $\Rightarrow$ Determinant of Matrix.

MATHEMATICA: Anwendung des Kommandos

Det[A]   ,

falls die Matrix **A** schon vorher eingegeben wurde, ansonsten muß das Kommando

Det[{ {a_{11},...,a_{1n}} ,..., {a_{n1},...,a_{nn}} }]

verwendet werden.

Falls man versehentlich die *Determinante* einer *nichtquadratischen Matrix* berechnen will, so kommt entweder eine Fehlermeldung (bei MAPLE, MATHCAD und MATHEMATICA) oder die Berechnung wird abgelehnt (bei DERIVE).

Kommen wir zur *Berechnung* der *Inversen* $\mathbf{A}^{-1}$ einer Matrix $\mathbf{A}$, die nur für quadratische Matrizen möglich ist, wobei zusätzlich det $\mathbf{A} \neq 0$ erfüllt sein muß (nichtsinguläre Matrix).

Die *Kommandos* in den einzelnen Programmen lauten folgendermaßen:

DERIVE: Anwendung der Kommandofolge

Author: #n^-1 $\Rightarrow$ **Simplify** ,

falls sich die Matrix $\mathbf{A}$ bereits im Arbeitsfenster unter der Nummer n befindet, ansonsten

Author: [[a_{11},...,a_{1n}] ,..., [a_{n1},...,a_{nn}]]^−1 $\Rightarrow$ **Simplify** .

MAPLE: Anwendung des Kommandos

inverse(A); ,

falls sich die Matrix $\mathbf{A}$ schon im Arbeitsfenster befindet, ansonsten

inverse([[a_{11},...,a_{1n}] ,..., [a_{n1},...,a_{nn}]]); .

MATHCAD: Umrahmung der eingegebenen Matrix mittels Selektionsbox und Anwendung der Kommandofolge

Symbolic $\Rightarrow$ **Invert Matrix** .

MATHEMATICA: Anwendung des Kommandos

Inverse[A],

falls sich die Matrix $\mathbf{A}$ schon im Arbeitsfenster befindet, ansonsten

Inverse[{ {a_{11},...,a_{1n}} ,..., {a_{n1},...,a_{nn}} }] .

Falls die zu invertierende *Matrix singulär* ist, kommt entweder eine Fehlermeldung (bei MAPLE, MATHCAD und MATHEMATICA) oder die Berechnung wird abgelehnt (bei DERIVE). Es empfiehlt sich auch, nach der Berechnung der Inversen zur *Probe* das Produkt $\mathbf{A} \cdot \mathbf{A}^{-1}$ zu berechnen, das die Einheitsmatrix $\mathbf{E}$ liefern muß.

Beispiel 4.16:

Man addiere, subtrahiere und multipliziere die beiden Matrizen

$$\mathbf{A} = \begin{pmatrix} 1 & 2 \\ 3 & 4 \end{pmatrix} \quad \text{und} \quad \mathbf{B} = \begin{pmatrix} 5 & 6 \\ 10 & 12 \end{pmatrix}$$

und berechne ihre Determinanten.

Weiterhin versuche man, ihre Inversen zu berechnen.

Eine weitere wichtige Aufgabe für quadratische Matrizen **A** besteht in der Berechnung von *Eigenwerten* λ und den dazugehörigen *Eigenvektoren*. Dabei sind Eigenwerte bekanntlich diejenigen Werte

$$\lambda_i \;,$$

für die das lineare homogene Gleichungssystem

$$(\mathbf{A} - \lambda_i\mathbf{E})\mathbf{x}^i = 0$$

nichttriviale (d.h. von Null verschiedene) Lösungen

$$\mathbf{x}^i$$

(als Eigenvektoren bezeichnet) besitzt.

Diese Aufgabe ist sehr rechenintensiv, da die Eigenwerte

$$\lambda_i$$

als Lösungen des charakteristischen Polynoms

$$\det(\mathbf{A} - \lambda\mathbf{E}) = 0$$

bestimmt werden und anschließend hierfür noch das obige Gleichungssystem gelöst werden muß.

Die Computeralgebra-Programme besitzen die folgenden *Kommandos* zur Durchführung dieser Berechnungen:

DERIVE: Zur Berechnung der Eigenwerte gibt es die Kommandofolge

Author: eigenvalues(A, e) $\Rightarrow$ **Simplify**   ,

wobei die Matrix **A** in Listenform einzugeben ist, falls sie sich noch nicht im Arbeitsfenster befindet. e stellt die Bezeichnung für die Eigenwerte dar (wird dies weggelassen, so bezeichnet sie das Programm mit w).

Zur Berechnung des zum Eigenwert λ gehörigen Eigenvektors muß man zuerst über die Kommandofolge

Transfer $\Rightarrow$ **Load** $\Rightarrow$ **Utility** ($\Rightarrow$ **file:** vector)

die Zusatzdatei „VECTOR.MTH" laden. Anschließend kann mittels der Kommandofolge

Author: exact_eigenvector(A, λ) $\Rightarrow$ **Simplify**

ein zu λ gehörender Eigenvektor bestimmt werden.

MAPLE: Nach dem Laden des Zusatzpaketes „Lineare Algebra" mittels des Kommandos

with(linalg);

kann man anschließend mit dem Kommando

eigenvals(A);

die Eigenwerte bestimmen.

Das Kommando

eigenvects(A);

liefert alle Eigenwerte und die dazugehörigen Eigenvektoren. Dabei ist die Matrix **A** im Argument als Liste einzugeben, falls sie sich noch nicht im Arbeitsfenster befindet.

MATHCAD: Hier gibt es keine Kommandos zur exakten (symbolischen) Berechnung von Eigenwerten und Eigenvektoren einer Matrix **A**, aber die Numerikkommandos

eigenvals(A) =

zur numerischen Berechnung der Eigenwerte und

eigenvec(A, λ) =

zur numerischen Berechnung des zu dem Eigenwert λ gehörigen Eigenvektors. Vor der Anwendung dieser Kommandos muß die benötigte Matrix **A** in der Form

$$A := \begin{pmatrix} a_{11} & a_{12} & \cdots & a_{1n} \\ a_{21} & a_{22} & \cdots & a_{2n} \\ \cdots & \cdots & \cdots & \cdots \\ a_{n1} & a_{n2} & \cdots & a_{nn} \end{pmatrix}$$

eingegeben werden, wie oben beschrieben wurde.

MATHEMATICA: Mittels der Kommandos

Eigenvalues[A]   und   **Eigenvectors**[A]

berechnet man die Eigenwerte bzw. die dazugehörigen Eigenvektoren. Mit dem Kommando

Eigensystem[A]

läßt sich beides gleichzeitig berechnen. Bei allen Kommandos ist die Matrix **A** als Liste einzugeben, falls sie sich noch nicht im Arbeitsfenster befindet.

Bei allen Berechnungen ist zu beachten, daß die Eigenwerte als Nullstellen des charakteristischen Polynoms vom Grade n (bei einer n-reihigen Matrix **A**) bestimmt werden. Dies führt wieder zu den im Abschnitt 4.3 geschilderten Problemen für n $\geq$ 5. Weiterhin muß man beachten, daß die Eigenvektoren nur bis auf einen Faktor bestimmt sind und durch die Programme nicht normiert werden (bei DERIVE erscheint der Faktor explizit als Zeichen @).

Wenn sich die Eigenwerte nicht exakt (symbolisch) berechnen lassen, kann auf das entsprechende Numerikkommando zurückgegriffen werden.

Beispiel 4.17:

a) Für die zweireihigen Matrizen

$$\begin{pmatrix} 3 & -2 \\ -4 & 1 \end{pmatrix}$$

mit den Eigenwerten
$$\lambda_1 = 5 \qquad \text{und} \qquad \lambda_2 = -1$$

und den dazugehörigen Eigenvektoren
$$\mathbf{x}^1 = (\,-1,\,1\,), \qquad \mathbf{x}^2 = (\,1,\,2\,),$$

$$\begin{pmatrix} 3 & 1 \\ -2 & 1 \end{pmatrix}$$

mit den komplexen Eigenwerten
$$\lambda_1 = 2 + i \quad \text{und} \qquad \lambda_2 = 2 - i$$

und den dazugehörigen Eigenvektoren
$$\mathbf{x}^1 = (\,1,\,i-1\,) \quad \text{und} \qquad \mathbf{x}^2 = (\,-1,\,i+1\,),$$

$$\begin{pmatrix} 3 & -1 \\ 1 & 1 \end{pmatrix}$$

mit den Eigenwerten
$$\lambda_{1,2} = 2$$

und dem dazugehörigen Eigenvektor
$$\mathbf{x}^{1,2} = (\,1,\,1\,)$$

lieferten alle Programme die angegebenen Ergebnisse, wobei die Eigenvektoren natürlich unterschiedliche Länge haben können.

b) Für die dreireihige Matrix

$$\begin{pmatrix} -4 & -3 & 3 \\ 2 & 3 & -6 \\ -1 & -3 & 0 \end{pmatrix}$$

mit den Eigenwerten
$$\lambda_{1,2} = -3 \qquad \text{und} \qquad \lambda_3 = 5$$

lieferten nur MAPLE und MATHEMATICA die zu dem zweifachen Eigenwert existierenden zwei linear unabhängigen Eigenvektoren

$$(\,3,\,0,\,1\,) \quad \text{und} \quad (\,-3,\,1,\,0\,).$$

Für beliebige Vektoren

$$\mathbf{a}=(a_1,\ldots,a_n),\quad \mathbf{b}=(b_1,\ldots,b_n),\quad \mathbf{c}=(c_1,\ldots,c_n)$$

benötigt man häufig das Skalarprodukt

$$\mathbf{a}\circ\mathbf{b}=\sum_{i=1}^{n}a_ib_i$$

und für n=3

das Vektorprodukt

$$\mathbf{a}\times\mathbf{b}=\begin{vmatrix} \mathbf{i} & \mathbf{j} & \mathbf{k} \\ a_1 & a_2 & a_3 \\ b_1 & b_2 & b_3 \end{vmatrix}=(a_2b_3-a_3b_2,a_3b_1-a_1b_3,a_1b_2-a_2b_1)$$

und das Spatprodukt

$$(\mathbf{a}\times\mathbf{b})\circ\mathbf{c}=\begin{vmatrix} a_1 & a_2 & a_3 \\ b_1 & b_2 & b_3 \\ c_1 & c_2 & c_3 \end{vmatrix}.$$

Für die Berechnung des Spatproduktes benötigt man keine gesonderten Kommandos, da es über die Determinantenberechnung erhalten werden kann.

Zur *Berechnung* von *Skalar-* und *Vektorprodukt* stellen die Programme folgende *Kommandos* zur Verfügung:

DERIVE: Berechnung des Skalarproduktes mittels der Kommandofolge

Author: a.b $\Rightarrow$ **Simplify**

und des Vektorproduktes mittels

Author: **cross**(a, b) $\Rightarrow$ **Simplify**.

Dabei sind die Vektoren **a** und **b** in Listenform einzugeben, falls sie sich noch nicht im Arbeitsfenster befinden.

MAPLE: Zuerst muß mittels

with(linalg);

das Zusatzpaket „Lineare Algebra" geladen werden. Anschliessend kann man mittels der Kommandos

innerprod(a, b);   und   **crossprod**(a, b);

das Skalarprodukt bzw. Vektorprodukt berechnen, wobei die Vektoren **a** und **b** in Listenform einzugeben sind, falls sie sich noch nicht im Arbeitsfenster befinden.

MATHCAD: Berechnung des Skalarproduktes durch Eingabe von

a*b=

und des Vektorproduktes durch

a×b=

wobei das Zeichen × über die Tastenkombination ⌈Strg⌉⌈8⌉ realisiert wird und die Vektoren **a** und **b** über das Matrixsymbol aus der Operatorleiste Nr.2 als Spaltenvektoren einzugeben sind.

MATHEMATICA: Berechnung des Skalarproduktes mittels des Kommandos

a.b .

Nach dem Laden des Zusatzpakets „Vektoranalysis" mittels

Needs["Calculus`VectorAnalysis`"]

können das Vektorprodukt durch das Kommando

CrossProduct[a, b]

und das Skalarprodukt zusätzlich durch

DotProduct[a, b]

berechnet werden, wobei die Vektoren **a** und **b** als Listen einzugeben sind, falls sie sich noch nicht im Arbeitsfenster befinden.

Beispiel 4.18:

Man berechne für die Vektoren $\mathbf{a} = (1, 2, 3)$, $\mathbf{b} = (4, 5, 6)$ und

$\mathbf{c} = (6, 8, 9)$

a) das Skalarprodukt $\mathbf{a} \circ \mathbf{b} = 32$

b) das Vektorprodukt $\mathbf{a} \times \mathbf{b} = (-3, 6, -3)$

c) das Spatprodukt $(\mathbf{a} \times \mathbf{b}) \circ \mathbf{c} = 3$.

4.5   Lösung von Gleichungen und Ungleichungen

Betrachten wir zuerst die *Lösung* von *Gleichungen*. Hierbei besitzen die linearen Gleichungen die einfachste Struktur und bereiten deshalb auch die geringsten Schwierigkeiten bei der Anwendung von Computeralgebra-Programmen.

Ein allgemeines *lineares Gleichungssystem* (m lineare Gleichungen mit n Unbekannten $x_1, \ldots, x_n$; $m \geq 1$, $n \geq 1$) hat die Form

$$a_{11}x_1 + \ldots + a_{1n}x_n = b_1$$

$$\ldots\ldots\ldots\ldots\ldots\ldots\ldots\ldots$$

$$a_{m1}x_1 + \ldots + a_{mn}x_n = b_m$$

und lautet in *Matrizenschreibweise*

$$A \cdot x = b \quad ,$$

wobei

$$A = \begin{pmatrix} a_{11} & a_{12} & \cdots & a_{1n} \\ a_{21} & a_{22} & \cdots & a_{2n} \\ \cdots & \cdots & \cdots & \cdots \\ a_{m1} & a_{m2} & \cdots & a_{mn} \end{pmatrix} , \quad x = \begin{pmatrix} x_1 \\ x_2 \\ \cdots \\ x_n \end{pmatrix} \quad \text{und} \quad b = \begin{pmatrix} b_1 \\ b_2 \\ \cdots \\ b_m \end{pmatrix}$$

gelten.

Die *Lösungstheorie* gibt in Abhängigkeit von der *Koeffizientenmatrix* A und der rechten Seite b *Bedingungen*, wann

– genau eine Lösung,

– keine Lösung,

– beliebig viele Lösungen

existieren (siehe Lehrbücher der linearen Algebra).

Betrachten wir hierfür drei einfache Beispiele.

Beispiel 4.19:

a) $5x_1 + x_2 = 2$

$x_1 - 2x_2 = 7$

besitzt die eindeutige Lösung

$x_1 = 1, \quad x_2 = -3$

b) $x_1 + 2x_2 = 1$

$2x_1 + 4x_2 = 2$

besitzt beliebig viele Lösungen der Gestalt

$x_1 = 1 - 2\lambda, \; x_2 = \lambda$ (λ beliebige reelle Zahl)

c) $x_1 + 2x_2 = 1$

$2x_1 + 4x_2 = 3$

besitzt keine Lösung.

Eine erste Möglichkeit zur Lösung eines linearen Gleichungssystems für den Fall, daß die Koeffizientenmatrix A quadratisch und nicht-singulär ist (d.h. genau eine Lösung existiert), besteht in der Berechnung der inversen Matrix A^{-1}. Die Lösung ergibt sich dann als Produkt von A^{-1} und b, d.h.

$$x = A^{-1} \cdot b.$$

Diese Methode ist aber nicht zu empfehlen, da sie nicht immer anwendbar und auch aufwendiger als der im allgemeinen angewandte *Gaußsche Algorithmus* ist. Es soll hier nochmals darauf hingewiesen werden, daß alle Verfahren im Rahmen der Computeralgebra *frei von Rundungsfehlern* arbeiten und somit immer das exakte Ergebnis liefern. Dies ist auch für die Lösung linearer Gleichungssysteme vorteilhaft, da eine numerische Anwendung des Gaußschen Algorithmus den Einfluß von Rundungsfehlern beachten muß.

Die einzelnen Computeralgebra-Programme stellen die folgenden *Kommandos* zur *Lösung* von *linearen Gleichungssystemen* zur Verfügung:

DERIVE: Eingabe der Gleichungen in Listenform:

Author: [a11*x1+...+a1n*xn = b1,...,am1*x1+...+amn*xn = bm]
Da man keine indizierten Veränderlichen verwenden darf, muß über die Kommandofolge

Options $\Rightarrow$ **Input** ($\Rightarrow$ **Mode: Word**)

auf Worteingabe umgeschaltet werden, um Veränderliche benutzen zu können, die aus mehreren Zeichen bestehen.

Mittels des Kommandos

solVe

aus der Kommando-Menüzeile ergibt sich dann die Lösung. Wenn mehr Unbekannte (Veränderliche) als Gleichungen vorkommen, so wird nach der Aktivierung des Kommandos „*solVe*" noch die Eingabe der Lösungsveränderlichen gefordert. Eine weitere Möglichkeit zur Lösung linearer Gleichungssysteme besteht in der Anwendung der Kommandofolge

Author: solve([a11*x1 +...+ a1n*xn = b1 ,..., am1*x1 +...+ amn* xn = bm], [x1 , ... , xn]) $\Rightarrow$ **Simplify**

Beispiel:

a) Zur Lösung der Aufgabe a) aus Beispiel 4.19 verwendet man die Kommandofolge

   Author: [5*x1 + x2 = 2, x1 − 2*x2 = 7] $\Rightarrow$ **solVe**

   oder

   Author: solve([5*x1+x2=2, x1−2*x2=7], [x1, x2]) $\Rightarrow$ **Simplify**

   Die Aufgaben a) und b) aus Beispiel 4.19 werden problemlos gelöst, wobei man bei b) allerdings beachten muß, daß verschiedene Lösungsdarstellungen existieren.

   Für die unlösbare Aufgabe c) liefert DERIVE in der Nachrichtenzeile die Meldung „*No solution found*" (keine Lösung gefunden).

b) Wir wollen das einfache Gleichungssystem

$$x + a{\cdot}y = 2$$

$$x - y\ \ = 0$$

lösen, das einen frei wählbaren Parameter a enthält. Ein Vorteil der Computeralgebra liegt darin, daß auch derartige Aufgaben lösbar sind, während numerische Methoden für a einen Zahlenwert fordern. DERIVE liefert die „formelmäßige" Lösung

$$x = \frac{2}{a+1}\ ,\ y = \frac{2}{a+1}$$

mittels der Kommandofolge

Author: [x + a·y = 2, x − y = 0] ⇒ **solve** ,

wobei nach der Aktivierung des Kommandos *„solve"* noch die Lösungsveränderlichen x und y einzugeben sind,

oder mittels der Kommandofolge

Author: solve([x + a·y = 2, x − y = 0], [x, y]) ⇒ **Simplify** .

Der Anwender muß lediglich erkennen, daß a ungleich -1 sein muß.

MAPLE: Die Anwendung des Kommandos

solve({ a11*x1 + ... + a1n*xn = b1 , ... , am1*x1 + ... + amn*xn = bm }, { x1, ... , xn });

zur Lösung von allgemeinen Gleichungen ist möglich, wobei die Eingabe der Gleichungen und Lösungsveränderlichen in Mengenschreibweise erfolgen muß. Es empfiehlt sich aber das speziell für lineare Gleichungen vorhandene Kommando

linsolve([[a11,...,a1n], ..., [am1,...,amn]], [b1,...,bm]);   ,

das nach dem Laden des Paketes „Lineare Algebra" mittels

with(linalg);

zur Verfügung steht.

Beispiel:

Die Aufgabe a) aus Beispiel 4.19 wird mittels der Kommandos

solve({ 5*x1 + x2 = 2, x1 − 2*x2 = 7 }, { x1, x2 });

oder

linsolve([[5, 1], [1, -2]], [2, 7]);

gelöst. Analog löst man die Aufgabe b). Für die unlösbare Aufgabe c) erfolgt keine Reaktion. Es wird zum nächsten Eingabeprompt übergegangen.

Sucht man nur *ganzzahlige Lösungen*, kann das Kommando

isolve

anstatt von „*solve*" verwendet werden.

MATHCAD: Mittels der Kommandofolge

Symbolic $\Rightarrow$ **Solve for Variable**

kann man nur nach einer Veränderlichen (die markiert sein muß) auflösen, d.h. nur eine Gleichung u(x) = 0 lösen, wobei im Arbeitsfenster nur u(x) einzugeben ist. Für Gleichungssysteme mit mehreren Unbekannten existiert kein Kommando zur exakten (symbolischen) Lösung. Zur numerischen Lösung gibt es eine Möglichkeit, wie wir später sehen. Man kann folglich ein Gleichungssystem nur schrittweise lösen, indem man jeweils nach einer Veränderlichen auflöst. Dies bedeutet aber einen großen Aufwand, so daß man auf andere Programme zurückgreifen sollte. Falls die Koeffizientenmatrix **A** quadratisch und nichtsingulär ist, kann man die Lösung noch wie oben beschrieben über die Berechnung der Inversen $\mathbf{A}^{-1}$ gewinnen.

MATHEMATICA: Das allgemeine Kommando

Solve[{ a11*x1 + ... + a1n*xn == b1 , ... , am1*x1 + ... + amn*xn = = bm }, { x1, ... , xn }]

zur Lösung beliebiger Gleichungen kann angewandt werden. Es empfiehlt sich aber das speziell für lineare Gleichungssysteme vorhandene Kommando

LinearSolve[{ { a11,...,a1n }, ..., { am1,...,amn } }, { b1,...,bm }],

wobei die erste Liste die Koeffizientenmatrix **A** und die zweite die rechte Seite des Gleichungssystems enthalten.

Beispiel:

Die Aufgabe a) aus Beispiel 4.19 kann mittels der Kommandos

Solve[{ 5*x1 + x2 == 2, x1 – 2*x2 == 7 }, { x1, x2 }]

oder

LinearSolve[{ { 5, 1 }, { 1, –2 } }, { 2, 7 }]

gelöst werden. Analog löst man die Aufgabe b). Die nichtlösbare Aufgabe c) bewirkt die Meldung der Unlösbarkeit: „*Linear equation encountered which has no solution*".

Die Lösung linearer Gleichungssysteme ist im Rahmen der Computeralgebra problemlos möglich, wird aber bei hoher Dimension (große Anzahl von Gleichungen und Veränderlichen) durch lange Rechenzeit bzw. Abbruch wegen Speichermangels eingeschränkt.

Welche Möglichkeiten MAPLE und MATHEMATICA u.a. bei der Weiterverwendung von Lösungen (*Lösungszuweisung*) linearer Gleichungssysteme bieten, ist aus dem folgenden Beispiel ersichtlich.

Beispiel:

Wir verwenden das Gleichungssystem a) aus Beispiel 4.19.

MAPLE: bietet folgende Möglichkeiten für eine Lösungszuweisung:

```
solve( { 5*x1+x2=2, x1−2*x2=7 }, { x1, x2 } );
```
$$\{ x1 = 1, x2 = -3 \}$$
```
assign(");
x1; x2;
```
$$1$$
$$-3$$

Aus der gegebenen Bildschirmkopie ist zu erkennen, daß die Zuweisung der Lösung des Gleichungssystems mittels des Kommandos *„assign"* erfolgt. Die Zuweisung der Lösung zu x1 und x2 nach der Anwendung des Kommandos *„solve"* ist rein symbolischer Natur. Wenn man mit den erhaltenen Zahlenwerten 1 und −3 für x1 und x2 weiterechnen will, muß unbedingt das Kommando *„assign"* ausgeführt werden. Die Anwendung dieses Kommandos hat aber den Nachteil, daß anschließend x1 und x2 nicht mehr als Variable zur Verfügung stehen, da ihnen für „immer" Werte zugewiesen wurden. Deshalb existiert noch das Kommando *„subs"* zur „vorübergehenden" Zuweisung. Die Anwendung dieses Kommandos ist aus der folgenden Bildschirmkopie ersichtlich.

```
lsg:=solve( { 5*x1+x2=2, x1−2*x2=7 }, { x1, x2 } );
```
$$lsg := \{ x1 = 1, x2 = -3 \}$$
```
subs( lsg, x1/x2 );
```
$$\frac{-1}{3}$$

Mittels des Kommandos „*subs*" wurden in diesem Beispiel nur zur Berechnung des Quotienten x1/x2 die Werte 1 und –3 für x1 bzw. x2 zugewiesen.

MATHEMATICA: bietet folgende Möglichkeiten für eine Lösungszuweisung:

Die folgende Bildschirmkopie zeigt die „dauerhafte" Lösungszuweisung an die Parameter a und b (für a und b kann auch x1 bzw. x2 verwendet werden).

```
Solve[ { 5*x1+x2==2, x1–2*x2==7 }, { x1, x2 } ]
{ { x1 –> 1, x2 –> –3 } }
a = x1 /.%[[1]]
1
b=x2 /.%%[[1]]
–3
```

Da hier die Lösung in einer geschachtelten Liste steht, muß sie mittels [[1]] „herausgezogen" werden.

Die „vorübergehende" Zuweisung der Lösungen für x1 und x2 ist aus der folgenden Bildschirmkopie ersichtlich, wobei wie bei MAPLE der Quotient x1/x2 berechnet wird.

```
Solve[ { 5*x1+x2==2, x1–2*x2==7 }, { x1, x2 } ]
{ { x1 –> 1, x2 –> –3 } }
x1/x2 /.%[[1]]
  1
–(―)
  3
```

Zur Lösung *nichtlinearer Gleichungssysteme* (m Gleichungen mit n Unbekannten) der Form

$$u_1(x_1,...,x_n) = 0$$

....

$$u_m(x_1,...,x_n) = 0$$

wird ebenfalls für alle Programme das Kommando „*solve*" (deutsch: lösen) verwendet. Da hier kein allgemein anwendbarer Lösungsalgorithmus mehr existiert, kann man nur noch bei einfachstrukturierten Gleichungen eine exakte Lösung erwarten. Neben reellen Lösungen können bei nichtlinearen Gleichungen auch komplexe auftreten. Als Spezialfälle nichtlinearer Gleichungen haben wir im Abschnitt 4.3 bereits *Polynomgleichungen* kennengelernt.

Betrachten wir einige Beispiele für nichtlineare Gleichungen.

Beispiel 4.20:

a) Für das System von Polynomgleichungen

$$x_1 - x_2 = 1, \qquad x_1^2 + x_2^2 = 5,$$

das die beiden Lösungen

$$(\, 2, 1 \,) \quad \text{und} \quad (\, -1, -2 \,)$$

besitzt, liefern nur noch MAPLE und MATHEMATICA dieses Ergebnis, während DERIVE versagt (Ausgabe der Meldung *„No solutions found"*).

b) Für das System von Polynomgleichungen

$$2x_1^2 - x_2^2 = -1, \qquad x_1^4 + x_2^4 = 2,$$

das neben vier reellen Lösungen

$$\frac{1}{5}(\sqrt{5}, \sqrt{35}), \quad \frac{1}{5}(-\sqrt{5}, \sqrt{35}), \quad \frac{1}{5}(\sqrt{5}, -\sqrt{35}), \quad \frac{1}{5}(-\sqrt{5}, -\sqrt{35})$$

noch vier komplexe Lösungen

$$(\, i, i \,), \qquad (\, -i, i \,), \qquad (\, i, -i \,), \qquad (\, -i, -i \,)$$

besitzt, liefern nur MAPLE und MATHEMATICA dieses Ergebnis, während DERIVE versagt (Ausgabe der Meldung *„No solutions found"*).

c) Für die Polynomgleichung

$$x^7 + x + 1 = 0,$$

die wir schon im Abschnitt 4.3 betrachteten, liefert kein Programm eine Lösung.

d) Für die einfache transzendente Gleichung

$$7\cosh x = \sinh x + 9$$

berechnet nur DERIVE die beiden Lösungen

$$\ln(\frac{9 - \sqrt{33}}{6}) \quad \text{und } \ln(\frac{9 + \sqrt{33}}{6}).$$

Wenn man diese Gleichung jedoch mittels

$$\cosh x = \frac{e^x + e^{-x}}{2} \quad \text{und} \quad \sinh x = \frac{e^x - e^{-x}}{2}$$

auf die Form

$$3e^x + 4e^{-x} - 9 = 0$$

transformiert, liefern auch MAPLE, MATHCAD und MATHEMA-
TICA diese Lösungen.

e) Die ebenfalls einfache transzendente (goniometrische) Gleichung

$$\sin x = (\cos x)^2 - \frac{1}{4} \, ,$$

kann man durch die Transformation

$$t = \sin x$$

auf die quadratische Gleichung

$$t^2 + t - \frac{3}{4} = 0$$

mit den beiden Lösungen

$$t_1 = \frac{1}{2} \quad \text{und} \quad t_2 = -\frac{3}{2}$$

zurückführen. Damit ergeben sich für die Ausgangsgleichung die
Lösungen (k = 0, 1, 2, 3, ...)

$$\frac{\pi}{6} \pm k 2\pi \quad \text{und} \quad \frac{5\pi}{6} \pm k 2\pi \quad .$$

Diese Lösungsgesamtheit wird von keinem Programm geliefert.

f) Welche Möglichkeiten MAPLE und MATHEMATICA u.a. bei der
Weiterverwendung der Lösungen von nichtlinearen Gleichungen
(*Lösungszuweisung*) bieten, wollen wir an der Lösung der qua-
dratischen Gleichung

$$x^2 + x - 2 = 0$$

demonstrieren, die die beiden Lösungen 1 und −2 besitzt. Diese
Lösungen sollen für die weitere Rechnung den Parametern a und
b zugewiesen werden.

Für MAPLE ist eine mögliche Vorgehensweise aus der folgenden
Bildschirmkopie ersichtlich:

```
lsg:=solve( x^2+x-2=0, x );
                              lsg := 1, -2
a:=lsg[1]; b:=lsg[2];
                              a := 1
                              b := -2
```

Für MATHEMATICA ist eine mögliche Vorgehensweise aus der folgenden Bildschirmkopie ersichtlich:

```
Solve[ x^2+x−2==0, x ]
{ { x −> −2}, { x −> 1} }
a=x/.%[[2]]
1
b=x/.%%[[1]]
−2
```

Bei Gleichungen mit einer Unbekannten und mehr als zwei Lösungen gestaltet sich die Lösungszuweisung auf die gleiche Art wie bei zwei Lösungen. Man hat nur eine entsprechend größere Anzahl von Zuweisungen auszuführen. Bei nichtlinearen Gleichungen mit mehreren Unbekannten erfolgt die Lösungszuweisung analog unter Verwendung der oben für lineare Gleichungen am Beispiel diskutierten Vorgehensweise.

Aufgrund der geschilderten Problematik ist man bei der Lösung nichtlinearer Gleichungen in den meisten Fällen auf *numerische Methoden* (vor allem *Iterationsverfahren*) angewiesen, die nur Näherungswerte für die Lösungen liefern. Man benötigt aber hierfür zu Beginn einen Schätzwert (*Startwert*) für eine Lösung, der dann durch das Verfahren im Falle der Konvergenz verbessert wird. Falls die Gleichung mehrere Lösungen besitzt, wird man mit diesen Verfahren bei jeder Anwendung (im Falle der Konvergenz) nicht immer alle Lösung erhalten. Wie aus der numerischen Mathematik bekannt ist, müssen diese Methoden (z.B. das *Newton-Verfahren*) nicht konvergieren, d.h. kein Ergebnis liefern, auch wenn der Startwert nahe bei einer Lösung liegt. Die *Wahl der Startwerte* läßt sich bei einer Unbekannten (d.h. für die Lösung einer Gleichung u(x) = 0) dadurch erleichtern, indem man die Funktion u(x) grafisch darstellt und hieraus Näherungswerte für die Nullstellen abliest.

Die einzelnen Computeralgebra-Programme stellen die folgenden *Numerikkommandos* zur Verfügung, wobei die Gleichungen wie bei der symbolischen Lösung einzugeben sind.

DERIVE: Laden des Zusatzprogramms „SOLVE.MTH" mittels der Kommandofolge

Transfer $\Rightarrow$ **Load** $\Rightarrow$ **Utility** ($\Rightarrow$ **file:** solve).

Anschließend wird durch die Kommandofolge

Author: Newtons(u(x), x, xa, n) $\Rightarrow$ **approX**

das Newton-Verfahren aktiviert. Dabei stehen u(x) für die Liste der Funktionen

$[u_1(x),...,u_m(x)]$,

x für die Liste der Variablen

$[x_1,...,x_n]$,

xa für die Liste der Schätzwerte (*Startwerte*) für die einzelnen Variablen und n für die Anzahl der durchzuführenden Iterationen. Eine weitere Möglichkeit liefert die Kommandofolge

Author: fixed_point(u(x), x, xa, n) $\Rightarrow$ **approX**,

die ein Fixpunktverfahren aktiviert.

Beispiel:

Das Kommando

Newtons([x1 − x2 − 1, x1^2 + x2^2 − 5], [x1, x2], [1.9,0.9], 6)

führt sechs Iterationen mittels des Newton-Verfahrens für die Aufgabe a) aus Beispiel 4.20 durch und liefert das Ergebnis

(2., 1.).

MAPLE: Der Kommandoname

solve

für die exakte (symbolische) Lösung ist lediglich durch

fsolve

(Name für das Numerikkommando) zu ersetzen. Für „*fsolve*" wird *kein Startwert* verlangt. Ein jetzt mögliches drittes Argument läßt noch verschiedene Optionen zu. So bewirkt z.B. die Option „*complex*", daß auch komplexe Lösungen numerisch bestimmt werden.

Beispiel:

Das Kommando

fsolve({ x1 − x2 = 1, x1^2 + x2^2 = 5 }, { x1, x2 });

liefert nur die Lösung

(−1., −2.)

für die Aufgabe a) aus Beispiel 4.20 und

fsolve(x^7 + x + 1 = 0, x, complex);

liefert Näherungswerte für die sieben Lösungen (eine reelle und sechs komplexe) der Aufgabe c) aus Beispiel 4.20.

MATHCAD: Das Numerikkommando

root(u(x), x) =

(in deutschsprachigen Versionen lautet der Kommandoname „*wurzel*") „liefert" eine reelle oder komplexe Näherungslösung für die Gleichung u(x)=0 (d.h. eine Nullstelle von u(x)), wenn vorher über

x := xa

ein reeller oder komplexer *Startwert* xa festgelegt wurde.

Zur numerischen Lösung von nichtlinearen Gleichungssystemen läßt sich das Kommando

Find

verwenden, wobei das System nach

Given

einzugeben ist. Die genaue Vorgehensweise ist aus dem folgenden Beispiel b) ersichtlich.

Beispiel:

a) Man erhält

   für den Startwert   x := 1

   root(x^7 + x + 1, x) = − 0.796418

   und für den Startwert   x := 1 + 1·i

   root(x^7 + x + 1, x) = 0.979828 + 0.516637i

   für die Aufgabe c) aus Beispiel 4.20.

b) Die Vorgehensweise bei der Lösung des Gleichungssystems a) aus Beispiel 4.20 läßt sich aus der folgenden Bildschirmkopie von MATHCAD entnehmen, wobei als Startwerte x=0 und y=0 verwendet wurden:

$$x := 0 \qquad y := 0$$

$$\text{Given}$$

$$x - y = 1 \qquad x^2 + y^2 = 5 \qquad \begin{pmatrix} x1 \\ y1 \end{pmatrix} := \text{Find}(x, y)$$

$$x1 = 2 \qquad y1 = 1$$

Bei der Eingabe der zu lösenden Gleichungen ist das Gleichheitszeichen unter Verwendung des Symbol „x=y" aus der Operatorleiste Nr.1 einzugeben.

MATHEMATICA: Das Kommando

FindRoot[$u(x) == 0$, { x, xa }]

liefert eine reelle oder komplexe Näherungslösung der Gleichung $u(x)=0$ für den *Startwert* x=xa, falls es erfolgreich ist. Ebenfalls anwendbar ist das Numerikkommando

NSolve[$u(x) == 0$, x] ,

das ohne Startwert auskommt und bei erfolgreichem Einsatz auch mehrere Lösungen berechnen kann. Deshalb sollte man mit dem Kommando „*NSolve*" beginnen und nur bei dessen Versagen auf das Kommando „*FindRoot*" zurückgreifen.

Bei mehreren Gleichungen und Veränderlichen sind Listen für die Eingabe zu verwenden, wie das folgende Beispiel zeigt.

Beispiel:

Das Kommando

FindRoot[$x^7 + x + 1 == 0$, { x, 1 + I }]

liefert mit dem Startwert

xa = 1 + i

die komplexe Nullstelle

x = 0.979808 + 0.516677i

für die Aufgabe c) aus Beispiel 4.20. Verwendet man hier als Startwert

xa = 1

statt xa = 1 + i, so wird die Nullstelle

x = −0.796544

berechnet. Die Anwendung des Kommandos

NSolve[$x^7 + x + 1 == 0$, x]

berechnet problemlos alle sieben Lösungen, wie die folgende Bildschirmkopie zeigt:

{ { x −> −0.796544 }, { x −> −0.705298 − 0.637624 I },

{ x −> −0.705298 + 0.637624 I },

{ x −> 0.123762 − 1.05665 I },

{ x −> 0.123762 + 1.05665 I },

{ x −> 0.979808 − 0.516677 I },

{ x −> 0.979808 + 0.516677 I } } .

Das Kommando

FindRoot[{ x1 − x2 = 1, x1^2 + x2^2 = 5}, { x1, 1 }, { x2, 1}]

liefert mit dem Startwert

(1, 1)

für die Variablen (x_1, x_2) die Lösung

$x_1 = 2.$ und $x_2 = 1.$

für die Aufgabe a) aus Beispiel 4.20. Diese Aufgabe wurde allerdings auch mit dem symbolischen Kommando „*Solve*" gelöst.

Zusammenfassend kann zur numerischen Lösung nichtlinearer Gleichungen mittels Computeralgebra-Programmen festgestellt werden, daß diese nur bei „einfachen" Gleichungen erfolgreich sind. Dies ist nicht anders zu erwarten, da man aus der numerischen Mathematik weiß, daß alle bisher bekannten Methoden nicht notwendigerweise konvergieren müssen, selbst wenn die Startwerte nahe bei einer Lösung liegen.

Abschließend wollen wir die Lösung von *Ungleichungen* der Form

$$P(x) < 0 \qquad \text{bzw.} \qquad P(x) \le 0$$

betrachten, wobei P(x) ein beliebiger Ausdruck (algebraisch, transzendent usw.) sein kann.

Beispiel 4.21:

Beispiele für Ungleichungen sind

a) $|x+1| + |x-1| < 3$

    mit der Lösung

    $-1,5 < x < 1,5$

b) $\dfrac{x^4 + x + 1}{x^2 + x + 1} \le 1$

    mit der Lösung

    $-1 \le x \le 1$

c) $e^x + \sin x < 1,$

    deren Lösung nicht exakt bestimmbar ist.

Zur Lösung von Ungleichungen verwenden die einzelnen Computeralgebra-Programme die folgenden Kommandos:

DERIVE: Die Kommandofolge

Author: P(x)<0 ⇒ **solVe**

oder

Author: solve(P(x)<0, x) ⇒ **Simplify**.

MAPLE: Das Kommando

solve(P(x)<0, x);

MATHCAD: Die Ungleichung unter Verwendung der Operatorleisten eingeben, eine Variable x markieren und die folgende Kommandofolge aktivieren

Symbolic ⇒ Solve for Variable.

MATHEMATICA: Hier wurde kein Kommando zur Lösung von Ungleichungen gefunden.

Falls eine Ungleichung der Form $P(x) \leq 0$ gelöst werden soll, so ist bei DERIVE und MAPLE das Zeichen < durch <= zu ersetzen.

„Zufriedenstellend" arbeiten die Programme nur, wenn P(x) ein algebraischer Ausdruck ist (wie in Aufgabe b) aus Beispiel 4.21). Schon bei der einfachen Ungleichung a) aus Beispiel 4.21, die Beträge enthält, versagen alle. Dieses Versagen wird auch bei der Ungleichung c) aus Beispiel 4.21 beobachtet, die aber wesentlich schwieriger ist. Da bei der Lösung von Ungleichungen der Form $P(x)<0$ (bzw. $P(x) \leq 0$) die Nullstellen der Funktion P(x) benötigt werden, für deren Bestimmung kein allgemeingültiger endlicher Algorithmus existiert, ist das Versagen bei vielen Aufgaben nicht verwunderlich. Allerdings müßten alle Programme noch dahingehend verbessert werden, daß Aufgaben der Form a) aus Beispiel 4.21 lösbar sind, da sich hierfür einfache endliche Lösungsvorschriften angeben lassen.

Auch wenn ein Ergebnis geliefert wird, sollte man es überprüfen, da manchmal unvollständige oder fehlerhafte Resultate angezeigt werden.

Beim Versagen der obigen Kommandos zur Lösung von Ungleichungen kann man sich noch helfen, indem man die Funktion P(x) grafisch darstellt (siehe Bild 4.1).

Betrachten wir in einem abschließenden Beispiel die Lösung der Aufgaben aus Beispiel 4.21.

Beispiel:

Für die Aufgabe a) aus Beispiel 4.21 liefern MAPLE und MATHCAD das unvollständige (und damit falsche) Resultat

$$x < \frac{3}{2},$$

während DERIVE versagt.

Für die Aufgabe b) liefern DERIVE, MAPLE und MATHCAD das oben gegebene Resultat, während bei der Aufgabe c) alle versagen.

Im Bild 4.1 wird die Funktion

$$y(x) = |x + 1| + |x - 1| - 3$$

im Intervall [−3, +3] unter Verwendung des Zeichenkommandos von MAPLE (siehe Abschnitt 4.7) grafisch dargestellt. Aus dieser Grafik läßt sich die für die Aufgabe a) angegebene Lösung einfach ablesen.

Bild 4.1:
Graph der
Funktion
y(x) = |x+1|
+|x-1|-3

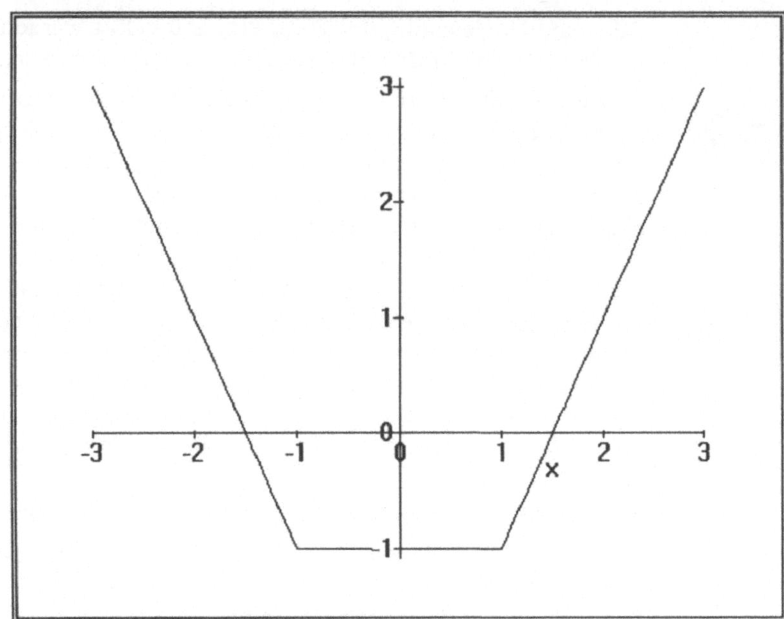

4.6   Summen, Reihen und Produkte

Zur *Berechnung* einer *Summe*

$$\sum_{k=m}^{n} a_k = a_m + a_{m+1} + \ldots + a_n,$$

wobei $a_k = f(k)$ und $m \leq n$ gelten,

stellen die Computeralgebra-Programme folgende *Kommandos* bereit, in denen für m und n ganze Zahlen eingesetzt werden müssen:

DERIVE: Eine *erste Möglichkeit* besteht in der Kommandofolge

Author: f(k) $\Rightarrow$ **Calculus** $\Rightarrow$ **Sum** (**expression:** #..., **variable:** k, **Lower limit:** m   **Upper limit:** n) $\Rightarrow$ **Simplify** .

Dabei trägt DERIVE bei *„expression"* hinter # selbst die Nummer des Ausdrucks f(k) ein, der im Arbeitsfenster mittels Auswahlbalken markiert ist.

Eine *weitere Möglichkeit* ist durch die Kommandofolge

Author: sum(f(k), k, m, n) $\Rightarrow$ **Simplify**

gegeben.

MAPLE: Anwendung des Kommandos

sum(f(k), k = m..n);

MATHCAD: Den Summenoperator aus der Operatorleiste Nr.1 durch Mausklick auswählen, in den Platzhalter hinter dem Summenzeichen f(k), in den Platzhalter unter dem Summenzeichen k eintragen, anschließend die Tasten [Strg] und [+] drücken und danach m eintragen. Nun wird die Semikolon-Taste betätigt und n eingetragen. Abschließend markiert man den Summenausdruck mit einer Selektionsbox und aktiviert die Kommandofolge

Symbolic $\Rightarrow$ **Evaluate Symbolically** .

MATHEMATICA: Anwendung des Kommandos

Sum[f(k), { k, m, n }] .

„n=∞" darf bei allen Programmen bis auf MATHEMATICA verwendet werden, so daß auch unendliche Summen (besser: *unendliche Reihen*) berechnet werden können (falls sie konvergieren, ansonsten erscheint ∞). Bei MATHEMATICA muß statt des Kommandos *„Sum"* das Numerikkommando *„NSum"* verwendet werden, falls „n=∞" ist.

Da kein endlicher Algorithmus zur Bestimmung der Summe einer beliebigen unendlichen (konvergenten) Reihe existiert, kann man nicht bei jeder Reihe ein Ergebnis erwarten. Eine Näherung für die Summe erhält man manchmal, indem man statt ∞ eine große Zahl für n eingibt. Hier ist aber Vorsicht geboten, da dieser so erhaltene Wert völlig falsch sein kann, wie aus der Theorie der unendlichen Reihen bekannt ist.

Dagegen liefern alle Programme für endliche Summen problemlos das Ergebnis.

Beispiel 4.22:

Für die konvergenten unendlichen Reihen

a) $\displaystyle\sum_{k=1}^{\infty}\frac{1}{k(k+1)}$ b) $\displaystyle\sum_{k=1}^{\infty}\frac{1}{(4k-1)(4k+1)}$

lieferten bei a) das Ergebnis

1

- DERIVE

  mittels

  Author: sum(1/(k*(k + 1)), k, 1, inf) $\Rightarrow$ **Simplify**

- MAPLE

  mittels

  sum(1/(k*(k + 1)), k=1..infinity);

- MATHCAD

  mittels

  $$\sum_{(k=1..\infty)}\frac{1}{k*(k+1)}$$

- MATHEMATICA

  mittels

  NSum[1/(k*(k+1)), { k, 1, Infinity }]   ,

  während bei b) kein symbolisches Kommando das Ergebnis

  $$\frac{1}{2}-\frac{\pi}{8}$$

  berechnete. Hierfür lieferten nur die Numerikkommandos von MAPLE und MATHEMATICA eine Näherungslösung.

Für die Berechnung des Produktes

$$\prod_{k=m}^{n}a_k=a_m\cdot a_{m+1}\cdots a_n,$$

wobei $a_k= f(k)$ und $m \leq n$ gelten,

gibt es folgende *Kommandos*:

DERIVE: Analog zur Summenberechnung werden die Kommandofolgen

Author: product(f(k), k, m, n) $\Rightarrow$ **Simplify**

oder

Author: f(k) $\Rightarrow$ **Calculus** $\Rightarrow$ **Product (expression: #..**

variable: k   **Lower limit:** m   **Upper limit:** n)$\Rightarrow$ **Simplify**

angewendet.

MAPLE: Anwendung des Kommandos

product(f(k), k = m..n);

MATHCAD: Hier ergibt sich die gleiche Vorgehensweise wie bei der Summenberechnung. Es ist nur statt des Summenoperators der Produktoperator aus der Operatorleiste Nr.2 auszuwählen.

MATHEMATICA: Anwendung des Kommandos

Product[f(k), { k, m, n }] .

„n=∞" darf bei allen Programmen bis auf MATHEMATICA verwendet werden, so daß man auch *unendliche Produkte* berechnen kann. Bei MATHEMATICA muß statt des Kommandos „*Product*" das Numerikkommando „*NProduct*" verwendet werden, falls „n=∞" ist.

Endliche Produkte werden von allen Programmen problemlos berechnet. Bei *unendlichen Produkten* liegt die Problematik ähnlich wie bei *unendlichen Reihen*.

Beispiel 4.23:

Das unendliche Produkt

$$\prod_{k=2}^{\infty}\left(1-\frac{1}{k^2}\right)$$

konvergiert und hat den Wert

$$\frac{1}{2}.$$

Bis auf DERIVE liefern alle Programme mit ihren symbolischen Kommandos kein Ergebnis.

Bei Verwendung der Numerikkommandos erhält man das Ergebnis 0.5 bei MAPLE mittels

evalf(**product**(1– 1/k^2, k = 2..infinity));

und bei MATHEMATICA mittels

NProduct[1 – 1/k^2, { k, 2, Infinity }] .

4.7   Funktionen und ihre grafische Darstellung

Zur *Untersuchung von Funktionen* stellen die Computeralgebra-Programme umfangreiche Hilfsmittel zur Verfügung. Hierzu zählen u.a. *Nullstellenbestimmung* (d.h. Lösung von Gleichungen), *Grenzwert-*

berechnung, *Differentiation*, *Taylorentwicklung*, *Integration* und nicht zuletzt die *grafische Darstellung*, die wir in diesem Abschnitt behandeln. Wir können im Rahmen dieser Einführung nur die Standardkommandos zur grafischen Darstellung besprechen. Weiterführende Möglichkeiten findet man in den Benutzerhandbüchern und in [58]. Es empfiehlt sich auch, mit den vorhandenen Grafikkommandos zu experimentieren (durch Angabe verschiedener Optionen, Bereiche usw.).

Mittels der in den einzelnen Programmen enthaltenen *Grafikkommandos* kann man *Kurven* in der Ebene R^2 (*ebene Kurve*) und im Raum R^3 (*Raumkurve*) und *Flächen* im Raum (R^3) auf dem Bildschirm darstellen.

Beginnen wir mit den *Kurven*. Bekanntlich lassen sich die meisten reellen Funktionen f einer Veränderlichen x (man verwendet auch die Bezeichnung y = f(x)) mittels eines kartesischen Koordinatensystems *grafisch darstellen*, indem man die Punktmenge

$\{ (x,y) \in R^2 \,/\, y = f(x), x \in D(f) \}$ (D(f)–Definitionsbereich von f)

zeichnet, die auch *Graph* oder *Funktionskurve* von f genannt wird.

Die so erhaltenen Graphen liefern aber nicht alle möglichen ebenen Kurven. Dies liegt daran, daß eine Funktion y = f(x) als eine eindeutige Abbildung definiert ist, so daß z.B. „geschlossene" Kurven wie Kreise, Ellipsen usw. hiermit nicht beschrieben werden können. Ein *Kreis* (mit Mittelpunkt in 0 und Radius R) besitzt in kartesischen Koordinaten die Gleichung

$x^2 + y^2 = R^2$ (*implizite Darstellung* der Form F(x,y) = 0),

die nicht eindeutig nach y auflösbar ist. Bei der Auflösung erhält man die beiden Halbkreise

$$y = \sqrt{R^2 - x^2} \qquad \text{und} \qquad y = -\sqrt{R^2 - x^2}\,.$$

Die Kurve mit der Gleichung F(x,y) = 0 besteht aus allen Punkten der Menge

$\{ (x,y) \in R^2 \,/\, F(x,y) = 0, x \in D(f) \}.$

Ebene Kurven lassen sich auch noch durch eine *Parameterdarstellung* der Form

$x = x(t) \qquad , \qquad y = y(t) \qquad (t \in T, \text{ häufig } T = [ta, tb])$

beschreiben. Diese hat z.B. für den obigen Kreis bei der Verwendung von *Polarkoordinaten* die Gestalt

$x = R \cos t \quad , \quad y = R \sin t \,.$

Dabei ist t der Parameter, der den Winkel zwischen dem Radiusvektor und der positiven x–Achse darstellt und von 0 bis 360° (2π) variiert, d.h. T = [0, 2π].

Für *Raumkurven* lautet die *Parameterdarstellung*

x = x(t),   y = y(t),   z = z(t)   (t $\in$ T, häufig T = [ta, tb]).

Beispiel 4.24:

a) $y = \dfrac{x^2 - 1}{x^2 + 1}$

 ist eine gebrochenrationale Funktion, deren Graph im Bild 4.3, 4.5 und 4.6 dargestellt ist (ebene Kurve).

b) x(t) = t − sin t   ,   y(t) = 1 − cos t ($-\infty < t < \infty$)

 ist die Parameterdarstellung einer Zykloide, deren Graph im Bild 4.4, 4.7 und 4.8 dargestellt ist (ebene Kurve).

c) x(t) = cos 2t,   y(t) = sin 2t   ,   z(t) = 0.2t   ($0 \leq t \leq \infty$)

 ist die Parameterdarstellung einer räumlichen Spirale, deren Graph im Bild 4.9 dargestellt ist.

In den einzelnen Programmen haben die *Grafikkommandos* zur Darstellung von Kurven die folgende Form:

DERIVE: Die Vorgehensweise gegenüber den Programmen MAPLE und MATHEMATICA ist hier etwas umständlicher.

Beginnen wir mit der *grafischen Darstellung* für die *Funktion* y = f(x):

Die *Eingabe* der Funktion f(x) in das *Arbeitsfenster* (Algebrafenster) geschieht über

Author: f(x) $\boxed{\leftarrow}$.

Anschließend wird durch Anwendung des Kommandos

Plot

die *Lage* des *Grafikfensters* („*Beside*" – daneben, „*Under*" – darunter, „*Overlay*" – überlappend) ausgewählt und dies gleichzeitig geöffnet. Die erneute Anwendung des Kommandos

Plot

zeichnet die *Funktionskurve* der im Algebrafenster mit dem Auswahlbalken markierten Funktion (Umschaltung zwischen Algebra- und Grafikfenster mit $\boxed{\text{F1}}$-Taste bzw. $\boxed{\text{F2}}$-Taste bei überlappenden Fenstern). Es empfiehlt sich, vorher über die Kommandofolge

 Options $\Rightarrow$ **Display** $\Rightarrow$ **Mode**

auf die Option „*Graphics*" umzuschalten, um ein befriedigendes Bild zu erhalten. Wenn schon ein Grafikfenster geöffnet ist, geht man bei der grafischen Darstellung einer Funktion folgendermaßen vor. Die zu zeichnende Funktion ist in das Algebrafenster einzugeben, danach mit den obigen Funktionstasten in das Grafikfenster umschalten und abschließend mit dem Kommando

Plot

zeichnen. Ein Fenster kann über die Kommandofolge

Window ⇒ **Close**

wieder geschlossen werden, wenn vorher in dieses Fenster umgeschaltet wurde.

Wenn die *Funktion in Parameterdarstellung*

x = x(t),   y = y(t)

vorliegt, wird sie folgendermaßen eingegeben:

Author: [x(t), y(t)] ⏎   .

Anschließend wird ins Grafikfenster gewechselt und das Kommando

Plot

aktiviert mit den Eingabefeldern

Min: ta   und   **Max:** tb,

falls für den Parameter t gilt

ta ≤ t ≤ tb.

Für die *grafische Darstellung* einer durch die Parameterdarstellung

x = x(t),   y = y(t),   z = z(t)

gegebenen *Raumkurve* muß man folgendermaßen vorgehen:

Zuerst muß die Zusatzdatei „GRAPHICS.MTH" über die Kommandofolge

Transfer ⇒ **Load** ⇒ **Utility** (⇒ **file:** graphics)

geladen werden. Danach wird die Kommandofolge

Author: isometric([x(t), y(t), z(t)]) ⇒ **Simplify**

aktiviert und ins Grafikfenster gewechselt. Das Kommando

Plot

mit den Eingabefeldern

Min: ta   und   **Max:** tb

zeichnet schließlich die Kurve.

Im Grafikfenster können bei allen Grafiken noch Farben, Maßstab usw. über

Options, **Scale**, **Zoom**, ...

eingestellt werden.

MAPLE: Mittels des Kommandos

plot(f(x), x=a..b, y=c..d, Optionen);

läßt sich die *Funktionskurve*

y = f(x)

im Bereich

a ≤ x ≤ b,   c ≤ y ≤ d

zeichnen. Betreffs der „*Optionen*" (können auch weggelassen werden) wird auf das Benutzerhandbuch verwiesen. So kann mit der „*Option*"

title= .....

eine *Überschrift* über die Grafik geschrieben werden. Sollen mehrere Funktionen f(x), g(x), h(x),... im gleichen Koordinatensystem dargestellt werden, so müssen sie im Kommando „*plot*" als Menge { f(x), g(x), h(x),... } eingegeben werden.

Mittels des Kommandos

plot([x(t), y(t), t=ta..tb], x=a..b, y=c..d);

läßt sich eine in *Parameterdarstellung* gegebene ebene Kurve im Bereich

a ≤ x ≤ b,   c ≤ y ≤ d

zeichnen.

Das *Zusatzpaket* zum Zeichnen, das mittels

with(plots);

geladen wird, stellt weitere Kommandos zur grafischen Darstellung von Funktionen zur Verfügung. So enthält es das Kommando zur Zeichnung von *Raumkurven*

spacecurve([x(t), y(t), z(t), t=ta..tb], x=a..b, y=c..d, z=e..f);   ,

mit dessen Hilfe diese Kurve im Bereich

a ≤ x ≤ b,   c ≤ y ≤ d,   e ≤ z ≤ f

dargestellt wird. Weiter ist in diesem Paket das Kommando

implicitplot(F(x,y) = 0, x = a..b, y = c..d);

zur Zeichnung *ebener Kurven* enthalten, die im Bereich

$$a \le x \le b, \quad c \le y \le d$$

in *impliziter Darstellung* gegeben sind. So läßt sich z.B. der Kreis

$$x^2 + y^2 = 1$$

mittels

implicitplot(x^2 + y^2 = 1, x = −1..1, y = −1..1);

zeichnen. Dieses Paket stellt auch das Kommando „*display*" zur Verfügung, mit dessen Hilfe man mehrere Funktionen f1, f2, f3,... im gleichen Koordinatensystem mittels der Kommandofolge

p1:=**plot**(f1, ...):

p2:=**plot**(f2, ...):

p3:=**plot**(f3, ...):

display([p1, p2, p3]);

graphisch darstellen kann.

Bei jeder Anwendung eines Grafikkommandos wird ein Fenster (*Grafikfenster*) geöffnet, in dem die Grafik erscheint. Ihre Übernahme in das MAPLE-Arbeitsfenster oder andere WINDOWS-Anwendungen geschieht auf dem üblichen Wege.

MATHCAD: Die Grafikkommandos wurden nicht von MAPLE übernommen. Man hat ein eigenes System entwickelt, auf das wir kurz eingehen wollen. Nach Aktivierung der Kommandofolge (Menüfolge)

Graphics $\Rightarrow$ Create X-Y Plot

erscheint auf dem Bildschirm das *Grafikfenster* aus Bild 4.2.

Bild 4.2:
Grafikfenster
von MATHCAD

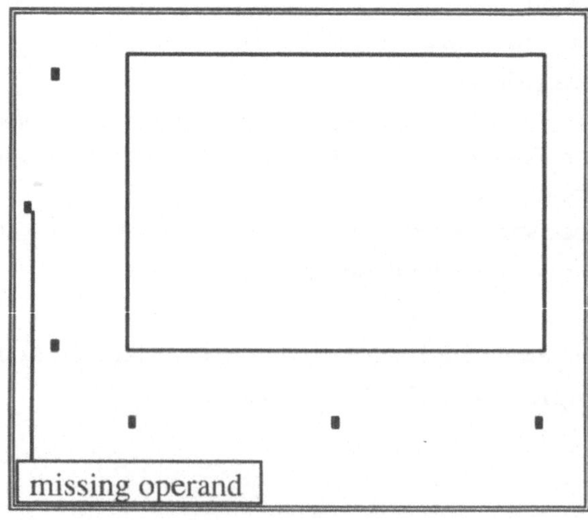

Wenn man die *Funktionskurve*

y = f(x)

zeichnen möchte, so ist in den mittleren *Platzhalter* der x-Achse

x

und in den mittleren der y-Achse (durch *„missing operand"* angezeigt)

f(x)

einzutragen. Die restlichen Platzhalter dienen zur Festlegung des
Maßstabs. Um den Graphen dieser Funktion durch Mausklick
außerhalb des Grafikbereichs (im Automatik-Modus) zu erhalten,
muß vorher unter Verwendung der Operatoren „:=" und „m..n" aus
der Operatorleiste Nr.1 der x-Bereich in der Form

x := a..b

eingegeben werden. Für die Funktion a) aus Beispiel 4.24 ist die
Vorgehensweise aus Bild 4.3 ersichtlich.

Bild 4.3:
Graph der
Funktion a) aus
Beispiel 4.24
mittels
MATHCAD

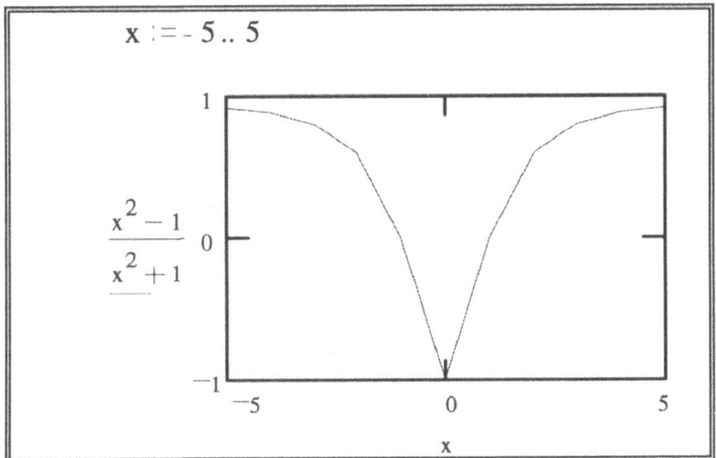

Liegt die Kurve in *Parameterdarstellung* vor, so werden in die Platzhalter für x und y die Funktionen x(t) bzw. y(t) eingetragen und
„oberhalb" der Grafik der Parameterbereich t := ta..tb eingegeben.
Für die Kurve b) aus Beispiel 4.24 ist die Vorgehensweise aus Bild
4.4 ersichtlich.

Wenn die Grafik zu „grob" erscheint, so kann man bei der Definition des Bereichs für x bzw. t nach dem Anfangswert durch die Angabe des folgenden Wertes (Schrittweite) die Anzahl der zu zeich-
nenden Punkte erhöhen, wie ebenfalls aus Bild 4.4 ersichtlich ist.

Bild 4.4:
Graph der
Funktion b) aus
Beispiel 4.24
mittels
MATHCAD

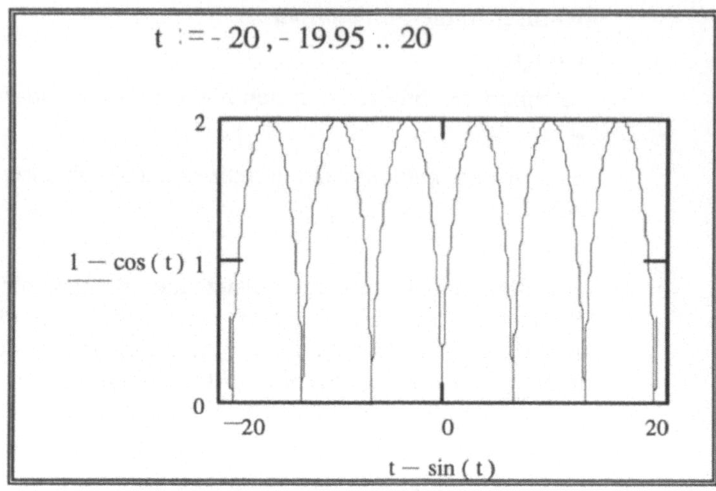

MATHEMATICA: Mittels des Kommandos

Plot[f(x), { x, a, b }]

läßt sich die *Funktionskurve*

y = f(x)

im Intervall

a ≤ x ≤ b

zeichnen. Sollen mehrere Funktionen f(x), g(x), h(x),... im gleichen Koordinatensystem dargestellt werden, so müssen sie als Liste { f(x), g(x), h(x),...} eingegeben werden.

Mittels des Kommandos

ParametricPlot[{ x[t], y[t] }, { t, ta, tb }]

läßt sich die in *Parameterdarstellung* gegebene *ebene Kurve* im Parameterbereich

ta ≤ t ≤ tb

zeichnen. Nach dem Laden des Zusatzpaketes zur Zeichnung von Kurven in impliziter Darstellung mittels

Needs["Graphics`ImplicitPlot`"]

läßt sich durch das Kommando

ImplicitPlot[F(x,y) == 0, { x, a, b }, { y, c, d }]

eine durch die Gleichung F(x,y)=0 in *impliziter Darstellung* gegebene *ebene Kurve* im Bereich

a ≤ x ≤ b,   c ≤ y ≤ d

zeichnen. So kann z.B. der Kreis

$$x^2 + y^2 = 1$$

mittels

ImplicitPlot[x^2 + y^2 $=$ 1, { x, −1, 1 }, { y, −1, 1 }]

gezeichnet werden.

Mittels des Kommandos

ParametricPlot3D[{ x(t), y(t), z(t) }, { t, ta, tb }]

kann die in *Parameterdarstellung* gegebene *Raumkurve* im Parameterbereich

$$ta \leq t \leq tb$$

gezeichnet werden.

Beispiel 4.25:

In den Bildern 4.5 bis 4.9 werden die Funktionen aus Beispiel 4.24 mittels MAPLE und MATHEMATICA grafisch dargestellt, wofür die folgenden Kommandos verwendet wurden:

- **plot**((x^2 − 1)/(x^2 + 1), x = −5..5, y = −1..1);
  für Bild 4.5 (MAPLE)
- **Plot**[(x^2 − 1)/(x^2 + 1), { x, − 5, 5 }]
  für Bild 4.6 (MATHEMATICA)
- **plot**([t − sin(t), 1 − cos(t), t = −20..20]);
  für Bild 4.7 (MAPLE)
- **ParametricPlot**[{ t − Sin[t], 1 − Cos[t] }, { t, −20, 20 }]
  für Bild 4.8 (MATHEMATICA)
- **ParametricPlot3D**[{ Cos[2*t], Sin[2*t], 0.2*t }, { t, 0, 20 }]
  für Bild 4.9 (MATHEMATICA).

Bild 4.5:
Graph der
Funktion a) aus
Beispiel 4.24
mittels MAPLE

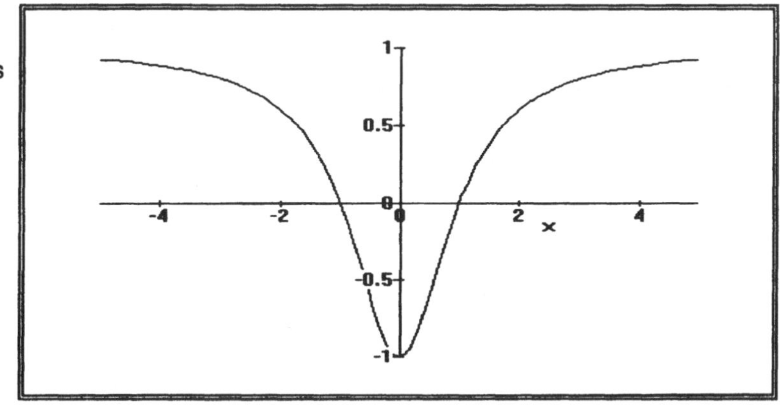

Bild 4.6:
Graph der
Funktion a) aus
Beispiel 4.24
mittels MATHE-
MATICA

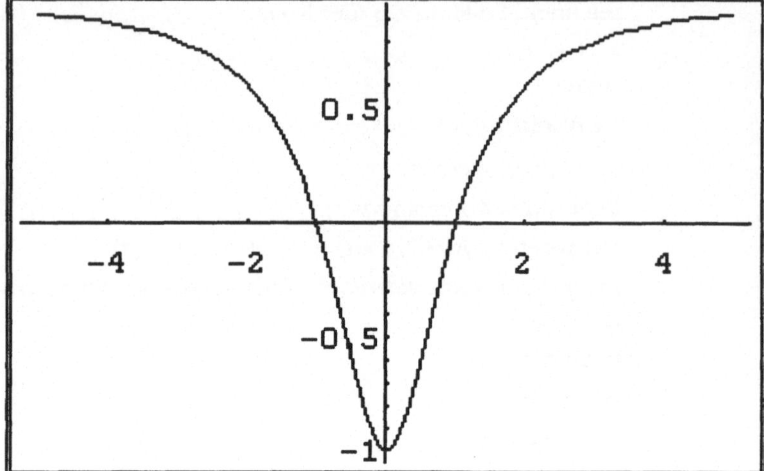

Bild 4.7:
Graph der
Funktion b) aus
Beispiel 4.24
mittels MAPLE

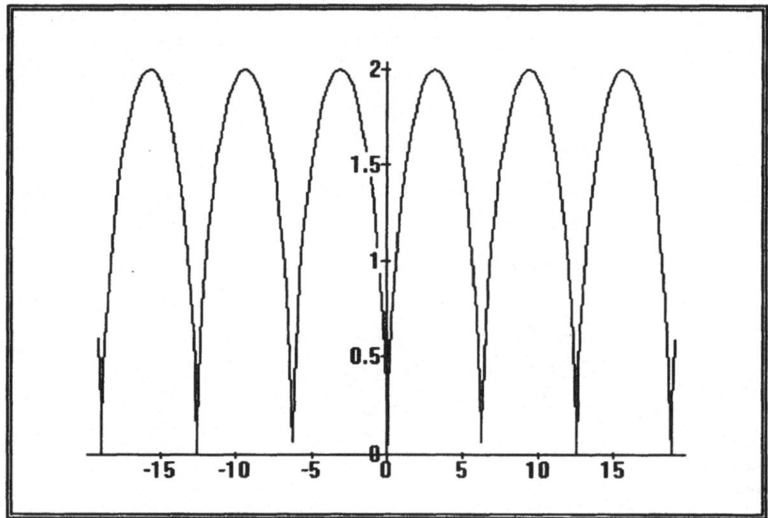

Bild 4.8:
Graph der
Funktion b) aus
Beispiel 4.24
mittels MATHE-
MATICA

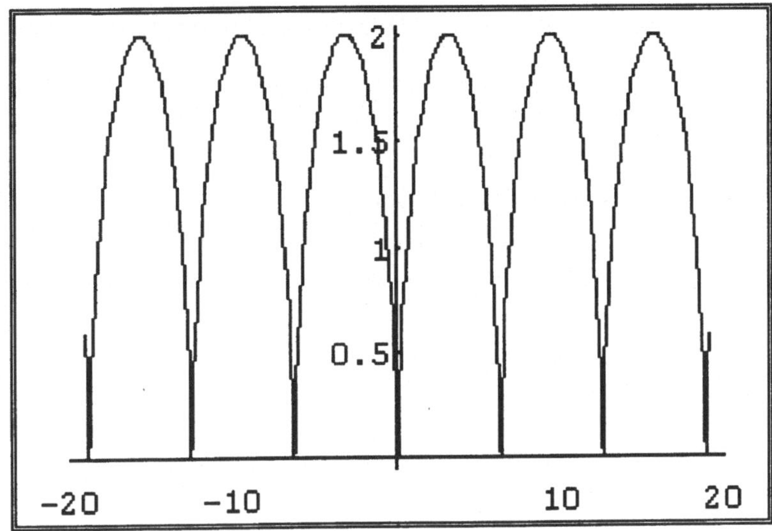

Bild 4.9:
Graph der
Funktion c) aus
Beispiel 4.24
mittels MATHE-
MATICA

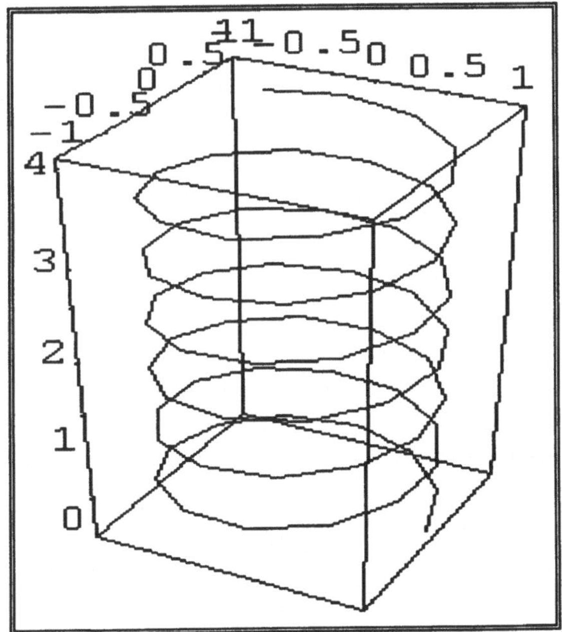

Kommen wir zur Darstellung von *Flächen* im dreidimensionalen Raum, deren Gleichung in einem kartesischen Koordinatensystem eine der folgenden Formen haben kann (man vergleiche die Analogie zu Kurven):

$z = f(x,y)$

(*explizite Darstellung*),

$F(x,y,z) = 0$

(*implizite Darstellung*) mit $(x,y) \in D$ (Definitionsbereich)

$x = x(u,v), \quad y = y(u,v), \quad z = z(u,v)$

(*Parameterdarstellung*, mit $a \leq u \leq b$, $c \leq v \leq d$).

Beispiel 4.26:

a) Eine *Kugel* mit dem Radius R und dem Mittelpunkt im Nullpunkt läßt sich nur durch die *implizite Darstellung*

$$x^2 + y^2 + z^2 = R^2$$

beschreiben. Unter Verwendung von Kugelkoordinaten ergibt sich die Parameterdarstellung

$$x(u,v) = R \cos u \sin v, \quad y(u,v) = R \sin u \sin v, \quad z(u,v) = R \cos v$$

mit

$$0 \leq u \leq 2\pi, \qquad 0 \leq v \leq \pi.$$

b) Ein Rotationsparaboloid kann durch die explizite Darstellung

$$z = x^2 + y^2$$

beschrieben werden. Bei der Verwendung von *Polarkoordinaten* folgt hierfür die *Parameterdarstellung*

$$x(u,v) = v \cos u, \qquad y(u,v) = v \sin u, \qquad z(u,v) = v^2$$

mit

$$0 \leq u \leq 2\pi, \qquad 0 \leq v \leq \infty.$$

Zur *grafischen Darstellung* von *Flächen* werden in den einzelnen Programmen die folgenden *Grafikkommandos* zur Verfügung gestellt:

DERIVE: Die Vorgehensweise ist hier ebenso umständlich wie bei Kurven. Man muß im *Grafikfenster* mittels der Kommandofolge

Window $\Rightarrow$ **Designate** ($\Rightarrow$ **Type:** 3D-plot)

auf die dreidimensionale Darstellung umschalten. Nun kann man die Funktion $z = f(x,y)$ über

Author: $f(x,y)\boxed{\hookleftarrow}$

in das Algebrafenster eingeben, anschließend in das Grafikfenster umschalten und mittels

Plot

die Fläche zeichnen lassen.

Wenn die Fläche in *Parameterdarstellung* gegeben ist, muß man wie bei Raumkurven die *Zusatzdatei* „GRAPHICS.MTH" laden und anschließend die folgende *Kommandofolge* aktivieren:

Author: isometrics([x(u,v), y(u,v), z(u,v)], u, a, b, m, v, c, d, n)
⇒ **approX**.

Für m und n sind die gewünschten Schritte für u bzw. v einzugeben. Danach wird in das Grafikfenster gewechselt und das Kommando

Plot

aktiviert.

MAPLE: Für die *grafische Darstellung* der *Funktion* z = f(x,y) über dem Bereich

a ≤ x ≤ b,   c ≤ y ≤ d

wird das Kommando

plot3d(f(x,y), x = a..b, y = c..d, Optionen);

verwendet, wobei mögliche „*Optionen*" dem Benutzerhandbuch zu entnehmen sind. Das Zusatzpaket „*plots*", das mittels

with(plots);

geladen wird, stellt noch das Kommando

implicitplot3d(F(x,y,z)=0, x = a..b, y = c..d, z = e..f);

zur Zeichnung von Flächen im Bereich

a ≤ x ≤ b,   c ≤ y ≤ d,   e ≤ z ≤ f

zur Verfügung, die in impliziter Form durch F(x,y,z)=0 gegeben sind. So zeichnet z.B. das Kommando

implicitplot3d(x^2+y^2+z^2 = 1, x=−1..1, y=−1..1, z=−1..1);

die Kugel

$$x^2 + y^2 + z^2 = 1.$$

Liegt die Funktion in *Parameterdarstellung* vor, so ist das Kommando

plot3d([x(u,v), y(u,v), z(u,v)], u = a..b, v = c..d, Optionen);

zu verwenden.

MATHCAD: Zur *grafischen Darstellung* der *Funktion* z = f(x,y) geht man folgendermaßen vor. Man erzeugt eine Matrix **M** aus den Funktionswerten

$$f(x_i, y_k)$$

unter Verwendung der Operatorleisten und aktiviert anschließend die Kommandofolge (Menüfolge)

Graphics ⇒ Surface Plot

Die genaue Vorgehensweise ist aus Bild 4.10 ersichtlich, in dem wir die Funktion b) aus Beispiel 4.26 zeichnen.

Bild 4.10:
Fläche für Aufgabe b) aus Beispiel 4.26 mittels MATHCAD

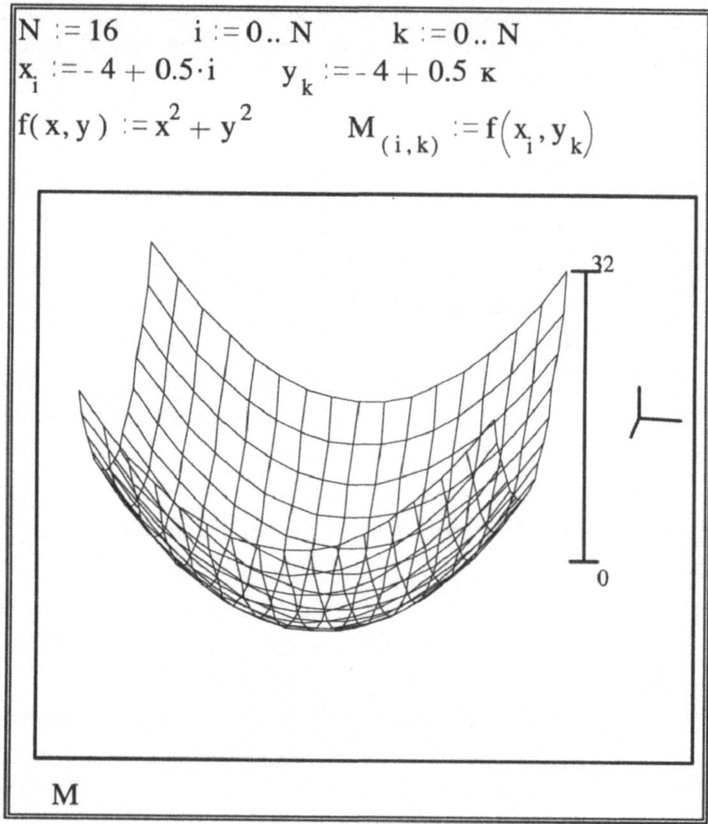

Bild 4.10 kann man als *allgemeine Vorlage* für die *grafische Darstellung* einer beliebigen Funktion verwenden. Man muß nur die Werte für

$$N, \qquad x_i \quad und \quad y_k$$

verändern und für f die gewünschte Funktion eingeben. In den Handbüchern gibt es die *Zusatzdatei* „SURFACE.MCD", die eine Vorlage dieser Form enthält.

Liegt die *Fläche* in *Parameterdarstellung* vor, so ist die Vorgehensweise aus Bild 4.11 ersichtlich, in dem wir die Fläche a) aus Beispiel 4.26 zeichnen.

Bild 4.11: Fläche für Aufgabe a) aus Beispiel 4.26 mittels MATHCAD

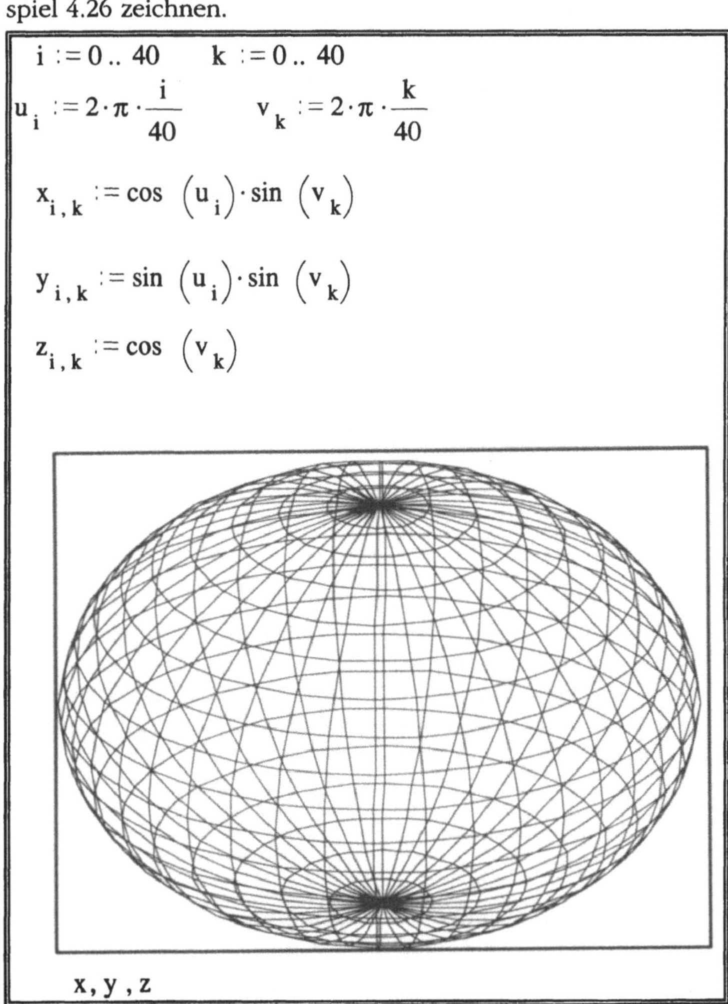

MATHEMATICA: Für die grafische Darstellung der *Funktion*

z=f(x,y) über dem Bereich

$a \leq x \leq b, \quad c \leq y \leq d$

wird das Kommando

Plot3D[f(x,y), { x, a, b }, { y, c, d }]

verwendet.

Liegt die Funktion in *Parameterdarstellung* vor, so ist das Kommando

ParametricPlot3D[{x(u,v), y(u,v), z(u,v)}, { u, a, b}, { v, c, d }]

anzuwenden.

Beispiel 4.27:

a) In den Bildern 4.12 bis 4.15 werden die Flächen (mit R=1) aus Beispiel 4.26 mittels MAPLE und MATHEMATICA dargestellt, wofür die folgenden Kommandos verwendet wurden:

- **plot3d**([cos(u)*sin(v), sin(u)*sin(v), cos(v)], u = 0..2*Pi, v = 0..Pi);

  für Bild 4.12 (MAPLE)

- **ParametricPlot3D**[{ Cos[u]*Sin[v], Sin[u]*Sin[v], Cos[v] }, { u, 0, 2 *Pi }, { v, 0, Pi }]

  für Bild 4.13 (MATHEMATICA)

- **plot3d**(x^2 + y^2, x = −4..4, y = −4..4);

  für Bild 4.14 (MAPLE)

- **Plot3D**[x^2 + y^2, { x, −4, 4 },{ y, −4, 4 }]

  für Bild 4.15 (MATHEMATICA).

b) Mit MAPLE und MATHEMATICA lassen sich auch mehrere Flächen in einem Koordinatensystem darstellen, so daß man hiermit *Durchdringungen* veranschaulichen kann. In den Bildern 4.16 (MAPLE) und 4.17 (MATHEMATICA) zeigen wir die Durchdringung des Zylinders

$$x^2 + y^2 = 1$$

mit der Kugel

$$x^2 + y^2 + z^2 = 4,$$

die sich unter Verwendung von Zylinder- und Kugelkoordinaten durch die Kommandofolgen

p1:=**plot3d**([2*cos(u)*sin(v), 2*sin(u)*sin(v),2*cos(v)], u=0..2* Pi, v=0..Pi):

p2:=**plot3d**([cos(u), sin(u), v], u=0..2*Pi, v=−3..3):

display([p1, p2]);

bei MAPLE und

p1:=**ParametricPlot3D**[{ 2*Cos[u]*Sin[v], 2*Sin[u]*Sin[v], 2*Cos[v] }, { u, 0, 2*Pi }, { v, 0, Pi }];

p2:=**ParametricPlot3D**[{ Cos[u], Sin[u], v }, { u, 0, 2*Pi }, { v,–3, 3 }];

Show[p1, p2]

bei MATHEMATICA

erreichen läßt.

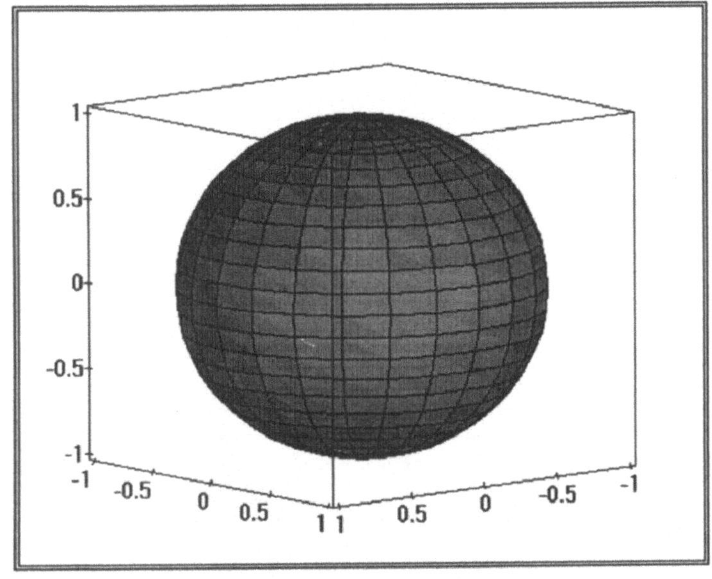

Bild 4.12:
Fläche für
Aufgabe a) aus
Beispiel 4.26
mittels MAPLE

Bild 4.13:
Fläche für
Aufgabe a) aus
Beispiel 4.26
mittels MATHE-
MATICA

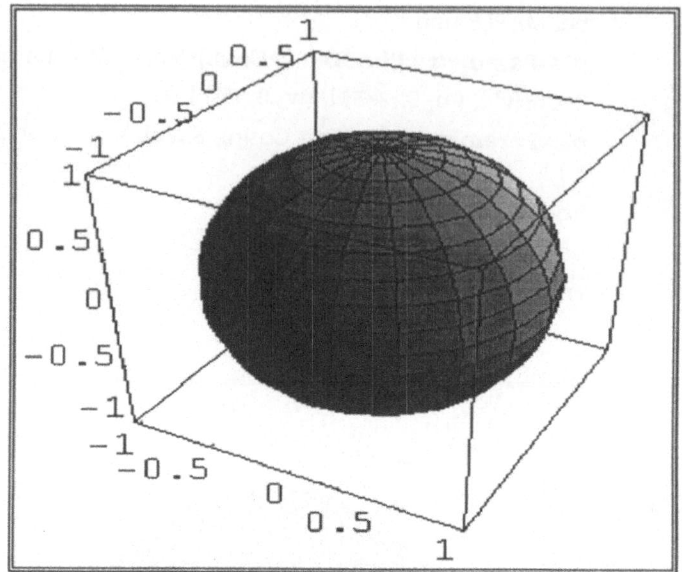

Bild 4.14:
Fläche für
Aufgabe b) aus
Beispiel 4.26
mittels MAPLE

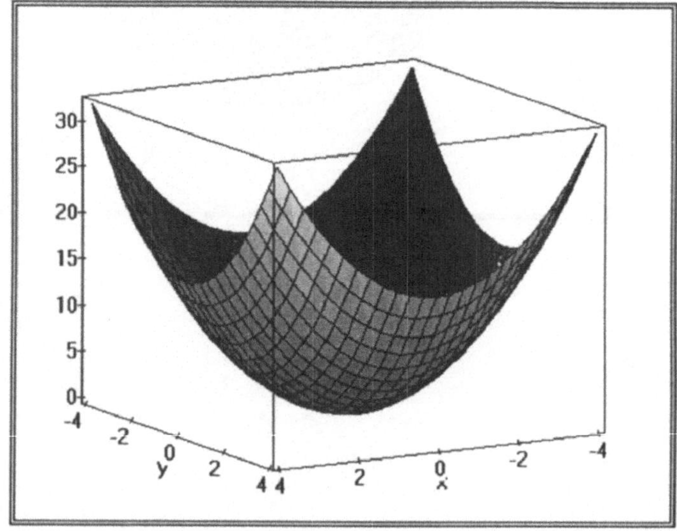

Bild 4.15:
Fläche für
Aufgabe b) aus
Beispiel 4.26
mittels
MATHEMA-
TICA

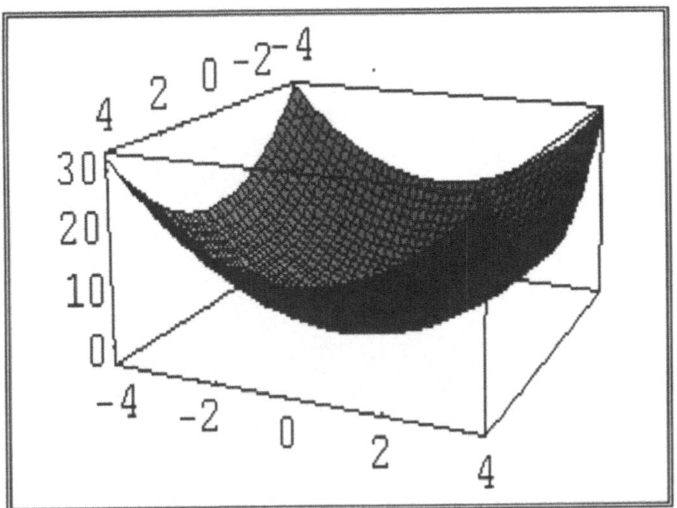

Bild 4.16:
Flächen-
durchdringung
für Aufgabe b)
aus Beispiel
4.27 mittels
MAPLE

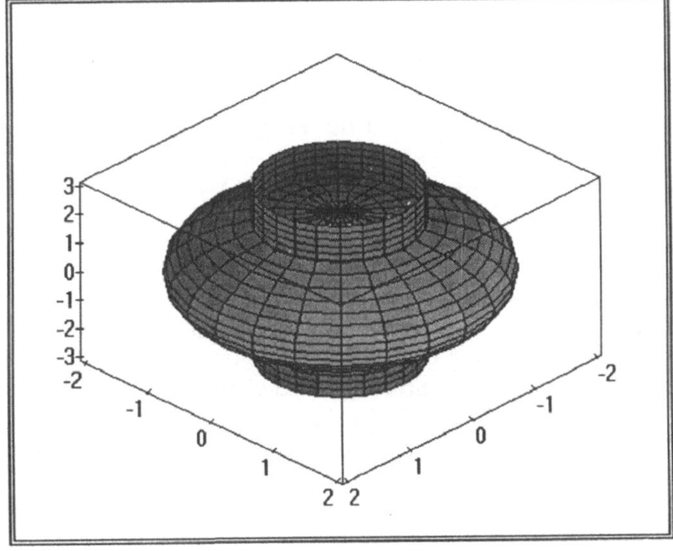

Bild 4.17:
Flächendurch-
dringung für
Aufgabe b) aus
Beispiel 4.27
mittels MA-
THEMATICA

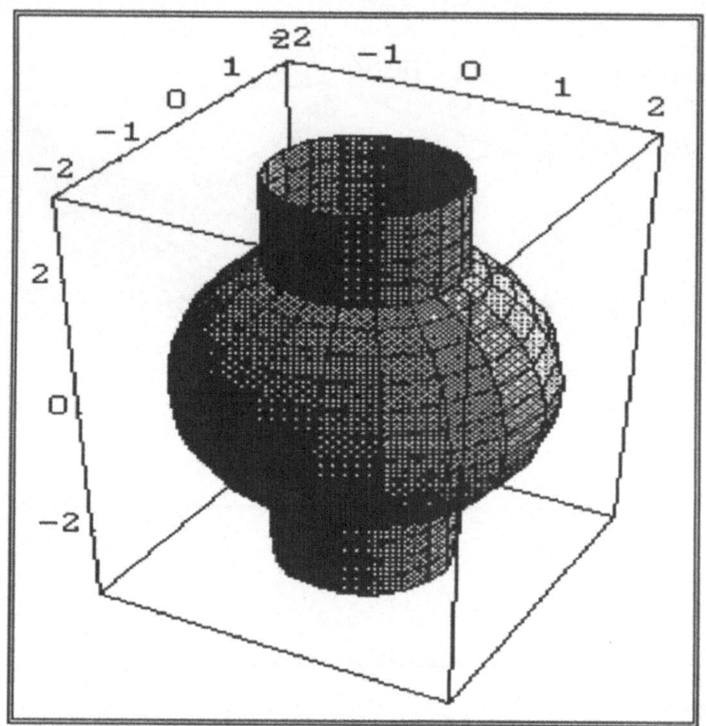

Im *Grafikbereich* sind die Programme MAPLE und MATHEMATICA gegenüber DERIVE wesentlich einfacher zu handhaben und besitzen auch mehr Möglichkeiten zur Darstellung und Manipulation der Grafiken.

Abschließend wollen wir kurz die *grafische Darstellung* von *Funktionen* diskutieren, deren Gleichung nicht bekannt ist, d.h., die nur *in Form von Funktionswerten* vorliegen. Wir betrachten diese Problematik nur für den Fall von Funktionen einer Veränderlichen $y = f(x)$. Im Falle mehrerer Veränderlicher ist der Sachverhalt analog.

Bei vielen praktischen Problemen kennt man nicht den analytischen Ausdruck $f(x)$ für eine Funktion f, sondern nur die Funktionswerte

$$y_i = f(x_i)$$

in einer Reihe von Punkten

$$x_i \qquad (i = 1, ..., n).$$

Diese Werte wurden beispielsweise durch Messungen gewonnen. In der numerischen Mathematik gibt es verschiedene Methoden, um eine durch die Wertepaare

$$(x_1, y_1), (x_2, y_2), ..., (x_n, y_n)$$

gegebene Funktion durch eine analytisch gegebene Funktion (z.B. ein Polynom) anzunähern. Zu bekannten Methoden dieser Art zählen u.a. die *Methoden der kleinsten Quadrate* und der *Interpolation*, die diese gegebene Punkteschar (Punktwolke) durch eine *Regressions-* bzw. *Interpolationskurve* „analytisch" darstellen.

MAPLE und MATHEMATICA (und auch MATHCAD) stellen hierfür Kommandos zur Verfügung:

Die Wertepaare

$$(x_1, y_1), (x_2, y_2), ..., (x_n, y_n)$$

müssen in Listenform eingegeben und anschließend hierauf die Kommandos für die Regression bzw. Interpolation angewandt werden. Danach kann man die erhaltenen Näherungskurven mit Zeichenkommandos grafisch darstellen.

Beispiel 4.28:

Gegeben sind die Meßpunkte

(1, 1), (2, 4), (3, 3), (4, 4), (5, 5),

die zuerst als Liste eingegeben werden:

X:=[1, 2, 3, 4, 5];   Y:=[1, 4, 3, 4, 5];

bei MAPLE
und

P={ { 1, 1 }, { 2, 4 }, { 3, 3 }, { 4, 4 }, { 5, 5 } }

bei MATHEMATICA.

Das *Interpolationspolynom* durch diese Punkte erhält man mittels der Kommandos

G:=**interp**(X, Y, x);

bei MAPLE und

G=**InterpolatingPolynomial**[P, x]//**Expand**

bei MATHEMATICA.

Es hat die Gestalt

$$G = -20 + \frac{110}{3}x - \frac{59}{3}x^2 + \frac{13}{3}x^3 - \frac{1}{3}x^4$$

und kann durch die Kommandos

plot(G, x = 0..5);

bei MAPLE und

Plot[G, { x, 0, 5 }]

bei MATHEMATICA im Intervall [0, 5] gezeichnet werden (Bild 4.18).

Wie man für die gegebenen Meßpunkte eine Regressionskurve berechnet, wird im Abschnitt 5.4 behandelt.

Bild 4.18:
Interpolationspolynom
aus Beispiel
4.28

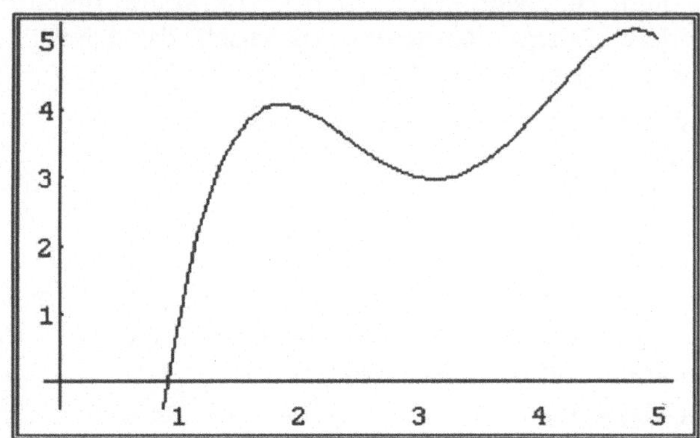

MAPLE und MATHEMATICA gestatten auch noch die *direkte grafische Darstellung gegebener Punkte* (*Datenlisten*), die als *Punktgrafik* bezeichnet wird. Die dafür vorhandenen Kommandos lauten

MAPLE: **listplot**(L);

zur Darstellung ebener Punktmengen,

MATHEMATICA: **ListPlot**[L]

zur Darstellung ebener Punktmengen und

ListPlot3D[L]

zur Darstellung räumlicher Punktmengen.

Für „*L*" sind bei allen Kommandos die gegebenen Punkte als Liste in der für die einzelnen Programme beschriebenen Form einzugeben.

4.8   Berechnung von Grenzwerten

Wir berechnen den Grenzwert einer Funktion f(x) bzw. eines Ausdrucks A(n) an der Stelle x=a bzw. n=a , d.h.

$$\lim_{x \to a} f(x) \quad \text{bzw.} \quad \lim_{n \to a} A(n)$$

Dabei können sogenannte *unbestimmte Ausdrücke* der Form

$$\frac{0}{0} \; , \; \frac{\infty}{\infty} \; , \; 0 \cdot \infty \; , \; \infty - \infty \; , \; 0^0 \; , \; \infty^0 \; , \; 1^\infty \; , \; \ldots$$

auftreten. Für diese Fall läßt sich die bekannte *Regel von de l'Hospital* unter gewissen Voraussetzungen anwenden. Diese Regel muß aber nicht in jedem Fall zum Ergebnis führen. Deshalb ist nicht zu erwarten, daß die Computeralgebra-Programme immer ein Ergebnis liefern.

Die einzelnen Programme stellen die folgenden *Kommandos* zur *Grenzwertberechnung* zur Verfügung (als Kommandoname wird die englische Bezeichnung „*limit*" für den Grenzwert genommen):

DERIVE: Anwendung der Kommandofolge

Author: f(x) $\Rightarrow$ **Calculus** $\Rightarrow$ **Limit** (**expression:** #...,**variable:**x , `
Point: a , **From:** (Both)) $\Rightarrow$ **Simplify**

oder

Author: limit(f(x), x, a) $\Rightarrow$ **Simplify**

MAPLE: Anwendung des Kommandos

limit(f(x), x = a);

MATHCAD: Das Kommando zur Grenzwertberechnung wurde von MAPLE nicht übernommen.

MATHEMATICA: Anwendung des Kommandos

Limit[f(x), x–>a] .

Möchte man den Grenzwert des Ausdrucks A(n) anstelle der Funktion f(x) berechnen, so sind in den obigen Kommandos lediglich f(x) durch A(n) und x durch n zu ersetzen. Für a kann bei allen Programmen ∞ eingesetzt werden, womit aber MATHEMATICA Schwierigkeiten bekommt und manchmal kein Ergebnis liefert.

Falls die Grenzwertberechnung mittels der Programme versagt oder man das Ergebnis überprüfen will, kann man f(x) bzw. A(n) zeichnen lassen.

Beispiel 4.29:

a) $\displaystyle \lim_{x \to \infty} \frac{x^4}{e^x} = 0$ wird nur von DERIVE und MAPLE berechnet,

b) $\lim\limits_{x\to\infty} \dfrac{2^x}{3^x} = 0$ wird in dieser Form nur von DERIVE und MAPLE

berechnet, während MATHEMATICA nur für $\lim\limits_{x\to\infty}\left(\dfrac{2}{3}\right)^x$ das

Ergebnis 0 liefert.

c) $\lim\limits_{x\to\infty} \dfrac{3^x}{2^x} = \infty$ wird nur von DERIVE und MAPLE berechnet, wäh-

rend MATHEMATICA nur für $\lim\limits_{x\to\infty}\left(\dfrac{3}{2}\right)^x$ das „Ergebnis" ∞ liefert.

d) $\lim\limits_{x\to 0}\left(\dfrac{1}{\sin x} - \dfrac{1}{x}\right) = 0$ wird von DERIVE, MAPLE und

MATHEMATICA berechnet,

e) $\lim\limits_{x\to\infty} \dfrac{3x + \cos x}{x} = 3$ wird nur von DERIVE und MAPLE berechnet,

f) $\lim\limits_{x\to\infty} \dfrac{e^x - e^{-x}}{e^x + e^{-x}} = 1$ wird von DERIVE, MAPLE und
MATHEMATICA berechnet,

g) $\lim\limits_{x\to 0} \dfrac{\sin x - x\cos x}{x\sin x} = 0$ wird von DERIVE, MAPLE und
MATHEMATICA berechnet.

Diese Beispiele lassen schon erkennen, daß DERIVE und MAPLE
bei der Grenzwertberechnung MATHEMATICA überlegen sind.

4.9 Differentiation von Funktionen

Wie wir bereits in der Einleitung erwähnten, läßt sich für die Berechnung der Ableitung einer differenzierbaren Funktion ein endlicher Algorithmus angeben, so daß alle Computeralgebra-Programme
auch sehr komplizierte differenzierbare Funktionen ohne große Mühe differenzieren und das Ergebnis in Sekundenschnelle liefern.
Damit geben sie uns für die Differentiation ein wirkungsvolles Hilfs-

mittel in die Hand und befreien uns von oft langwierigen Rechnungen per Hand, die meistens auch noch fehlerbehaftet sind.

Das betrifft sowohl die Ableitungen

$$f'(x),\; f''(x),\;\ldots,\; f^{(n)}(x)$$

für Funktionen

$$y = f(x)$$

einer Veränderlichen als auch die partiellen Ableitungen

$$f_x = \frac{\partial f}{\partial x}\;,\quad f_{xx} = \frac{\partial^2 f}{\partial x^2}\;,\quad f_{xy} = \frac{\partial^2 f}{\partial x \partial y}\;,\cdots$$

für Funktionen

$$z = f(x,y)$$

zweier Veränderlicher sowie allgemein die partiellen Ableitungen beliebiger Ordnung

$$f_{x_1} = \frac{\partial f}{\partial x_1}\;,\quad f_{x_1 x_1} = \frac{\partial^2 f}{\partial x_1{}^2}\;,\quad f_{x_1 x_2} = \frac{\partial^2 f}{\partial x_1 \partial x_2}\;,\cdots$$

für Funktionen

$$z = f(x_1, x_2, \ldots, x_n)$$

mit n Veränderlichen.

Die einzelnen Computeralgebra-Programme stellen die folgenden *Kommandos* für die *Differentiation* zur Verfügung (als Kommandoname wird die englische Bezeichnung „*differentiate*" für differenzieren oder eine Abkürzung hiervon verwendet), wobei für f der konkrete Funktionsausdruck einzusetzen ist:

DERIVE: Die Kommandofolgen

Author: f $\Rightarrow$ **Calculus** $\Rightarrow$ **Differentiate (expression: #...,**

variable: x , **Order:** n) $\Rightarrow$ **Simplify**

oder

Author: dif(f, x, n) $\Rightarrow$ **Simplify**

berechnen die n-te Ableitung der Funktion f nach x. Möchte man eine *gemischte partielle Ableitung* berechnen, so ist die Vorgehensweise aus dem folgenden Beispiel ersichtlich.

Beispiel: Die Ableitung

$$\frac{\partial^3 f}{\partial x^2 \partial y}$$

kann mittels

Author: dif(**dif**(f, x, 2), y, 1) $\Rightarrow$ **Simplify**

berechnet werden.

MAPLE: Das Kommando

diff(f, x\$n);

berechnet die n-te Ableitung der Funktion f nach x,

während

diff(f, x\$n, y\$m);

die gemischte partielle Ableitung

$$\frac{\partial^{n+m}f}{\partial x^n \partial y^m}$$

liefert.

MATHCAD: Die Funktion f wird in das Arbeitsfenster eingegeben und eine Variable mit dem Kursor markiert, bzgl. der differenziert werden soll. Anschließend ist die Kommandofolge

Symbolic ⇒ Differentiate on Variable

zu aktivieren. Als Ergebnis erhält man die erste Ableitung der Funktion f nach der markierten Variablen. Möchte man eine höhere Ableitung berechnen, so muß die eben beschriebene Vorgehensweise wiederholt ausgeführt werden.

MATHEMATICA: Das Kommando

D[f, { x, n }]

berechnet die n-te Ableitung der Funktion f nach x, während **D**[f, { x, n }, { y, m }]

die gemischte partielle Ableitung

$$\frac{\partial^{n+m}f}{\partial x^n \partial y^m}$$

liefert.

Beispiel 4.30:

Man überprüfe die folgenden Resultate mit einem vorhandenen Computeralgebra-Programm.

a) $y = x \cdot \sin\frac{1}{x}$ besitzt die Ableitungen

$$y' = \sin\frac{1}{x} - \frac{1}{x} \cdot \cos\frac{1}{x} \quad , \quad y'' = -\frac{1}{x^3} \cdot \sin\frac{1}{x}$$

b) $z = f(x,y) = x^y$ besitzt die Ableitungen

$$z_x = y \cdot x^{y-1} \ , \ z_y = x^y \cdot \log x \ , \ z_{xy} = z_{yx} = x^{y-1} + y \cdot x^{y-1} \log x$$

c) Falls man die Quotientenregel

$$y' = \frac{f'g - fg'}{g^2}$$

zur Berechnung der Ableitung der Funktion

$$y(x) = \frac{f(x)}{g(x)}$$

vergessen hat, so erhält man diese mittels

diff(f(x)/g(x), x);

bei MAPLE und mittels

D[f[x]/g[x], x]

bei MATHEMATICA,

während man bei DERIVE die beiden Funktionen f und g erst über

Declare $\Rightarrow$ **Function**

definieren muß, bevor man die Kommandofolge

Author: dif(f(x)/g(x), x) $\Rightarrow$ **Simplify**

aktiviert.

d) Möchte man partielle Ableitungen der Funktion

$$z = f(x,y) = F(u(x,y), v(x,y))$$

berechnen, wozu bekanntlich die Kettenregel heranzuziehen ist, so kann man ebenfalls die gegebenen Kommandos anwenden. Aus der Bildschirmkopie

von MAPLE

$$\begin{aligned}
&> \text{diff(F(u(x,y),v(x,y)),x,y);} \\
&\left(D_{[1,\,1]}(F)(u(x,y),\,v(x,y)) \left(\tfrac{\partial}{\partial y} u(x,y) \right) \right. \\
&\qquad + D_{[1,\,2]}(F)(u(x,y),\,v(x,y)) \left(\tfrac{\partial}{\partial y} v(x,y) \right) \left. \right) \left(\tfrac{\partial}{\partial x} u(x,y) \right) \\
&\qquad + D_{[1]}(F)(u(x,y),\,v(x,y)) \left(\tfrac{\partial^2}{\partial y\, \partial x} u(x,y) \right) + \left(\right. \\
&\quad D_{[1,\,2]}(F)(u(x,y),\,v(x,y)) \left(\tfrac{\partial}{\partial y} u(x,y) \right) \\
&\qquad + D_{[2,\,2]}(F)(u(x,y),\,v(x,y)) \left(\tfrac{\partial}{\partial y} v(x,y) \right) \left. \right) \left(\tfrac{\partial}{\partial x} v(x,y) \right) \\
&\qquad + D_{[2]}(F)(u(x,y),\,v(x,y)) \left(\tfrac{\partial^2}{\partial y\, \partial x} v(x,y) \right)
\end{aligned}$$

und MATHEMATICA

$$
\begin{aligned}
&\textit{In[1]: =}\\
&\quad D[F[u[x,y],v[x,y]],x,y]\\
&\textit{Out[1]=}\\
&\quad v^{(1,0)}[x,y]\,(v^{(0,1)}[x,y]\,F^{(0,2)}[u[x,y],v[x,y]] + u^{(0,1)}[x,y]\\
&\quad F^{(1,1)}[u[x,y],v[x,y]]) + F^{(1,0)}[u[x,y],v[x,y]]\,u^{(1,1)}[x,y] +\\
&\quad F^{(0,1)}[u[x,y],v[x,y]]\,v^{(1,1)}[x,y] + u^{(1,0)}[x,y](v^{(0,1)}[x,y]\\
&\quad F^{(1,1)}[u[x,y],v[x,y]] + u^{(0,1)}[x,y]\,F^{(2,0)}[u[x,y],v[x,y]])
\end{aligned}
$$

sind die Kommandos und Ergebnisse bei der Berechnung der Ableitung

$$
z_{xy} = F_{uu}\cdot u_x\cdot u_y + F_{uv}\cdot u_x\cdot v_y + F_u\cdot u_{xy} + F_{vu}\cdot u_y\cdot v_x + F_{vv}\cdot v_x\cdot v_y + F_v\cdot v_{xy}
$$

zu entnehmen. Bei beiden Programmen geschieht die Ausgabe der Ergebnisse allerdings nicht in der üblichen Form, wie die Bildschirmkopien zeigen.

4.10　Taylorentwicklung

Nach dem *Satz von Taylor* gilt für eine Funktion f, die im Intervall

$(x_o\text{-r}, x_o\text{+r})$

(n+1)-mal stetig differenzierbar ist, die *Taylorentwicklung*

$$
f(x) = \sum_{k=0}^{n} \frac{f^{(k)}(x_o)}{k!}(x - x_o)^k + R_n(x)
$$

für

$x \in (x_o\text{-r}, x_o\text{+r}),$

wobei das *Restglied*

$R_n(x)$

in der *Form von Lagrange* $(0<\vartheta<1)$

$$
R_n(x) = \frac{f^{(n+1)}(x_o + \vartheta(x - x_o))}{(n + 1)!}(x - x_o)^{n+1}
$$

lautet.

Das in der Taylorentwicklung vorkommende Polynom n-ten Grades

$$\sum_{k=0}^{n} \frac{f^{(k)}(x_o)}{k!}(x - x_o)^k$$

heißt n-tes *Taylorpolynom* von f an der Stelle x_o.

Gilt nun für alle

$x \in (x_o\text{-}r,\ x_o\text{+}r)$

für das Restglied

$\lim_{n \to \infty} R_n(x) = 0,$

so läßt sich die Funktion f durch die sogenannte *Taylorreihe*

$$f(x) = \sum_{k=0}^{\infty} \frac{f^{(k)}(x_o)}{k!}(x - x_o)^k$$

mit dem Konvergenzgebiet

$|x - x_o| < r$

darstellen.

Der Nachweis, daß sich f in eine Taylorreihe entwickeln läßt, gestaltet sich i.a. schwierig (die Existenz der Ableitungen beliebiger Ordnung von f reicht hierfür nicht aus).

Für praktische Anwendungen wird aber häufig das n-te Taylorpolynom (für n=1,2,...) genommen, um eine „komplizierte" Funktion f in der Nähe des Entwicklungspunktes x_o durch ein Polynom n-ten Grades anzunähern. Da sich die Berechnung des Taylorpolynoms für viele Funktionen f mühsam gestaltet, besitzen alle Computeralgebra-Programme *Kommandos* zur *Taylorentwicklung*, die das gewünschte n-te Taylorpolynom in Sekundenschnelle liefern.

DERIVE: Die Kommandofolge

Author: f(x) $\Rightarrow$ **Calculus** $\Rightarrow$ **Taylor (expression: #...**
variable: x   **Degree:** n **Point:** x_o) $\Rightarrow$ **Simplify**

berechnet das n-te Taylorpolynom. Weiterhin steht dafür noch die Kommandofolge

Author: taylor(f(x), x, x_o, n) $\Rightarrow$ **Simplify**

zur Verfügung.

MAPLE: Die Kommandos
series(f(x), x=x_o, n);

bzw.

series(f(x), x, n); (für $x_o = 0$)

liefern das (n-1)-te Taylorpolynom mit dem Restglied in der Form $O(x - x_o)^n$.

Das anschließende Kommando

convert(", polynom);

erzeugt das Taylorpolynom ohne Restglied.

MATHCAD: Man muß die Funktion f(x) eingeben, eine Variable x markieren und die Kommandofolge

Symbolic $\Rightarrow$ **Expand to Series**

aktivieren. Daraufhin erscheint eine Dialogbox, in die n („*Order of Approximation*") eingetragen wird. Als Ergebnis folgt das (n-1)-te Taylorpolynom an der Stelle

$x_o = 0$ mit dem Restglied $O(x^n)$.

Benötigt man für weitere Rechnungen nur das Taylorpolynom (ohne Restglied), so kann man es aus dem angezeigten Ausdruck gewinnen, indem es durch eine Selektionsbox umrahmt wird.

MATHEMATICA: Das Kommando

Series[f(x), { x, x_o, n }]

liefert das n-te Taylorpolynom mit dem Restglied

$$O\left[x - x_o\right]^{n+1}.$$

Mittels des anschließenden Kommandos

Normal[%]

ergibt sich das Taylorpolynom ohne Restglied. Das gleiche Resultat erhält man, wenn an das Kommando „*Series*" der Zusatz „*//Normal*" angehängt wird, d.h. das Kommando in der Form

Series[f(x), { x, x_o, n }]//**Normal**

verwendet wird.

Beispiel 4.31:

Man berechne die *Taylorpolynome* für verschiedene Werte von n (n =1,2,3,...) an der Stelle

$x_o = 0$

für die folgenden Funktionen (hier wurde n=10 verwendet) und vergleiche die Güte der Annäherung der Taylorpolynome an die Funktion, indem man beide grafisch darstellt.

a) $\dfrac{x}{e^x + 1} \approx$

$$\frac{1}{2}x - \frac{1}{4}x^2 + \frac{1}{48}x^4 - \frac{1}{480}x^6 + \frac{17}{80640}x^8 - \frac{31}{1451520}x^{10}$$

b) Für die Funktion e^x ergibt sich die bekannte Entwicklung

$$1 + x + \frac{1}{2}x^2 + \frac{1}{6}x^3 + \frac{1}{24}x^4 + \frac{1}{120}x^5 + \frac{1}{720}x^6 + \frac{1}{5040}x^7 + \dots$$

c) $\dfrac{1}{\sqrt{1 + x^2}} \approx$

$$1 - \frac{1}{2}x^2 + \frac{3}{8}x^4 - \frac{5}{16}x^6 + \frac{35}{128}x^8 - \frac{63}{256}x^{10}$$

d) $\dfrac{x^5 + x + 1}{x^7 + x + 1} \approx 1 + x^5 - x^6$

Für die Aufgabe b) findet man die Graphen der Funktion und ihres Taylorpolynoms (n=2) im Bild 4.19.

Bild 4.19:
Graph der Funktion b) und ihres Taylorpolynoms (n=2) aus Beispiel 4.31 mittels MATHEMATICA

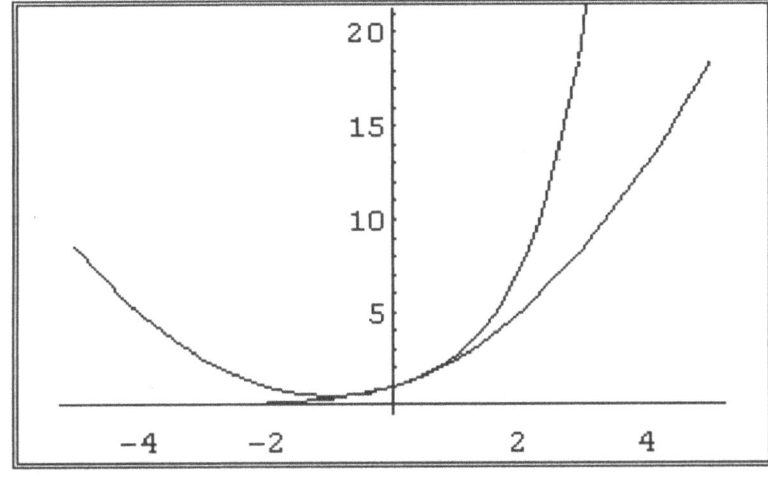

Bekanntlich läßt sich die *Taylorentwicklung* auch für *Funktionen mehrerer Veränderlicher* bilden. Für Funktionen mit zwei Veränderlichen

$z = f(x,y)$

stellt MATHEMATICA hierfür das Kommando

Series[f(x,y), { x, x_o, n }, { y, y_o, n }]

zur Verfügung, um das n-te Taylorpolynom an der Stelle

(x_o, y_o)

berechnen zu können.

4.11   Integration von Funktionen

Betrachten wir zu Beginn den einfachsten Fall der Integration von Funktionen

$y = f(x)$

einer Veränderlichen.

Bekanntlich führt die Lösung des Problems, ob eine gegebene Funktion f die Ableitung einer zunächst noch unbekannten Funktion F ist (d.h. F '=f), zur Integralrechnung. Die Funktion F wird dabei als *Stammfunktion* bezeichnet. Alle für eine Funktion f existierenden Stammfunktionen F unterscheiden sich höchstens um eine Konstante. Diese Gesamtheit von Stammfunktionen für die Funktion f bezeichnet man als *unbestimmtes Integral* und schreibt

$$\int f(x)\,dx\,.$$

Es stellen sich die folgenden zwei *Fragen:*

– Besitzt jede Funktion f eine Stammfunktion F ?

– Wie kann man für eine gegebene Funktion f eine Stammfunktion F bestimmen ?

Die *erste Frage* läßt sich für eine große Klasse von Funktionen positiv beantworten:

Jede auf einem Intervall [a,b] stetige Funktion f besitzt dort eine Stammfunktion F.

Dies ist aber nur eine Existenzaussage, die uns keinen Algorithmus zur Bestimmung der Stammfunktion liefert. So läßt sich folglich die *zweite Frage* nicht immer positiv beantworten.

Neben dem unbestimmten Integral verwendet man noch das *bestimmte Integral*

$$\int_a^b f(x)\,dx\,,$$

das bei vielen praktischen Problemen eine große Rolle spielt. Beide Integraltypen sind durch den *Hauptsatz der Differential- und Integralrechnung*

$$\int\limits_{a}^{b} f(x)\,dx = F(b) - F(a)$$

miteinander verbunden. Dieser Satz liefert unmittelbar die folgende Formel für eine Stammfunktion

$$F(x) = \int\limits_{a}^{x} f(x)\,dx + F(a).$$

Damit ist aber das Problem noch nicht gelöst, zu einer gegebenen stetigen Funktion f, die aus den bekannten Elementarfunktionen

$$x^n, \ e^x, \ \ln x, \ \sin x, \ldots$$

gebildet wurde, die Stammfunktion explizit anzugeben. Wir wissen zwar, daß eine Stammfunktion F und die obige Formel hierfür existieren, aber nicht, ob und wie F durch elementare Funktionen gebildet werden kann. Es existiert leider kein „endlicher Algorithmus" zur Bestimmung der Stammfunktion F für eine beliebige Funktion f. Man kennt eine Reihe von Verfahren, um für spezielle Funktionen f die Stammfunktion F zu konstruieren. Hierzu gehören u.a. die *partielle Integration*, die *Partialbruchzerlegung* (für gebrochenrationale Funktionen) und die *Substitution*, die im gewissen Rahmen auch von den Computeralgebra-Programmen genutzt werden. Aufgrund der geschilderten Problematik stößt die Computeralgebra bei der Integralberechnung schnell an gewisse Grenzen, befreit aber von aufwendiger Rechenarbeit bei lösbaren Aufgaben. Alle Programme besitzen einen *Numerikteil* zur näherungsweisen Berechnung bestimmter Integrale, wenn die exakte (symbolische) Berechnung versagt.

Zur *Berechnung* von bestimmten und unbestimmten *Integralen* besitzen die einzelnen Computeralgebra-Programme die folgenden *Kommandos*:

DERIVE: Anwendung der Kommandofolge

Author: f(x) $\Rightarrow$ **Calculus** $\Rightarrow$ **Integrate** (**expression: #... variable: x Lower limit: Upper limit:) $\Rightarrow$ **Simplify**

Will man ein unbestimmtes Integral berechnen, so ist bei

Lower limit (untere Grenze)

und

Upper limit (obere Grenze)

nichts einzutragen, während man für bestimmte Integrale hier a bzw. b eingibt.

Des weiteren können noch die Kommandofolgen

Author: int(f(x), x) $\Rightarrow$ **Simplify**

für unbestimmte Integrale und

Author: int(f(x), x, a, b) $\Rightarrow$ **Simplify**

für bestimmte Integrale verwendet werden.

MAPLE: Anwendung der Kommandos

int(f(x), x);

für unbestimmte Integrale und

int(f(x), x = a..b);

für bestimmte Integrale.

MATHCAD: Zur Berechnung unbestimmter Integrale wird zuerst die zu integrierende Funktion eingegeben, danach eine Variable x mit dem Kursor markiert und abschließend die Kommandofolge

Symbolic $\Rightarrow$ **Integrate on Variable**

aktiviert.

Für die Berechnung bestimmter Integrale gibt es keine exakte (symbolische) Berechnungsmöglichkeit, sondern nur die später besprochene näherungsweise (numerische).

MATHEMATICA: Die Kommandos

Integrate[f(x), x]

für unbestimmte Integrale und

Integrate[f(x), { x, a, b }]

für bestimmte Integrale.

Alle Programme benutzen als Kommandonamen für die Integration die englische Bezeichnung „*integrate*" für integrieren oder eine Abkürzung davon.

Können die Programme ein Integral nicht exakt (symbolisch) berechnen, so schreiben sie es in der Ausgabe entweder unverändert auf den Bildschirm oder geben eine Meldung aus.

Beispiel 4.32:

Testen wir die Wirksamkeit der Programme an einigen typischen Aufgaben.

Die Lösung der Aufgaben a), b) und c) ist mittels *Partialbruchzerlegung* möglich. Während für

a) $$\int \frac{x^3}{x^3 - x^2 - x + 1}\,dx = x - \frac{1}{2}\frac{1}{x-1} + \frac{5}{4}\ln|x-1| - \frac{1}{4}\ln|x+1|$$

und

b)

$$\int \frac{x^2}{x^4 + 1}\,dx = \frac{1}{4\sqrt{2}}\ln\frac{x^2 - \sqrt{2}x + 1}{x^2 + \sqrt{2}x + 1} + \frac{1}{2\sqrt{2}}\left[\arctan\left(\sqrt{2}x - 1\right) + \arctan\left(\sqrt{2}x + 1\right)\right]$$

alle Programme die angegebenen Ergebnisse liefern, scheitern sie an der folgenden Aufgabe

c) $$\int \frac{1}{x^3 - x^2 + 1}\,dx,$$

obwohl sie die Nullstellen des Nennerpolynoms

$$x^3 - x^2 + 1$$

(eine reelle und zwei komplexe) berechnen. Die Nullstellen haben allerdings keine „einfache" Struktur. Dies könnte eine Ursache für das Versagen sein.

Die Lösung der Aufgaben d) und e) ist mittels *partieller Integration* möglich.

d) $$\int \frac{x}{\cos^2 x}\,dx = x \tan x + \ln|\cos x|$$

e) $$\int e^x \sin x\,dx = \frac{1}{2}e^x\left(\sin x - \cos x\right)$$

Diese beiden Aufgaben werden von allen Programmen mühelos gelöst.

Die Lösung der Aufgaben f), g) und h) ist mittels *Substitution* möglich.

f) Das Integral

$$\int \frac{1 - \sqrt{x}}{1 + \sqrt{x}}\,dx$$

läßt sich durch die Substitution

$$t = \sqrt{x}$$

auf die Form

$$2\int \frac{1 - t}{1 + t}t\,dt$$

bringen, und man erhält als Lösung

$$-2\ln(-1 + x) + 4\sqrt{x} + 2\ln\left(\frac{-1 - x + 2\sqrt{x}}{-1 + x}\right) - x.$$

Diese Lösung wurde von allen Programmen berechnet.

g) Das Integral

$$\int \frac{\sin^2 x}{\left(1 + \sin x + \cos x\right)^3}\, dx$$

läßt sich durch die Substitution

$$t = \tan\frac{x}{2}$$

auf ein Integral der Form

$$\int \left(\frac{1}{\left(1+t\right)^3} - \frac{2}{\left(1+t\right)^2} + \frac{1}{1+t} \right) dt$$

bringen, das die Lösung

$$\frac{-1}{2(1+\tan\frac{x}{2})^2} + \frac{2}{1+\tan\frac{x}{2}} + \ln(1+\tan\frac{x}{2})$$

besitzt. Diese Lösung wurde von allen Programmen erhalten.

h) Das Integral

$$\int \left(\arcsin x\right)^2 dx$$

läßt sich durch die Substitution

$$x = \sin t$$

auf die Form

$$\int t^2 \cos t\, dt$$

bringen, womit man die Lösung

$$((\arcsin x)^2 - 2)x + 2\sqrt{1 - x^2}\, \arcsin x$$

erhält.

Diese Lösung wurde nur von DERIVE und MATHEMATICA erhalten. Wenn man die Substitution per Hand ausführt, liefern auch MAPLE und MATHCAD die Lösung.

In einigen Fällen läßt sich das Scheitern der Berechnung von Integralen durch die Computeralgebra-Programme vermeiden, wenn man den *Integranden* f(x) vor der Anwendung von Integrationskommandos *vereinfacht*. Betrachten wir dies an zwei Beispielen:

– Gebrochenrationale Funktionen kann man vorher in Partialbrüche zerlegen (auch unter Verwendung der Computeralgebra: siehe Abschnitt 4.2.2).

– Gängige Substitutionen kann man vorher durchführen (siehe Aufgabe h) aus Beispiel 4.32).

Kommen wir zur Berechnung *uneigentlicher Integrale*. Bekanntlich unterscheidet man die folgenden Formen dieser Integrale:

– Das Integrationsintervall ist unbeschränkt, z.B.

$$\int_a^\infty f(x)\,dx.$$

– Der Integrand f(x) ist im Integrationsintervall [a,b] unbeschränkt, z.B.

$$\int_{-1}^1 \frac{1}{x^2}\,dx.$$

– Sowohl das Integrationsintervall als auch der Integrand sind unbeschränkt.

Der erste Fall des unbeschränkten Integrationsintervalls kann mit allen Programmen außer MATHCAD noch einfach behandelt werden, da diese als Integrationsgrenzen auch ∞ zulassen.

Beispiel 4.33:

a) Für das Integral

$$\int_1^\infty \frac{1}{x^2}\,dx$$

wird mittels der Kommandos

Author: int(1/x^2, x, 1, inf **)** $\Rightarrow$ **Simplify**

bei DERIVE,

integrate(1/x^2, x = 1..infinity **);**

bei MAPLE und

Integrate[1/x^2, { x, 1, Infinity } **]**

bei MATHEMATICA

das Ergebnis

1

erhalten.

b) Für das Integral

$$\int_1^\infty \frac{1}{x}\,dx$$

erkennen alle Programme die Divergenz und geben entweder ∞ (DERIVE und MAPLE) oder einen Hinweis aus (MATHEMATICA: *„Indeterminate/Integral does not converge"*).

c) Für das divergente Integral

$$\int_{-\infty}^{\infty} x\,dx$$

liefert MATHEMATICA den Hinweis auf Divergenz *„Indeterminate/Integral does not converge"*, während DERIVE ein Fragezeichen ausgibt. MAPLE gibt das eingegebene Integral ohne Kommentar unverändert zurück.

Falls kein zufriedenstellendes Ergebnis für den Fall unbeschränkter Integrationsintervalle erhalten wird, kann man sich noch folgendermaßen helfen:

Statt des uneigentlichen Integrals

$$\int_{a}^{\infty} f(x)\,dx$$

berechnet man das bestimmte Integral

$$\int_{a}^{s} f(x)\,dx$$

mit fester oberer Grenze s und führt anschließend mit den Kommandos aus Abschnitt 4.8 den Grenzübergang

$$\lim_{s\to\infty} \int_{a}^{s} f(x)\,dx$$

durch.

Wesentlich schwieriger gestaltet sich die Berechnung uneigentlicher Integrale mit beschränktem Integrationsbereich [a,b] aber unbeschränktem Integranden f(x). Dieser Fall wird nicht immer von den Programmen erkannt, so daß falsche Ergebnisse erscheinen können.

Beispiel 4.34:

a) Wenn man das uneigentliche Integral

$$\int_{-1}^{1} \frac{1}{x^2}\,dx$$

formal integriert, ohne zu erkennen, daß der Integrand bei x=0 unbeschränkt ist, erhält man das falsche (unsinnige) Ergebnis -2. In Wirklichkeit ist das Integral divergent. Dies wird von MAPLE (Ausgabe von ∞) und MATHEMATICA (Ausgabe des Hinweises

„*Indeterminate/Integral does not converge*") richtig erkannt, während DERIVE das unsinnige Ergebnis -2 liefert. MATHCAD zeigt an, daß der Integrand unbeschränkt ist (mittels „*Singularity*").

b) Für das divergente Integral

$$\int_{-1}^{1} \frac{1}{x}\,dx,$$

dessen *Cauchyscher Hauptwert* 0 beträgt, liefern DERIVE das falsche Ergebnis $-\pi i$, MAPLE kein Ergebnis und MATHCAD den Hinweis „*Singularity*". Nur MATHEMATICA bringt die Meldung, daß das Integral divergiert. Mit MAPLE und MATHEMATICA kann man auch den Cauchyschen Hauptwert berechnen. Dazu muß man bei MAPLE im Integrationskommando die Option „*CauchyPrincipalValue*" verwenden und für MATHEMATICA das Zusatzpaket „Cauchyscher Hauptwert" laden.

So liefern das Kommando

int(1/x, x=–1..1, CauchyPrincipalValue);

bei MAPLE und die Kommandofolge

Needs["NumericalMath`CauchyPrincipalValue`"];

CauchyPrincipalValue[1/x, { x, –1, {0}, 1 }]

bei MATHEMATICA den Cauchyschen Hauptwert 0, wobei für MATHEMATICA zusätzlich die Unendlichkeitsstelle (im Beispiel {0}) im Argument des Kommandos anzugeben ist.

Zusammenfassend läßt sich zur *Berechnung uneigentlicher Integrale* mittels der Computeralgebra sagen, daß auch in den Fällen, bei denen Ergebnisse geliefert werden, eine Überprüfung angeraten ist. Es empfiehlt sich eine zusätzliche Behandlung als bestimmtes (eigentliches) Integral mit anschließender Grenzwertberechnung.

Wenn die exakte (symbolische) Berechnung eines Integrals versagt, so besitzen alle Computeralgebra-Programme *Numerikkommandos*, um das bestimmte Integral

$$\int_{a}^{b} f(x)\,dx$$

berechnen zu können. Mit diesen Kommandos läßt sich auch eine Stammfunktion F(x) (und damit das unbestimmte Integral) in einzelnen Punkten x berechnen, wenn man die Formel

$$F(x) = \int_{a}^{x} f(x)\,dx$$

verwendet und das darin enthaltene bestimmte Integral für die gewünschten x-Werte numerisch bestimmt. Man erhält damit eine Liste von Funktionswerten von F(x), die man mit Grafikkommandos grafisch darstellen kann und somit einen Überblick über F erhält.

Zur *numerischen Berechnung* von *bestimmten Integralen* stellen die einzelnen Computeralgebra-Programme die folgenden Kommandos zur Verfügung:

DERIVE: In der Kommandofolge zur symbolischen Berechnung des bestimmten Integrals ist das letzte Kommando „*Simplify*" durch

approX

zu ersetzen.

MAPLE: Anwendung der Kommandos

evalf(int(f(x), x = a..b));   .

oder

evalf(");   ,

falls man vorher die symbolische Berechnung mittels

int(f(x), x = a..b);

versucht hat und kein Ergebnis geliefert wurde.

MATHCAD: Nach dem Anklicken des Integralzeichens in der Operatorleiste Nr.1 erscheint das folgende Symbol

$$\int_{\blacksquare}^{\blacksquare} \blacksquare \, d\blacksquare$$

im Arbeitsfenster, in das man in die entsprechenden Platzhalter die Funktion f(x), die Integrationsvariable x (nach d) und die Integrationsgrenzen a und b (an das Integralzeichen) eintragen muß. Das abschließend eingegebene Gleichheitszeichen liefert das Ergebnis, so z.B.

$$\int_{1}^{2} e^{x^2} \, dx = 14.99$$

MATHEMATICA: An das Kommando zur symbolischen Integration wird der Zusatz

//N

angehängt oder der Kommandoname

Integrate

durch

NIntegrate

ersetzt.

Aus den Handbüchern zu den einzelnen Programmen ist ersichtlich, welche numerischen Integrationsmethoden angewendet werden. Falls das Verfahren keine befriedigenden Ergebnisse für ein zu berechnendes Integral liefert, kann man auch eigene Programme schreiben, wenn man die in Kapitel 6 gegebenen Hilfsmittel verwendet.

Betrachten wir abschließend die *Berechnung mehrfacher Integrale* in der Ebene und im Raum, d.h.

$$\iint\limits_{D} f(x,y)\,dx\,dy \quad \text{und} \quad \iiint\limits_{G} f(x,y,z)\,dx\,dy\,dz,$$

wobei D und G beschränkte Gebiete in der Ebene bzw. im Raum sind.

Die Berechnung dieser Integrale läßt sich auf die Berechnung mehrerer (zwei bzw. drei) einfacher Integrale zurückführen, so daß man die obigen Kommandos heranziehen kann. Dabei erhöht eine vorher per Hand durchgeführte Koordinatentransformation häufig die Effektivität der eingesetzten Programme.

Betrachten wir die Berechnung mehrfacher Integrale an einem typischen Beispiel.

Beispiel 4.35:

Die Berechnung des *Volumens* des im ersten Oktanten liegenden Teils eines geraden Kreiszylinders

$$x^2 + y^2 = 1,$$

der oben von der Fläche

$$z = xy^2$$

begrenzt wird, führt auf die Berechnung des *Doppelintegrals*

$$\int\limits_{y=0}^{1} \int\limits_{x=0}^{\sqrt{1-y^2}} xy^2\,dx\,dy = \frac{1}{2}\int\limits_{0}^{1}\left(1-y^2\right)y^2\,dy = \frac{1}{15},$$

das durch die aufeinanderfolgende Berechnung der beiden einfachen Integrale

$$\int\limits_{x=0}^{\sqrt{1-y^2}} xy^2\,dx = \frac{1}{2}(1-y^2)y^2 \quad \text{und} \quad \frac{1}{2}\int\limits_{0}^{1}\left(1-y^2\right)y^2\,dy = \frac{1}{15}$$

gelöst wird. Dabei ist zu beachten, daß die richtige Berechnungsreihenfolge eingehalten wird: zuerst das innere Integral mit der variablen oberen Grenze und danach das äußere Integral mit den festen

Grenzen. Diese Reihenfolge muß auch bei der Anwendung der Programme eingehalten werden:

DERIVE: **int(int(** x*y^2, x, 0, sqrt(1−y^2)), y, 0, 1)

MAPLE: **int(int(** x*y^2, x = 0..sqrt(1−y^2)), y= 0..1);

MATHEMATICA: **Integrate[** x*y^2, {y, 0, 1}, {x, 0, Sqrt[1−y^2]}]

4.12   Lösung von Differentialgleichungen

Bei *Differentialgleichungen* unterscheidet man zwischen *gewöhnlichen*, z.B.

$$y'' + 3y' - y = \cos x$$

mit der gesuchten Funktion

$$y = y(x)$$

und *partiellen*, z.B.

$$\frac{\partial^2 u}{\partial x^2} - \frac{\partial^2 u}{\partial y^2} + 5\frac{\partial u}{\partial x} + 2u = e^{xy}$$

oder in anderer Schreibweise

$$u_{xx} - u_{yy} + 5u_x + 2u = e^{xy}$$

mit der gesuchten Funktion

$$u = u(x,y).$$

Beides sind Gleichungen, in denen eine *unbekannte Funktion* und deren *Ableitung* vorkommen. Diese unbekannte Funktion ist so zu bestimmen, daß die Differentialgleichung identisch erfüllt wird. Der Unterschied zwischen gewöhnlichen und partiellen Differentialgleichungen besteht darin, daß bei gewöhnlichen die gesuchte Funktion nur von einer (unabhängigen) Veränderlichen, während bei partiellen die gesuchte Funktion von mehreren Veränderlichen abhängt.

Ebenso wie bei algebraischen Gleichungen (siehe Abschnitt 4.5) existiert nur eine geschlossene Lösungstheorie für lineare Differentialgleichungen. Da diese Theorie für partielle Differentialgleichungen sehr umfangreich und vielschichtig ist, wird im Rahmen dieser Einführung auf partielle Differentialgleichungen verzichtet. Dies läßt sich auch noch dadurch rechtfertigen, daß ihre Lösung bei allen Programmen mit den gegebenen Standardkommandos nicht möglich ist. Man ist hierfür auf das Schreiben eigener oder die Verwendung vorhandener Programme (Zusatzpakete) angewiesen. Das

Buch [71] befaßt sich ausführlich mit der Lösung partieller Differentialgleichungen unter Verwendung von MATHEMATICA.

Für gewöhnliche, *lineare Differentialgleichungen n-ter Ordnung* der Form

$$a_n(x)y^{(n)} + a_{n-1}(x)y^{(n-1)} + \ldots + a_1(x)y' + a_o(x)y = f(x)$$

existieren nur Lösungsalgorithmen, wenn die Koeffizienten

$$a_k(x)$$

gewisse Bedingungen erfüllen, so u.a.:

- $a_k(x) =$ konstant, d.h., wir haben eine Gleichung mit konstanten Koeffizienten.
- $a_k(x) = b_k x^k$ (b_k – konstant), d.h., wir haben eine Eulersche Gleichung.

Des weiteren darf die Funktion f(x) nicht allzu „kompliziert" sein, wenn man eine explizite Lösung erhalten möchte.

Für *lineare Differentialgleichungen* mit *konstanten Koeffizienten* der Form

$$a_n y^{(n)} + a_{n-1}y^{(n-1)} + \ldots + a_1 y' + a_o y = f(x)$$

bzw. *Systeme* linearer Differentialgleichungen mit *konstanten Koeffizienten* der Form

$$a_{11}y'_1 + \ldots + a_{1n}y'_n = f_1(x)$$

$$\ldots\ldots\ldots\ldots\ldots\ldots\ldots\ldots\ldots$$

$$a_{n1}y'_1 + \ldots + a_{nn}y'_n = f_n(x)$$

und weitere einfache Gleichungen stellen die einzelnen Computeralgebra-Programme die folgenden Kommandos zur Verfügung:

DERIVE: Es gibt keine Standardkommandos zur Lösung von Differentialgleichungen. Erst durch Laden der Zusatzprogramme „ODE1.MTH", „ODE2.MTH" und „ODE_APPR.MTH" mittels der Kommandofolge

Transfer $\Rightarrow$ Load $\Rightarrow$ Utility

lassen sich Gleichungen erster bzw. zweiter Ordnung exakt (symbolisch) bzw. numerisch lösen. Dazu stehen eine Reihe von Kommandos zur Verfügung, die man dem Handbuch oder dem Hilfemenü

Help $\Rightarrow$ Utility

entnehmen kann. Zwei häufig gebrauchte Kommandos aus diesen Zusatzprogrammen sind:

Author: dsolve1_gen(p, q, x, y, c **) $\Rightarrow$ Simplify**

liefert die allgemeine Lösung der Differentialgleichung erster Ordnung

$$p(x,y) + q(x,y)\, y' = 0$$

mit der Integrationskonstanten c, während das folgende Kommando hierfür die spezielle Lösung mit der Anfangsbedingung

$$y(x_o) = y_o$$

berechnet:

Author: dsolve1(p, q, x, y, x_o, y_o) $\Rightarrow$ **Simplify** .

Die allgemeine Lösung der Differentialgleichung zweiter Ordnung

$$y''+p(x)y'+q(x)y = r(x)$$

mit den Integrationskonstanten c und d berechnet die folgende Kommandofolge

Author: dsolve2(p, q, r, x, c, d) $\Rightarrow$ **Simplify**.
Die Kommandofolge

Author: dsolve2_bv(p, q, r, x, x_o, y_o, x_1, y_1) $\Rightarrow$ **Simplify**

liefert für diese Differentialgleichung die spezielle Lösung mit den Randbedingungen

$$y(x_o) = y_o \, , \; y(x_1) = y_1$$

und die Kommandofolge

Author: dsolve2_IV(p, q, r, x, x_o, y_o, y_1) $\Rightarrow$ **Simplify**

die spezielle Lösung mit den Anfangsbedingungen

$$y(x_o) = y_o \, , \; y'(x_o) = y_1 \quad .$$

MAPLE: Das Kommando

dsolve(Dgl, y(x));

liefert die allgemeine Lösung der als Argument bei *„Dgl"* einzugebenden Differentialgleichung. Die Form dieser Eingabe ist aus dem folgenden Beispiel ersichtlich.

Beispiel:

Zur Bestimmung der allgemeinen Lösung der Gleichung

$$y''+p(x)y'+q(x)y = r(x)$$

ist das Kommando

dsolve(**diff**(y(x), x\$2) + p(x)***diff**(y(x), x) + q(x)*y(x) = r(x), y(x));

zu verwenden, während das folgende Kommando hierfür die spezielle Lösung mit den Anfangsbedingungen

$$y(x_o) = y_o \quad \text{und} \quad y'(x_o) = y_1$$

berechnet:

dsolve({ **diff**(y(x), x\$2) + p(x)***diff**(y(x), x) + q(x)*y(x) = r(x), $y(x_o) = y_o$, D(y)(x_o) = y_1 }, y(x));

Falls keine exakte (symbolische) Lösung für eine eingegebene Differentialgleichung gefunden wird, kann man die *numerische Lösung* versuchen, indem man im Argument des Kommandos „*dsolve*" die zusätzliche Option „*numeric*" angibt.

Beispiel:

Das Kommando

dsolve({ **diff**(y(x), x) + p(x)*y(x) = q(x), $y(x_o) = y_o$ }, y(x), numeric);

löst die Differentialgleichung

y'+p(x)y = q(x)

mit der Anfangsbedingung

$y(x_o) = y_o$

numerisch.

MATHCAD: Die Kommandos von MAPLE zur symbolischen Lösung von Differentialgleichungen wurden nicht übernommen. In den zusätzlichen Handbüchern findet man aber das Programm (*Dokument*) „DE.MCD" zur numerischen Lösung des Anfangswertproblems

y' = f(x,y), $y(x_o) = y_o$.

Nach dem Laden dieses Dokuments ergibt sich der im Bild 4.20 gegebene Bildschirm. Möchte man dieses Programm für eine zu lösende Differentialgleichung anwenden, braucht man lediglich die Funktion f(x,y), den Startwert x_o (nach „*startx*"), den Endwert für x (nach „*endx*"), die Anzahl der Integrationsschritte (nach „*n*") und y_o (nach „*inity*") zu ändern. Die neue Berechnung wird jetzt durchgeführt, indem man die Kommandofolge (Menüfolge)

Math $\Rightarrow$ Calculate Document

aktiviert. Im Automatik-Modus genügt hierfür ein Mausklick.

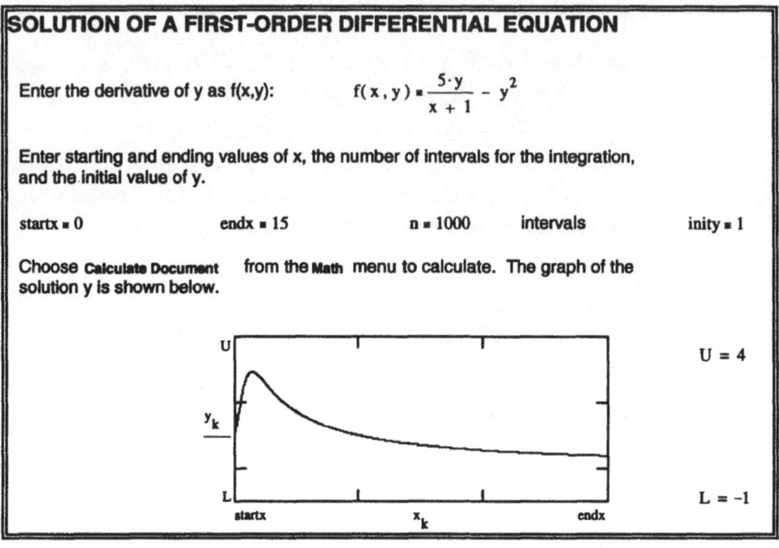

$$f(x,y) = \frac{5 \cdot y}{x + 1} - y^2$$

MATHEMATICA: Das Kommando

DSolve[Dgl, y[x], x]

liefert die Lösung der als Argument bei „*Dgl*" einzugebenden Differentialgleichung. Die Form dieser Eingabe ist aus dem folgenden Beispiel ersichtlich.

Beispiel:

Das Kommando

DSolve[y''[x] + p(x)*y'[x] + q(x)*y[x] == r(x), y[x], x]

liefert die allgemeine Lösung der Differentialgleichung

$$y'' + p(x)y' + q(x)y = r(x),$$

während das folgende Kommando hierfür die spezielle Lösung mit den Anfangsbedingungen

$$y(x_o) = y_o \quad \text{und} \quad y'(x_o) = y_1$$

berechnet:

DSolve[{ y''[x] + p(x)*y'[x] + q(x)*y[x] == r(x), y'[x_o] == y_1, y[x_o] == y_o }, y[x], x] .

Falls die exakte (symbolische) Berechnung versagt, kann die *numerische Berechnung* mittels des Kommandos

NDSolve

veranlaßt werden, wie wir im folgenden Beispiel sehen.

Beispiel:

Das Kommando

NDSolve[{ y''[x] + p(x)*y'[x] + q(x)*y[x] == r(x), y'[x_o] == y_1,
y[x_o] == y_o }, y[x], { x, x_o, x_1 }]

löst die Differentialgleichung mit den Anfangsbedingungen

$$y(x_o) = y_o \quad \text{und} \quad y'(x_o) = y_1$$

aus dem vorangehenden Beispiel im Intervall

$$[x_o, x_1]$$

numerisch.

Da die Lösung von Differentialgleichungen eng mit der Integration zusammenhängt, darf man von den Computeralgebra-Programmen keine Wunderdinge erwarten. Sie sind meistens nur bei linearen Gleichungen (mit „einfachen" bzw. konstanten Koeffizienten) erfolgreich. Es existieren bei allen Programmen Zusatzpakete zur exakten (symbolischen) und numerischen Lösung spezieller (nichtlinearer) Differentialgleichungen aus der Praxis. Die Numerikkommandos sind allerdings nur anwendbar, wenn genügend Anfangs- und/oder Randbedingungen gegeben sind, um die Eindeutigkeit der Lösung zu sichern. Eine ausführliche Beschreibung mit vielen Beispielen für die Anwendung von MATHEMATICA zur Lösung von gewöhnlichen und partiellen Differentialgleichungen findet man in den Büchern [3] und [71].

Betrachten wir abschließend eine Reihe von Beispielen.

Beispiel 4.36:

a) Für die lineare Differentialgleichung mit konstanten Koeffizienten

$$y^{(4)} + 4y'' + 4y = 0$$

wird die allgemeine Lösung

$$y(x) = (C_1 + C_2 x)\cos\sqrt{2}x + (C_3 + C_4 x)\sin\sqrt{2}x$$

problemlos von MAPLE erhalten, während MATHEMATICA nur die unübliche komplexe Form der Lösung liefert. Dafür sind die Kommandos

dsolve(**diff**(y(x), x$4) + 4***diff**(y(x), x$2) + 4*y(x) = 0, y(x));

für MAPLE und

DSolve[y''''[x] + 4*y''[x] + 4*y[x] == 0, y[x], x]

für MATHEMATICA (statt y''''[x] kann man auch D[y[x],{x,4}] schreiben)

zu verwenden.

b) Für die inhomogene lineare Differentialgleichung mit konstanten Koeffizienten

$$y'' + y = \sin x$$

wird die allgemeine Lösung

$$y(x) = C \sin x + D \cos x - \frac{1}{2} x \cos x$$

von DERIVE mittels

dsolve2 (0, 1, sin(x), x, C, D) $\Rightarrow$ **Simplify**

und von MAPLE mittels

dsolve(**diff**(y(x), x\$2) + y(x) = sin(x), y(x));

erhalten. MATHEMATICA berechnet mit dem Kommando

DSolve[y''[x] + y[x] == Sin[x], y[x], x]

nur die allgemeine Lösung der dazugehörigen homogenen Gleichung in der Form

$$C \sin x + D \cos x,$$

während es statt der speziellen Lösung der inhomogenen Gleichung

$$-\frac{1}{2} x \cos x$$

einen umfangreichen komplexen Ausdruck angibt. Erst durch die anschließende Aktivierung des Kommandos

Simplify[%]

erhält man das oben angegebene Ergebnis.

c) Für die inhomogene Eulersche Differentialgleichung

$$x^3 y''' - 6xy' + 12y = 20x^4$$

wird die allgemeine Lösung

$$y(x) = C_1 x^{-2} + C_2 x^2 + C_3 x^3 + \frac{5}{3} x^4$$

von MAPLE mittels des Kommandos

dsolve(x^3***diff**(y(x), x\$3) − 6*x***diff**(y(x), x) + 12*y(x) = 20*x^4, y(x));

und von MATHEMATICA mittels

DSolve[x^3*y'''[x] − 6*x*y'[x] + 12*y[x] == 20*x^4, y[x], x]

erhalten.

d) Für die homogene Eulersche Differentialgleichung

$$x^2 y'' - xy' + 2y = 0$$

wird die allgemeine Lösung

$$y(x) = x(C_1 \cos(\ln x) + C_2 \sin(\ln x))$$

von MAPLE mittels des Kommandos

dsolve(x^2***diff**(y(x), x$2) − x***diff**(y(x), x) + 2*y(x) = 0, y(x));

und von MATHEMATICA mittels

DSolve[x^2*y''[x] − x*y'[x] + 2*y[x] == 0, y[x], x]

erhalten, während DERIVE mittels des Kommandos

dsolve2(-1/x, 2/x^2, 0, x, C_1, C_2)

kein Ergebnis liefert.

e) Für das lineare Differentialgleichungssystem

$$y'_1 = y_1 + y_2$$

$$y'_2 = y_1 + y_2 + x$$

wird die allgemeine Lösung

$$y_1 = C_1 + C_2 e^{2x} - \frac{1}{4}x(1+x)$$

$$y_2 = -C_1 + C_2 e^{2x} - \frac{1}{4}(1 + x - x^2)$$

von MAPLE mittels des Kommandos

dsolve({ **diff**(y1(x), x) = y1(x) + y2(x), **diff**(y2(x), x) = y1(x) + y2(x) + x }, { y1(x), y2(x) });

erhalten, während MATHEMATICA mittels

DSolve[{ y1'[x] == y1[x] + y2[x], y2'[x] == y1[x] + y2[x] + x }, { y1[x], y2[x] }, x]

versagt.

f) Für die lineare Differentialgleichung

$$y'' + xy' - 2y = 0$$

mit den Anfangsbedingungen

$$y(0) = 1, \qquad y'(0) = 0$$

wird die Lösung

$$y(x) = 1 + x^2$$

von MAPLE mittels des Kommandos

dsolve({ **diff**(y(x), x$2) + x***diff**(y(x), x) − 2*y(x) = 0, D(y)(0) = 0, y(0) = 1 }, y(x));

und von MATHEMATICA mittels

DSolve[{ y''[x] + x*y'[x] – 2*y[x] == 0, y'[0] == 0, y[0] == 1 }, y[x], x]

geliefert, während DERIVE mittels

dsolve2_IV(x, –2, 0, x, 0, 1, 0)

versagt.

Verwendet man statt der Anfangsbedingungen für die gleiche Differentialgleichung die Randbedingungen

y(0)=1,   y(1)=2,

so liefert nur noch MATHEMATICA mittels

DSolve[{ y''[x] + x*y'[x] – 2*y[x] == 0, y[0] == 1, y[1] == 2 }, y[x], x]

das Ergebnis, während MAPLE mittels

dsolve({ **diff**(y(x), x$2) + x***diff**(y(x), x) – 2*y(x) = 0, y(0) = 1, y(1) = 2 }, y(x));

versagt.

g) Für die einfache lineare Differentialgleichung

$$(1 + x^2)y'' + xy' = x,$$

die man durch die Transformation y' = p auf eine mittels Trennung der Veränderlichen lösbare Differentialgleichung erster Ordnung zurückführt, wird die allgemeine Lösung

$$y(x) = x + C_1 \, \text{ar sinh} \, x + C_2$$

von keinem Programm erhalten.

h) Für die lineare Differentialgleichung

$$y'' + y = 0$$

mit der allgemeinen Lösung

$$y(x) = C_1 \cos x + C_2 \sin x$$

erhält man für die Randbedingungen

h1) $y(0) = y(\pi) = 0$

 die Lösungsschar

$$y(x) = C \sin x \quad (C\text{—beliebige Konstante}),$$

h2) $y(0) = 1, y(\frac{\pi}{2}) = 2$

die eindeutige Lösung

$$y(x) = \cos x + 2\sin x,$$

h3) $y(0) = 0, y(\pi) = 1$

keine Lösung.

Diese Resultate werden von MAPLE und MATHEMATICA erhalten.

Zusammenfassend läßt sich feststellen, daß ein Kommando „*dsolve*" („*d*" steht für Differentialgleichung und „*solve*" für lösen) bei DERIVE, MAPLE und MATHEMATICA zur exakten (symbolischen) Lösung von Differentialgleichungen existiert. Aber nur MAPLE und MATHEMATICA zeigen bei der Lösung einfacher linearer Gleichungen gute bis zufriedenstellende Eigenschaften, wobei MATHEMATICA das Ergebnis öfters in einer unüblichen komplexen Schreibweise liefert. Mit beiden Programmen können neben der Bestimmung der allgemeinen Lösung auch Anfangs- und Randwertaufgaben gelöst werden (siehe Beispiel 4.36). DERIVE fällt bei der Lösung von Differentialgleichungen etwas ab, wie aus den obigen Beispielen ersichtlich ist.

5   Weiterführende Anwendungen

Während im Kapitel 4 grundlegende mathematische Probleme gelöst wurden, werden in diesem Kapitel einige Spezialgebiete betrachtet, die für praktische Anwendungen große Bedeutung besitzen. Mit einem größeren Teil der in Kapitel 4 besprochenen Aufgaben kommt man schon im Gymnasium in Berührung und im Grundkurs Mathematik für Natur- und Technikwissenschaften gehören alle zum Standard an Universitäten und Fachhochschulen. Die in diesem Kapitel diskutierten Probleme werden dagegen meistens in Spezialvorlesungen behandelt und lassen sich zur Lösung vielfältiger Probleme in Naturwissenschaften, Technik und Wirtschaft heranziehen.

Falls im folgenden zur Lösung einer betrachteten Aufgabe in einem Computeralgebra-Programm kein Kommando existiert, so wird hierauf nicht gesondert hingewiesen. Es werden nur diejenigen Programme zitiert, bei denen die Lösung mittels eines Standardkommandos (aus dem Kern) oder eines Kommandos aus bereits existierenden (und dem Autor bekannten) Zusatzpaketen (Packages) möglich ist. Beim Fehlen eines Kommandos kann man natürlich immer ein eigenes Programm schreiben (siehe Kapitel 6).

5.1   Vektoranalysis

Die Vektoranalysis betrachtet Vektoren im Raum R^3 als Funktionen von Variablen mit den Mitteln der Differential- und Integralrechnung. Bei diesen Untersuchungen spielen *Skalar-* und *Vektorfelder* eine große Rolle.

Bei einem Skalarfeld wird jedem Punkt P des Raumes eine skalare Größe (Zahlenwert) u und bei einem Vektorfeld ein Vektor **v** zugeordnet. Damit lassen sich mathematisch in einem kartesischen Koordinatensystem (x,y,z) *Skalarfelder* durch eine Funktion

$$u = u(x, y, z) = u(\mathbf{r})$$

und *Vektorfelder* durch eine Vektorfunktion

$$\mathbf{v} = \mathbf{v}(x, y, z) = \mathbf{v}(\mathbf{r}) = v_1(x,y,z)\,\mathbf{i} + v_2(x,y,z)\,\mathbf{j} + v_3(x,y,z)\,\mathbf{k}$$

beschreiben, wobei

$$\mathbf{r} = x\,\mathbf{i} + y\,\mathbf{j} + z\,\mathbf{k}$$

den *Ortsvektor* (*Radiusvektor*) und

$$\mathbf{i},\ \mathbf{j},\ \mathbf{k}$$

die *Basisvektoren* des rechtwinkligen kartesischen Koordinatensystems bezeichnen.

Mittels des *Gradientenvektors*

grad

wird jedem Skalarfeld $u(\mathbf{r})$ ein Vektorfeld (auch als *Gradientenfeld* bezeichnet)

$$\mathbf{grad}\ u(\mathbf{r}) = (u_x(\mathbf{r}), u_y(\mathbf{r}), u_z(\mathbf{r})) = u_x(\mathbf{r})\,\mathbf{i} + u_y(\mathbf{r})\,\mathbf{j} + u_z(\mathbf{r})\,\mathbf{k}$$

zugeordnet, falls die Funktion u partielle Ableitungen

$$u_x = \frac{\partial u}{\partial x}\ , \quad u_y = \frac{\partial u}{\partial y}\ , \quad u_z = \frac{\partial u}{\partial z}$$

besitzt.

Eine wichtige Rolle spielen bei praktischen Anwendungen die *Potentialfelder* $\mathbf{v}(\mathbf{r})$. Dies sind Felder, die sich als Gradientenfeld eines Skalarfeldes (ihres *Potentials*) $u(\mathbf{r})$ darstellen lassen, d.h.

$$\mathbf{v}(\mathbf{r}) = \mathbf{grad}\ u(\mathbf{r}).$$

Nachprüfen läßt sich dies unter Verwendung der *Rotation*

$$\mathbf{rot\,v}(\mathbf{r}) = \begin{vmatrix} \mathbf{i} & \mathbf{j} & \mathbf{k} \\[4pt] \dfrac{\partial}{\partial x} & \dfrac{\partial}{\partial y} & \dfrac{\partial}{\partial z} \\[6pt] v_1 & v_2 & v_3 \end{vmatrix}.$$

mittels der Bedingung

$$\mathbf{rot\ v}(\mathbf{r}) = 0,$$

die unter gewissen Voraussetzungen notwendig und hinreichend für die Existenz eines Potentials ist. Eine weitere wichtige Größe zur Charakterisierung von Vektorfeldern ist die *Divergenz*

$$\text{div}\ \mathbf{v}(\mathbf{r}) = \frac{\partial v_1}{\partial x} + \frac{\partial v_2}{\partial y} + \frac{\partial v_3}{\partial z}.$$

Für die *Berechnung* der drei wichtigen Größen *Gradient*, *Rotation* und *Divergenz* der Vektoranalysis stellen die Computeralgebra-Programme die folgenden *Kommandos* zur Verfügung:

DERIVE: Die Kommandofolgen

Author: grad(u(**r**) **)** $\Rightarrow$ **Simplify**

berechnen den *Gradienten* der Funktion u(**r**),

Author: curl(v(**r**) **)** $\Rightarrow$ **Simplify**

berechnen die *Rotation* des Vektorfeldes **v**(**r**),

Author: div(v(**r**) **)** $\Rightarrow$ **Simplify**

berechnen die *Divergenz* des Vektorfeldes **v**(**r**),

wobei im Argument der Kommandos „*curl*" und „*div*" das Vektorfeld **v**(**r**) als Liste

$$\left[v_1(\mathbf{r}), v_2(\mathbf{r}), v_3(\mathbf{r}) \right]$$

einzugeben ist.

MAPLE: Nach dem Laden des Zusatzpaketes „Lineare Algebra" mittels

with(linalg);

stehen die Kommandos

grad(u(**r**), **r** **);**

zur Berechnung des *Gradienten* der Funktion u(**r**),

curl(v(**r**), **r** **);**

zur Berechnung der *Rotation* des Vektorfeldes **v**(**r**) und

diverge(v(**r**), **r** **);**

zur Berechnung der *Divergenz* des Vektorfeldes **v**(**r**) zur Verfügung, wobei im Argument der beiden Kommandos „*curl*" und „*diverge*" das Vektorfeld **v**(**r**) als Liste

$$\left[v_1(\mathbf{r}), v_2(\mathbf{r}), v_3(\mathbf{r}) \right]$$

und bei allen Kommandos der Ortsvektor **r** als Liste

[x, y, z]

einzugeben sind.

MATHEMATICA: Nach dem Laden des Paketes „Vektoranalysis" mittels

Needs["Calculus`VectorAnalysis`"]

stehen die Kommandos

Grad[u(**r**) **]**

zur Berechnung des *Gradienten* der Funktion u(**r**),

Curl[v(**r**) **]**

zur Berechnung der *Rotation* des Vektorfeldes **v**(**r**) und

Div[v(**r**) **]**

zur Berechnung der *Divergenz* des Vektorfeldes $\mathbf{v(r)}$ zur Verfügung, wobei im Argument der letzten beiden Kommandos das Vektorfeld $\mathbf{v(r)}$ als Liste

$$\left\{ v_1(\mathbf{r}), v_2(\mathbf{r}), v_3(\mathbf{r}) \right\}$$

einzugeben ist.

Falls für ein *Vektorfeld* $\mathbf{v(r)}$ ein *Potential* u vorliegt, d.h.

rot $\mathbf{v(r)}$=0,

so gestaltet sich seine Berechnung über die Integration der Beziehungen

$$\frac{\partial u}{\partial x} = v_1(\mathbf{r})$$

$$\frac{\partial u}{\partial y} = v_2(\mathbf{r})$$

$$\frac{\partial u}{\partial z} = v_3(\mathbf{r})$$

i.a. schwierig. Die Computeralgebra-Programme können hier nur helfen, wenn diese Integrationen im Rahmen der im Abschnitt 4.11 gegebenen Hinweise durchführbar sind. Sie stellen zur Bestimmung des Potentials die folgenden Kommandos zur Verfügung:

DERIVE: Anwendung der Kommandofolge
Author: potential[$v_1(\mathbf{r}), v_2(\mathbf{r}), v_3(\mathbf{r})$] $\Rightarrow$ **Simplify**

MAPLE: Nach dem Laden des Zusatzpaketes „Lineare Algebra" mittels
with(linalg);
steht die Kommandofolge

potential([$v_1(\mathbf{r}), v_2(\mathbf{r}), v_3(\mathbf{r})$], [x, y, z], u);
u ;
u := **unapply**(", x, y, z);

zur Verfügung, wobei u die Funktion bezeichnet, der das berechnete Potential mittels des Kommandos *„unapply"* zugeordnet wird. Anschließend kann mit der berechneten Potentialfunktion u(x,y,z) weitergearbeitet werden.

Zur *Veranschaulichung* ebener und räumlicher *Vektorfelder* (unter Verwendung von Feldlinien) besitzen MAPLE und MATHEMATICA die folgenden *Kommandos:*

MAPLE: Nach dem Laden des Pakets „plots" mittels
with(plots);

stehen u.a. die Kommandos

fieldplot([$v_1(\mathbf{r}), v_2(\mathbf{r})$], x = a..b, y = c..d);

zur Zeichnung zweidimensionaler Felder im Rechteck

$a \leq x \leq b, \quad c \leq y \leq d$

und

fieldplot3d([$v_1(\mathbf{r}), v_2(\mathbf{r}), v_3(\mathbf{r})$], x = a..b, y = c..d, z = e..f);

zur Zeichnung dreidimensionaler Felder im Quader

$a \leq x \leq b, \quad c \leq y \leq d, e \leq z \leq f.$

zur Verfügung. Bei beiden Kommandos sind noch Optionen zulässig (siehe Handbuch). So können z.B. mit der Option

„arrows = SLIM"

die gezeichneten Vektoren mit Spitzen versehen werden.

MATHEMATICA: Anwendung der Kommandos

PlotVectorField[{ $v_1(\mathbf{r}), v_2(\mathbf{r})$ }, { x, a, b }, { y, c, d }]

aus dem Paket „Graphics`PlotField`" zur Zeichnung zweidimensionaler Felder im Rechteck

$a \leq x \leq b, \quad c \leq y \leq d$

und

PlotVectorField3D[{$v_1(\mathbf{r}), v_2(\mathbf{r}), v_3(\mathbf{r})$}, {x,a,b}, {y,c,d}, {z,e,f}]

aus dem Paket „Graphics`PlotField3D`" zur Zeichnung dreidimensionaler Felder im Quader

$a \leq x \leq b, \quad c \leq y \leq d, e \leq z \leq f.$

Dabei sind im Argument noch Optionen zulässig, wobei z.B. die Option

„VectorHeads→ True"

bewirkt, daß die gezeichneten Vektoren mit Spitzen versehen werden.

MATHEMATICA bietet zusätzlich die Möglichkeit, alle Berechnungen außer in *Kartesischen Koordinaten* auch noch in anderen Koordinaten (z.B. in *Zylinder-* oder *Kugelkoordinaten*) durchzuführen. Dies stellt einen wesentlichen Vorteil gegenüber DERIVE, MAPLE und MATHCAD dar, die diese Eigenschaft nicht besitzen.

Beispiel 5.1:

Man berechne für das Vektorfeld

$\mathbf{v(r)} = x\,\mathbf{i} + y\,\mathbf{j} + z\,\mathbf{k}$

die Rotation

rot $\mathbf{v}(\mathbf{r}) = 0$

und die Divergenz

div $\mathbf{v}(\mathbf{r}) = 3$

und bestimme das Potential

$$u(\mathbf{r}) = \frac{1}{2}(x^2 + y^2 + z^2)$$

mittels der oben gegebenen Kommandos. MAPLE und MATHEMA-
TICA besitzen Kommandos zur grafischen Darstellung von Vektorfeldern. Für das gegebene Feld liefern MATHEMATICA mittels

PlotVectorField3D[{ x, y, z }, { x, −1, 1 }, { y, −1, 1 }, { z, −1, 1 },
VectorHeads→True]

die im Bild 5.1 und MAPLE mittels

fieldplot3d([x, y, z], x = −1..1, y = −1..1, z = −1..1, arrows = SLIM);

die im Bild 5.2 dargestellte Grafik.

Bild 5.1:
Vektorfeld aus
Beispiel 5.1
mittels
MATHEMA-
TICA

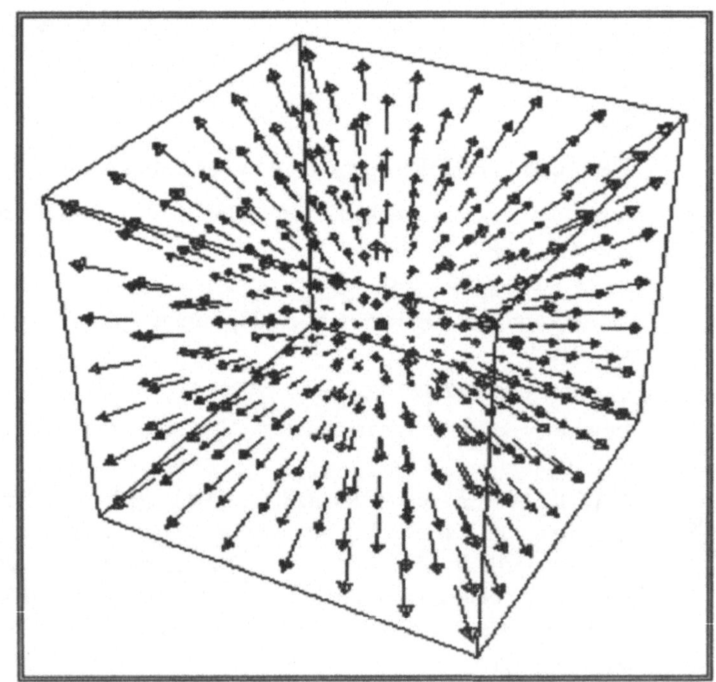

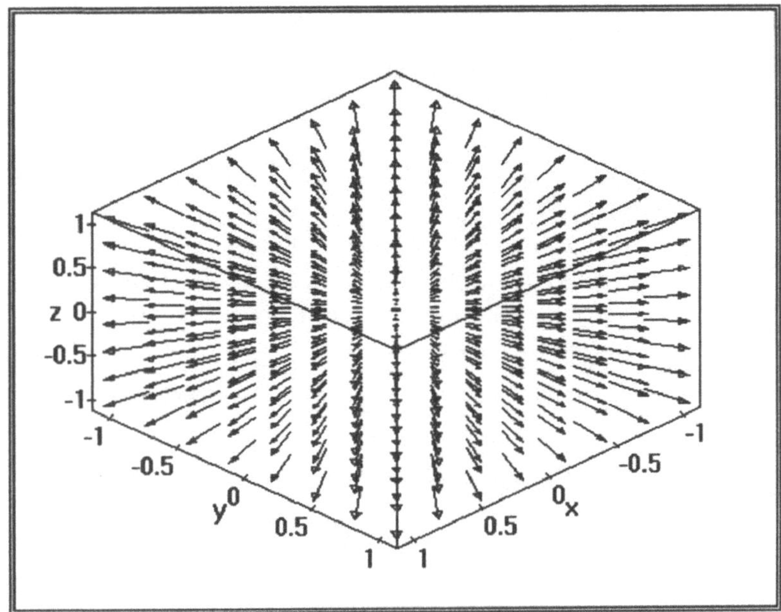

Bild 5.2:
Vektorfeld aus
Beispiel 5.1
mittels MAPLE

Ein weiterer wichtiger Gegenstand der Vektoranalysis ist die *Berechnung* von *Kurven-* und *Oberflächenintegralen*. Hierfür konnten Kommandos nur für Spezialfälle (z.B. Berechnung der Bogenlänge) in den einzelnen Programmen gefunden werden. Man kann derartige Integrale aber trotzdem berechnen, indem man sie vorher in üblicher Weise auf einfache bzw. zweifache Integrale per Hand zurückführt und diese anschließend mittels der Kommandos aus Abschnitt 4.11 löst.

5.2   Fourierreihen, Laplace- und Fouriertransformation

Bei der Entwicklung einer (*periodischen*) *Funktion* f (mit der *Periode* 2π) in eine *Fourierreihe*, d.h.

$$f(x) = \frac{a_o}{2} + \sum_{k=1}^{\infty} (a_k \cos kx + b_k \sin kx),$$

besteht das Problem in der Berechnung der *Fourierkoeffizienten* a_k und b_k.

Der Nachweis für die (punktweise) Konvergenz dieser so gebildeten Reihe gestaltet sich nicht schwierig (Kriterium von Dirichlet).

Da diese Reihenentwicklung bei vielen praktischen Problemen (vor allem in Elektrotechnik, Akustik und Optik) eine große Rolle spielt, wurden in die Computeralgebra-Programme Kommandos zur Berechnung der Fourierkoeffizienten

$$a_k = \frac{1}{\pi} \int_{-\pi}^{\pi} f(x)\cos kx\,dx \quad \text{und} \quad b_k = \frac{1}{\pi} \int_{-\pi}^{\pi} f(x)\sin kx\,dx$$

aufgenommen.

Für die Entwicklung einer *periodischen Funktion* mit der *Periode* 2p oder für eine nur auf dem Intervall [–p, p] gegebene Funktion f(x) lautet die *Fourierreihe*:

$$f(x) = \frac{a_o}{2} + \sum_{k=1}^{\infty} \left(a_k \cos\frac{k\pi x}{p} + b_k \sin\frac{k\pi x}{p}\right)$$

mit den *Fourierkoeffizienten*

$$a_k = \frac{1}{p} \int_{-p}^{p} f(x)\cos\frac{k\pi x}{p}\,dx \quad \text{und} \quad b_k = \frac{1}{p} \int_{-p}^{p} f(x)\sin\frac{k\pi x}{p}\,dx.$$

Man kann die Fourierreihe für eine gegebene Funktion f(x) auch mittels Computeralgebra erhalten, indem man mit den Integrationskommandos aus Abschnitt 4.11 die einzelnen Koeffizienten a_k und b_k berechnet. Dies gestaltet sich aufwendig. Deshalb wurden in die Computeralgebra-Programme *Kommandos* aufgenommen, die die *Fourierreihe* automatisch berechnen, wenn man nur die Funktion f(x) und die Anzahl der gewünschten Glieder eingibt.

DERIVE:　Zuerst muß die Zusatzdatei „INT_APPS.MTH" über die Kommandofolge

Transfer $\Rightarrow$ **Load** $\Rightarrow$ **Utility** ($\Rightarrow$ **file:** int_apps)

geladen werden.

Anschließend kann mittels der Kommandofolge

Author: fourier(f(x), x, –p, p, n) $\Rightarrow$ **Simplify**

die Fourierreihe der Funktion f(x), definiert auf dem Intervall [–p, p], bis zu den Gliedern a_n und b_n berechnet werden.

MATHEMATICA:　Zuerst muß das Zusatzpaket „Fouriertransformation" mittels des Kommandos

Needs["Calculus`FourierTransform`"]

geladen werden. Danach kann man mittels des Kommandos

FourierTrigSeries[f(x), { x, –p, p }, n]

die Fourierreihe der Funktion f(x), definiert auf dem Intervall [−p, p], bis zu den Gliedern a_n und b_n berechnen.

Mittels des Kommandos

Plot[{ %, f(x) }, { x, −p, p }]

kann man sich die eben erhaltene Reihe zusammen mit der Funktion f(x) im Intervall −p ≤ x ≤ p grafisch anzeigen lassen.

Beispiel 5.2:

Man berechne für die Funktion

y = f(x) = x, definiert auf −π ≤ x ≤ π,

die Fourierreihen mit verschiedener Anzahl von Gliedern und stelle diese und die Funktion f(x) im Intervall [−π, π] grafisch dar.

Für n=5 ergibt sich mittels der Kommandofolge

Author: fourier(f(x), x, −pi, pi, 5) ⇒ **Simplify**

bei der Anwendung von DERIVE und mittels des Kommandos

FourierTrigSeries[f(x), { x, −Pi, Pi }, 5]

bei der Anwendung von MATHEMATICA der Ausdruck

$$f(x) \approx 2(\sin x - \frac{1}{2}\sin 2x + \frac{1}{3}\sin 3x - \frac{1}{4}\sin 4x + \frac{1}{5}\sin 5x).$$

Die grafische Darstellung der Funktion und der Fourierreihe (für n=5) mittels MATHEMATICA findet man im Bild 5.3.

Bild 5.3:
Fourierreihe aus Beispiel 5.2 mittels MATHEMATICA

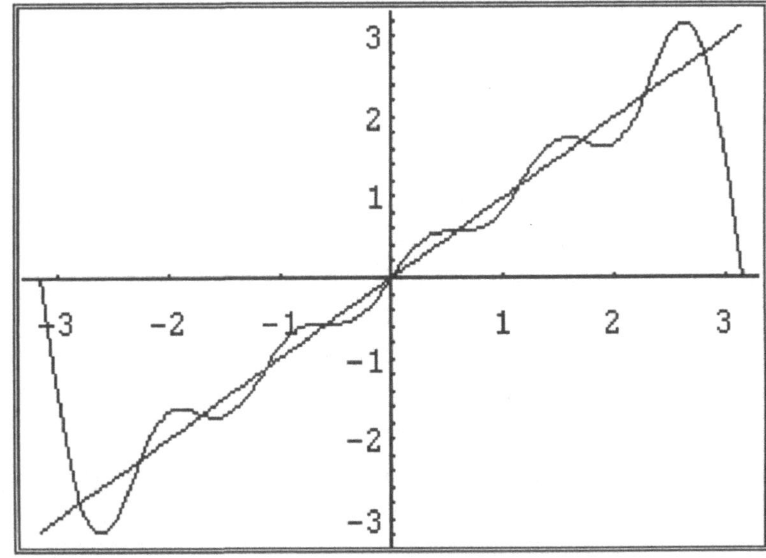

Bei der *Laplace-* und *Fouriertransformation*, die man häufig zur Lösung von Differentialgleichungen heranzieht, sind ebenfalls Integrale zu berechnen, und zwar uneigentliche.

So bestimmen sich die *Laplacetransformierte*

$L[\,f\,] = F(s)$

einer Funktion f(x) unter gewissen Voraussetzungen aus

$$L[\,f\,] = F(s) = \int\limits_{0}^{\infty} f(x)e^{-sx}dx$$

und die *Fouriertransformierte*

$F[\,f\,] = F(t)$

einer Funktion f(x) aus

$$F[\,f\,] = F(t) = \int\limits_{-\infty}^{\infty} f(x)e^{itx}dx.$$

Eine bei diesen Transformationen häufig vorkommende Aufgabe besteht darin, aus der Transponierten F wieder f zu berechnen (inverse Transformation).

Die einzelnen Programme stellen die folgenden *Kommandos* zur Verfügung:

DERIVE: Nach dem Laden der Zusatzdatei „INT_APPS.MTH" mittels

Transfer ⇒ **Load** ⇒ **Utility** (⇒ **file:** int_apps)

berechnet die Kommandofolge

Author: laplace(f(x), x, s) ⇒ **Simplify**

die Laplacetransformierte F(s) von f(x).

MAPLE: Für die Laplacetransformation berechnen

laplace(f(x), x, s);

die Transformierte F(s) und

invlaplace(F(s), s, x);

die Inverse und für die Fouriertransformation

fourier(f(x), x, t);

die Transformierte F(t) und

invfourier(F(t), t, x);

die Inverse.

MATHCAD: Es werden nur Kommandos für die diskrete Fouriertransformation zur Verfügung gestellt (siehe Handbuch).

MATHEMATICA: Nach dem Laden des Zusatzpakets „Laplacetransformation" mittels

Needs["Calculus`LaplaceTransform`"]

berechnet das Kommando

LaplaceTransform[f(x), x, s]

die Laplacetransformierte F(s) und

InverseLaplaceTransform[F(s), s, x]

die Inverse.

Nach dem Laden des Zusatzpakets „Fouriertransformation" mittels

Needs["Calculus`FourierTransform`"]

berechnet das Kommando

FourierTransform[f(x), x, t]

die Fouriertransformierte F(t) und

InverseFourierTransform[F(t), t, x]

die Inverse.

Betrachten wir ein ausführliches Beispiel für die *Anwendung der Laplacetransformation* zur Lösung von Differentialgleichungen mittels MATHEMATICA.

Beispiel 5.3:

a) Man berechne die Laplacetransformierten für die Funktionen

$$1\ ,\ e^{-\alpha x}\ ,\ x\ ,\ x e^{-\alpha x}\ ,\ \sin x\ ,$$

die die folgende Form haben

$$\frac{1}{s}\ ,\ \frac{1}{s+\alpha}\ ,\ \frac{1}{s^2}\ ,\ \frac{1}{(s+\alpha)^2}\ ,\ \frac{1}{s^2+1}$$

und hieraus mittels der Kommandos für die Inversen wieder die Originalfunktionen.

b) Man bestimme die Laplacetransformierten für die Ableitungen

$$y''(x)\quad \text{und}\quad y'(x)$$

der Funktion

$$y(x),$$

die sich zu

$$s^2 Y(s) - s y(0) - y'(0)\qquad \text{bzw.}\qquad s Y(s) - y(0)$$

ergeben. Diese Transformierten wurden mit den Kommandos

LaplaceTransform[y''[x], x, s]

bzw.

LaplaceTransform[y'[x], x, s]

erhalten. Dabei bezeichnet

Y(s)

die Laplacetransformierte der Funktion

y(x).

Bei MATHEMATICA wird diese Transformierte allerdings durch die unhandliche Bezeichnung

LaplaceTransform[y[x], x, s]

dargestellt, der man aber mit einem zusätzlichen Kommando die Bezeichnung Y(s) zuweisen kann, wie in Aufgabe c) gezeigt wird.

c) Wir wollen mittels der Laplacetransformation eine einfache lineare Differentialgleichung zweiter Ordnung lösen. Aus der Aufgabe b) ist bereits ersichtlich, daß man nur Anfangswertaufgaben erfolgreich behandeln kann, da man die Funktionswerte y(0) und y'(0) benötigt. Wir betrachten das aus der Physik bekannte Problem des *harmonischen Oszillators*, der durch die Differentialgleichung

y''(x) + ay'(x) +by(x) = 0 (a,b > 0 - Konstanten)

beschrieben wird, wobei

für a = b   der aperiodische Grenzfall,

für a < b   der Schwingfall und

für a > b   der Kriechfall

vorliegen. Für die weitere Rechnung verwenden wir die Anfangsbedingungen

y(0) = 0   und   y'(0) = 1.

Die Laplacetransformation der gesamten Differentialgleichung, d.h.

L[y''(x) + ay'(x) + by(x)] = 0

läßt sich durch das Kommando

LaplaceTransform[y''[x] + a*y'[x] + b*y[x] == 0, x, s]

erreichen. Da MATHEMATICA für die Laplacetransformierte Y(s) von y(x) die unhandliche Bezeichnung

LaplaceTransform[y[x], x, s]

verwendet, werden mittels des Kommandos

% /. { LaplaceTransform[y[x], x, s] –> Y[s], y[0] –> 0, y'[0] –> 1 }

hierfür die Bezeichnung

Y[s]

und gleichzeitig die Anfangswerte

$$y(0) = 0 \quad \text{und} \quad y'(0) = 1$$

zugewiesen (dabei ist der Pfeil -> mittels - und > zu bilden).
Das Ergebnis besitzt die Form:

-1 + b Y[s] + a s Y[s] + s^{2}Y[s] == 0 .

Die Auflösung dieser (algebraischen) Gleichung nach Y[s] mittels
des Kommandos

Solve[%, Y[s]]

liefert als Ergebnis

$$Y[s] \rightarrow \frac{1}{b + as + s^2} .$$

Diese symbolische Zuordnung der Lösung muß anschließend
noch durch

Y[s_] = Y[s] /.%

aktiviert werden.

Die Lösung y(x) der ursprünglichen Differentialgleichung ergibt
sich durch die Rücktransformation von Y(s) (inverse Transformation), die bei MATHEMATICA durch das Kommando

InverseLaplaceTransform[Y[s], s, x]

realisiert wird und das folgende Ergebnis anzeigt:

$$\frac{- E^{-(a\,x)/2-(Sqrt[a^2-\,4\,b]\,x)/2}}{Sqrt[a^2 - 4\,b]} + \frac{E^{-(a\,x)/2+(Sqrt[a^2-\,4\,b]\,x)/2}}{Sqrt[a^2 - 4\,b]} .$$

Im Bild 5.4 sind die hiermit erhaltenen Lösungen y(x) für die drei
Wertepaare (1, 1), (3, 1), (1, 2) für die Konstanten (a, b) dargestellt.

Die Zuordnung der Zahlenwerte für die Konstanten a und b geschieht mittels der folgenden Befehlsfolge

% n /. { a --> 1, b --> 1 } [Einfg]

% n /. { a --> 3, b --> 1 } [Einfg]

% n /. { a --> 1, b --> 2 } [Einfg]   ,

wobei n für die Nummer steht, unter der man die Lösung der Differentialgleichung im Arbeitsfenster findet.

Das Kommando

Plot[{ %u, %v, %w }, { x, 0, 5 }]

zeichnet die Kurven von Bild 5.4, wobei u, v und w die Nummern
der Lösung für die entsprechenden Werte von a und b im Arbeitsfenster bezeichnen.

Bild 5.4:
Lösungskurven
für Aufgabe c)
aus Beispiel 5.3

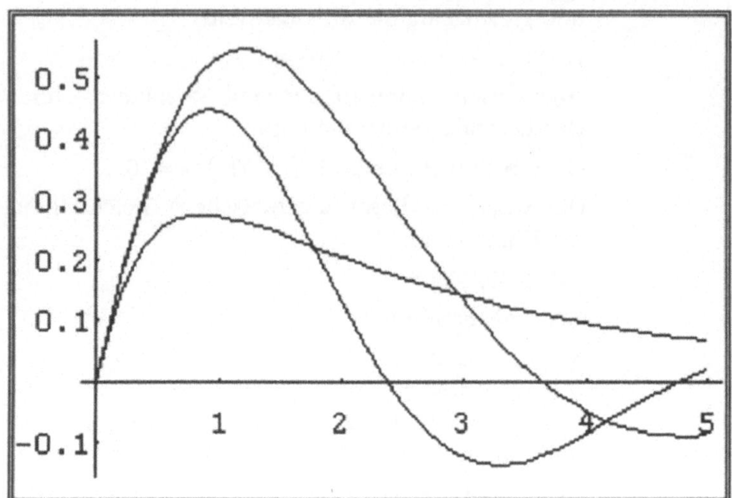

5.3   Optimierungsaufgaben

Optimierungsaufgaben sind sehr weitgefächert und gewinnen für praktische Problemstellungen immer mehr an Bedeutung. Dies liegt darin begründet, daß man überall optimal arbeiten möchte (d.h. nach einer *optimalen Strategie*). Dabei versteht man unter *optimal*, daß ein *Gütekriterium* (Zielfunktion, Kostenfunktion,...) *minimal* oder *maximal* wird, wobei natürlich gewisse Beschränkungen zu beachten sind. Das theoretische Hilfsmittel zum Auffinden der gewünschten optimalen Strategie liefert die mathematische Theorie der Optimierung. Das mathematische Modell einer *Optimierungsaufgabe* hat die *Struktur:*

Maximiere oder minimiere ein gegebenes Kriterium unter Berücksichtigung gewisser Nebenbedingungen (Beschränkungen).

Die einzelnen Gebiete der *mathematischen Optimierung* (auch als mathematische Programmierung bezeichnet) unterscheiden sich durch die Gestalt der Zielfunktion und der gegebenen Nebenbedingungen. Unter den vielen Optimierungsgebieten zählen die *„lineare Optimierung“*, *„nichtlineare Optimierung“*, *„stochastische Optimierung“*, *„ganzzahlige Optimierung“*, *„Vektoroptimierung“*, *„optimale Steuerung“* zu den bekanntesten.

Im folgenden beschränken wir uns auf die Art von Optimierungsaufgaben, deren Zielfunktion durch eine Funktion von n Veränderlichen und deren Nebenbedingungen durch Gleichungen oder Ungleichungen gegeben sind. Für diese Art von Aufgaben existieren zur Zeit auch nur Kommandos bzw. Zusatzpakete in den Computeralgebra-Programmen.

Das einfachste Optimierungsproblem besteht darin, bei einer Funktion einer bzw. mehrerer Veränderlicher ein lokales Minimum oder Maximum zu bestimmen, d.h.

$y = f(x) \rightarrow$ Minimum/Maximum

bzw.

$z = f(x_1, x_2, \ldots, x_n) \rightarrow$ Minimum/Maximum.

Wenn man nicht explizit zwischen Minimum oder Maximum unterscheiden will, spricht man von einem *Extremum* oder *Optimum*.

Aufgaben dieser Art sind unter der Bezeichnung „*Extremwertaufgaben*" bekannt. Man läßt für diese Aufgaben auch noch Nebenbedingungen in Form von Gleichungen zu.

Betrachten wir die Problematik der Extremwertaufgaben an zwei einfachen praktischen Beispielen.

Beispiel 5.4:

a) Aus einem rechteckigen Stück Pappe von 40cm Länge und 20cm Breite soll ein oben offener Karton mit möglichst großem Volumen angefertigt werden, indem an jeder Ecke ein Quadrat herausgeschnitten und der Rest zu dem Karton gefaltet wird.

   Dieses Problem führt auf die mathematische *Extremwertaufgabe*, die Veränderliche x (Seitenlänge des herausgeschnittenen Quadrats) so zu bestimmen, daß die Funktion f(x) (Volumen des Kartons) maximal wird, d.h.

   $f(x) = x \, (20 - 2x) \, (40 - 2x) \rightarrow$ Maximum.

   Die erste Ableitung der Funktion f(x) läßt sich mittels eines Differentiationskommandos aus Abschnitt 4.9 berechnen und lautet

   $f'(x) = 4 \, (200 - 60x + 3 \, x^2)$

   Damit liefert hier die *notwendige Optimalitätsbedingung*

   $f'(x) = 0$

   die Gleichung

   $200 - 60x + 3 \, x^2 = 0,$

   für die man mittels eines Kommandos „*solve*" (siehe Abschnitt 4.5) die beiden Lösungen

$$x_1 = 10 - \frac{10}{3}\sqrt{3} \qquad \text{und} \qquad x_2 = 10 + \frac{10}{3}\sqrt{3}$$

erhält, aus denen man unter Verwendung der *hinreichenden Optimalitätsbedingung*

$$f''(x_i) < 0$$

wegen

$$f''(x) = 4(-60 + 6x)$$

x_1 als Lösung bestimmt.

b) Eine oben offene rechteckige Kiste (Länge x, Breite y, Höhe z) mit einem Volumen V von $32m^3$ soll so hergestellt werden, daß ihre Oberfläche O minimal wird, d.h., man fordert minimalen Materialverbrauch. Dies führt zu der mathematischen *Extremwertaufgabe*, die Oberfläche O zu minimieren, d.h.

$$O(x, y, z) = xy + 2yz + 2xz \rightarrow \text{Minimum,}$$

wobei noch die *Nebenbedingung*

$$V(x, y, z) = x\,y\,z = 32$$

zu berücksichtigen ist, da das Volumen feststeht.

Für diese Aufgabe bestehen *zwei Lösungsmöglichkeiten.*

– Man kann die Nebenbedingung nach einer Veränderlichen auflösen, z.B.

$$x = \frac{32}{yz}$$

und dies in die Zielfunktion einsetzen. Dies liefert jetzt eine Extremwertaufgabe für eine Funktion F, die nur noch von den zwei Veränderlichen y und z abhängt:

$$F(y, z) = \frac{32}{z} + 2yz + \frac{64}{y} \rightarrow \text{Minimum} \; .$$

Die Anwendung der *notwendigen Optimalitätsbedingungen*

$$\frac{\partial F}{\partial y} = F_y = 0 \qquad \text{und} \qquad \frac{\partial F}{\partial z} = F_z = 0,$$

wobei man die partiellen Ableitungen mit den Differentiationskommandos aus Abschnitt 4.9 berechnen kann, liefert die folgenden beiden Gleichungen zur Bestimmung der Unbekannten y und z:

$$2z - \frac{64}{y^2} = 0 \qquad \text{und} \qquad 2y - \frac{32}{z^2} = 0,$$

für die man mittels des Kommandos „*solve*" aus Abschnitt 4.5 die einzige reelle Lösung

$$y = 4, \; z = 2$$

erhält. Für x ergibt sich damit

x = 4.

Die *hinreichende Optimalitätsbedingung* für Funktionen von zwei Veränderlichen lautet

$$F_{yy} > 0, \qquad F_{yy}F_{zz} - F_{yz}^2 > 0.$$

Diese ist für die gefundene Lösung erfüllt.

– Die zweite Lösungsmöglichkeit besteht in der Anwendung der *Lagrangeschen Multiplikatorenmethode*:

Es ist die Lagrangefunktion L zu minimieren, d.h.

L(x, y, z, λ) = xy + 2yz + 2xz + λ(xyz – 32) → Minimum.

Damit haben wir eine Extremwertaufgabe ohne Nebenbedingungen erhalten. Die *notwendige Optimalitätsbedingung* für dieses Problem

$$\frac{\partial L}{\partial x} = 0, \quad \frac{\partial L}{\partial y} = 0, \quad \frac{\partial L}{\partial z} = 0, \quad \frac{\partial L}{\partial \lambda} = 0$$

liefert das folgende *Gleichungssystem*

y + 2z + λyz = 0

x + 2z + λxz = 0

2x + 2y + λxy = 0

xyz – 32 = 0,

für die Unbekannten

x,   y,   z

und den *Lagrangeschen Multiplikator*

λ,

dessen Lösung ebenfalls die oben erhaltenen Werte liefert.

Zur Lösung von Extremwertaufgaben gibt es die bereits im Beispiel 5.4 angewandte Möglichkeit, die *notwendige Optimalitätsbedingung*

f'(x) = 0

für Funktionen einer Veränderlichen bzw.

$$f_{x_1}(x_1, x_2, \ldots, x_n) = 0$$

$$\ldots\ldots\ldots\ldots\ldots\ldots\ldots\ldots\ldots \quad ,$$

$$f_{x_n}(x_1, x_2, \ldots, x_n) = 0$$

für Funktionen von n Veränderlichen anzuwenden. Als Lösung dieser Gleichungen findet man die sogenannten *stationären Punkte*. Diese stationären Punkte müssen noch mittels hinreichender Bedingungen (z.B. $f''(x) \neq 0$ für $y=f(x)$) auf Optimalität überprüft werden. Dies ist aber nur für einfache Fälle per Hand möglich. Für $n \geq 3$ (d.h. ab drei Veränderlichen) gestaltet sich diese Überprüfung mittels hinreichender Bedingungen für praktische Probleme häufig undurchführbar, da man die aus den Ableitungen zweiter Ordnung der Zielfunktion gebildete n-reihige Hesse-Matrix auf positive Definitheit untersuchen muß.

Die Computeralgebra-Programme stoßen bei der Lösung von Extremwertaufgaben schnell an Grenzen, da die notwendigen Optimalitätsbedingungen i.a. nichtlineare Gleichungen beinhalten, deren Lösung problematisch ist, d.h., es existiert hierfür kein endlicher Lösungsalgorithmus (siehe Abschnitt 4.5). Deshalb ist man bei den meisten praktischen Extremwertaufgaben auf numerische Methoden angewiesen.

Die folgenden *Kommandos* in den einzelnen Programmen dienen der *Suche* eines *Extremums* (Optimums):

MAPLE: Nach dem Laden des Zusatzpaketes „Student" mittels des Kommandos

with(student);

stehen die Kommandos

maximize(f, V);   und   **minimize**(f, V);

zur Maximierung bzw. Minimierung einer Funktion f zur Verfügung, wobei im Argument für „V" in Mengenschreibweise die Veränderlichen einzugeben sind, bzgl. der das Maximum bzw. Minimum zu berechnen ist.

Der große *Nachteil* dieser beiden Kommandos besteht darin, daß nur globale (absolute) Extremwerte (Optima) über dem gesamten Definitionsgebiet der Funktion f bestimmt werden. Dies ist aber wenig nützlich, da man entweder lokale (relative) Extremwerte oder globale (absolute) in einem beschränkten Bereich sucht.

Wesentlich *bessere Eigenschaften* besitzt das ebenfalls in diesem Zusatzpaket vorhandene Kommando *„extrema"*, das folgendermaßen anzuwenden ist:

extrema(f, G, V, 'ERG');

ERG;

Dabei sind im Argument neben der Funktion f die eventuell vorhandenen Nebenbedingungen in Gleichungsform „G" und die Variablen „V" in Mengenschreibweise einzugeben. Wenn keine Nebenbedingungen vorliegen, muß „G" durch { } ersetzt werden. Das vierte Argument bezeichnet einen Variablennamen (hier wurde „ERG" gewählt). Diese Angabe bewirkt durch den anschließenden Aufruf die Ausgabe der Extremalstellen (stationären Punkte). Fehlt dieses Argument, so werden nur die Werte der Funktion f (Extremwerte) an den Extremalstellen ausgegeben.

Wollen wir diesen etwas komplizierten Sachverhalt an einem Beispiel veranschaulichen.

Beispiel:

So liefern die Kommandos

maximize(x*(20 − 2*x)*(40 − 2*x), x);

die Lösung $+\infty$ für die Aufgabe a) aus Beispiel 5.4 und

minimize(32/z + 2*y*z + 64/y, { y, z });

die Lösung $-\infty$ für die Aufgabe b), d.h. die absoluten Extremwerte, die hier keine praktische Bedeutung besitzen, da man nur lokale Extremwerte sucht. Deshalb sind diese beiden Kommandos zur Lösung von Extremwertaufgaben häufig nicht geeignet.

Dagegen führt das Kommando *„extrema"* bei beiden Aufgaben aus Beispiel 5.4 zum Erfolg:

extrema(x*(20 − 2*x)*(40 − 2*x), { }, x, 'var');

var;

liefert die stationären Punkte

$$x_1 = 10 - \frac{10}{3}\sqrt{3} \qquad \text{und} \qquad x_2 = 10 + \frac{10}{3}\sqrt{3}$$

und die dazugehörigen Werte der Funktion f(x) für die Aufgabe a).

extrema(32/z + 2*y*z + 64/y, { }, { y, z }, 'erg'); erg;

liefert das Ergebnis

y = 4   und   z = 2

und den dazugehörigen Funktionswert für die Aufgabe b).

extrema(x*y + 2*(x*z + y*z), { x*y*z = 32 }, { x, y, z }, 'eg'); eg;

liefert ebenfalls das Ergebnis für die Aufgabe b), wobei der Vorteil darin besteht, daß man bei dieser Anwendung die Gleichungsnebenbedingung direkt eingibt und nicht nach einer Veränderlichen auflösen muß.

MATHEMATICA: Man findet nur das Kommando

FindMinimum[...]

zur *numerischen Suche* eines *lokalen* (relativen) *Minimums*. Im Argument dieses Kommandos stehen neben der zu minimierenden

Funktion f noch die Listen mit den unabhängigen Veränderlichen und ihren Startwerten für die Minimumsuche. So suchen z.B.

FindMinimum[f(x), { x, a }]

ein lokales Minimum der Funktion f(x) für den Startwert x = a,

FindMinimum[f(x), { x, a, b, c }]

ein lokales Minimum der Funktion f(x) für den Startwert x = a im Intervall [b, c],

FindMinimum[f(x,y), { x, a }, { y, b }]

ein lokales Minimum der Funktion f(x,y) für die Startwerte x = a und y = b.

Sucht man ein *Maximum* für die Funktion f, so ist dies äquivalent zur Minimumsuche von −f, so daß das obige Kommando ebenfalls anwendbar ist.

Startwerte für die Minimumsuche kann man sich z.B. bei Funktionen mit einer oder zwei unabhängigen Veränderlichen durch ihre grafische Darstellung mittels des Kommandos „*plot*" aus Abschnitt 4.7 beschaffen.

Beispiel:

Betrachten wir die Aufgabe a) aus Beispiel 5.4. Zuerst zeichnen wir die zu maximierende Funktion

f(x) = x (20 − 2x) (40 − 2x)

mittels des Grafikbefehls

Plot[x*(20 − 2*x)*(40 − 2*x), { x, 0, 10 }]

und erhalten Bild 5.5, aus dem wir als Startwert für die Maximumsuche x = 4 entnehmen. Das Kommando

FindMinimum[−x*(20 − 2*x)*(40 − 2*x), { x, 4 }]

berechnet damit als Lösung den Wert x = 4.2265.

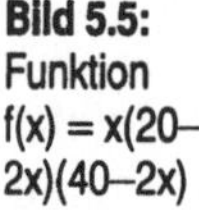

Bild 5.5:
Funktion
f(x) = x(20−2x)(40−2x)

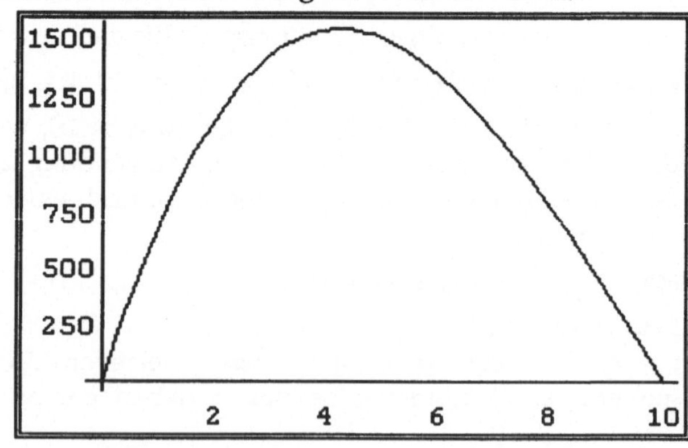

Zur Lösung der Aufgabe b) zeichnet man zuerst die Zielfunktion

$$F(y,z) = \frac{32}{z} + 2yz + \frac{64}{y}$$

mittels des Grafikbefehls

Plot3D[32/z + 2*y*z + 64/y, { y, 1, 8 }, { z, 1, 8 }]

und erhält Bild 5.6, aus dem man den Startwert (3,3) für (y,z) entnehmen kann. Das Kommando

FindMinimum[32/z + 2*y*z + 64/y, { y, 3 }, { z, 3 }]

berechnet damit als Lösung die Werte y = 4. und z = 2.

Bild 5.6:
Funktion F(y,z)
=32/z+2yz
+64/y

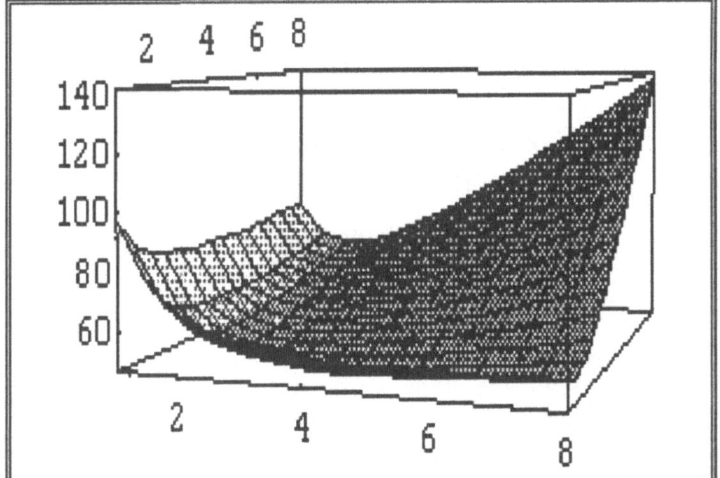

Kommen bei Optimierungsaufgaben noch *Nebenbedingungen* hinzu, so kann man im Falle von *Gleichungen* diese entweder nach gewissen Veränderlichen auflösen (falls möglich) und in die Zielfunktion einsetzen oder die Lagrangesche Multiplikatorenmethode anwenden, wie aus dem Beispiel 5.4 ersichtlich ist. Nur MAPLE ist mit seinem Kommando „*extrema*" in der Lage, Nebenbedingungen in Gleichungsform direkt zu verarbeiten, wie wir im Beispiel sahen. Dies ist natürlich für den Anwender wesentlich vorteilhafter, da sich das Auflösen von Gleichungen oft schwierig gestaltet.

Treten Ungleichungen als Nebenbedingungen auf, so spricht man von einem Problem der *nichtlinearen Optimierung*, deren Theorie seit den fünfziger Jahren stark entwickelt wurde. Diese Probleme haben die folgende Form.

Eine *Zielfunktion* f ist zu *minimieren/maximieren*, d.h.
$f(x_1, x_2, ..., x_n) \rightarrow$ Minimum / Maximum,

wobei noch *Nebenbedingungen* in Form von Ungleichungen zu berücksichtigen sind, d.h.

$g_j(x_1, x_2, ..., x_n) \leq 0, \quad j = 1, 2, ..., m$.

Aufgaben dieser Art sind i.a. nicht durch einen endlichen Algorithmus zu lösen und damit nicht mit Methoden der Computeralgebra. Anders liegt der Sachverhalt, wenn die Zielfunktionen f und die Funktionen g_j der Nebenbedingungen *linear* sind, d.h., wenn das Optimierungsproblem die Form

$c_1 x_1 + c_2 x_2 + ... + c_n x_n \rightarrow$ Minimum / Maximum

$a_{11} x_1 + a_{12} x_2 + ... + a_{1n} x_n \leq b_1$

$$\dots\dots\dots\dots\dots\dots\dots\dots\dots\dots\dots$$

$a_{m1} x_1 + a_{m2} x_2 + ... + a_{mn} x_n \leq b_m$

$\qquad x_j \geq 0 , \quad j = 1, ..., n$

bzw. in Matrizenschreibweise (siehe Abschnitte 4.4 und 4.5)

$\mathbf{c} \cdot \mathbf{x} \rightarrow$ Minimum/Maximum

$\mathbf{A} \cdot \mathbf{x} \leq \mathbf{b} \qquad , \quad \mathbf{x} \geq 0$

besitzt.

Probleme dieser Art bezeichnet man als Probleme der *linearen Optimierung* (*lineare Programmierung*).

Sehen wir uns hierfür zwei Beispiele an.

Beispiel 5.5:

Wir betrachten vereinfachte praktische Aufgabenstellungen, an denen die Problematik der linearen Optimierung aber gut sichtbar ist.

a) Eine Zulieferfirma stellt zwei Erzeugnisse E_1 und E_2 her, wobei der Gewinn für eine Wareneinheit E_1 bzw. E_2 bei 100 DM liegt. Bei der Produktion der Erzeugnisse werden zwei Maschinen A und B und zwei Montagebänder C und D benutzt. Über ihre Kapazitäten ist bekannt, daß auf Maschine A Teile für 800 Einheiten E_1 oder 1600 Einheiten E_2 oder eine entsprechende Kombination beider Teile hergestellt werden können. Auf der Maschine B können Teile für 2000 Einheiten E_1 oder 1000 Einheiten E_2 oder entsprechende Kombinationen beider Teile weiterverarbeitet werden. Auf dem Montageband C können bis zu 600 Einheiten E_1 und auf D bis zu 900 Einheiten E_2 montiert werden.

Von der Firma wird eine Mindestproduktion von 200 Einheiten E_1 und 300 Einheiten E_2 verlangt.

Ziel der Zulieferfirma ist es, den Gewinn zu maximieren, d.h.

$$z = f(x_1, x_2) = 100\,x_1 + 100\,x_2 \to \text{Maximum}.$$

Dabei werden mit x_1 die Anzahl der Erzeugnisse E_1 und mit x_2 die von E_2 bezeichnet.

Die Kapazitätsbeschränkungen der Maschinen A und B lassen sich mathematisch durch die Ungleichungen

$$\frac{x_1}{800} + \frac{x_2}{1600} \le 1$$

$$\frac{x_1}{2000} + \frac{x_2}{1000} \le 1$$

ausdrücken, die der Montagebänder durch

$$x_1 \le 600$$

$$x_2 \le 900.$$

Die Mindeststückzahl ist durch

$$200 \le x_1$$

$$300 \le x_2$$

gegeben.

Damit haben wir die folgende Aufgabe der linearen Optimierung erhalten:

$$z = f(x_1, x_2) = 100\,x_1 + 100\,x_2 \to \text{Maximum}$$

$$\frac{x_1}{800} + \frac{x_2}{1600} \le 1$$

$$\frac{x_1}{2000} + \frac{x_2}{1000} \le 1$$

$$200 \le x_1 \le 600$$

$$300 \le x_2 \le 900,$$

die die eindeutige Lösung

$$x_1 = 400 \quad \text{und} \quad x_2 = 800$$

besitzt.

b) Aus vier verschiedenen Brennstoffen A, B, C und D, von denen der Heizwert und die Preise bekannt sind, soll eine Mischung hergestellt werden, die

 – einen maximalen Heizwert hat,

 – den Betrag von 4000 DM nicht überschreitet.

Weiterhin soll die Gesamtmenge der vier Brennstoffe 3000 Mengeneinheiten nicht überschreiten und vom Brennstoff C stehen höchstens 500 Einheiten zur Verfügung, während vom Brennstoff A mindestens 500 Einheiten zu verwenden sind. Die Brennstoffe haben die folgenden Heizwerte und Preise:

Brennstoff	Heizwert	Preis/Einheit
A	7000	2
B	4000	1
C	5000	1,2
D	6000	1,6

Damit haben wir das folgende Problem der linearen Optimierung erhalten:

$$z = f(x_1, x_2, x_3, x_4) = 7000x_1 + 4000x_2 + 5000x_3 + 6000x_4 \rightarrow \text{Maximum}$$

$$2x_1 + x_2 + 1{,}2x_3 + 1{,}6x_4 \leq 4000$$

$$x_1 + x_2 + x_3 + x_4 \leq 3000$$

$$500 \leq x_1, \ 0 \leq x_2, \ 0 \leq x_3 \leq 500, \ 0 \leq x_4$$

das die folgenden Lösungen besitzt:

$$x_1 = 500. \ , \ x_2 = 1333.33 \ , \ x_3 = 500. \ , \ x_4 = 666.67.$$

Für diese Aufgaben der *linearen Optimierung* existieren eine Reihe von Verfahren, die unter gewissen Voraussetzungen nach endlich vielen Schritten das Minimum (bzw.Maximum) liefern und deshalb für die Computeralgebra geeignet sind. Das bekannteste derartige Verfahren ist die *Simplexmethode.*

Die einzelnen Programme stellen die folgenden *Kommandos* für die *lineare Optimierung* zur Verfügung:

MAPLE: Nach dem Laden des Zusatzpakets „Simplexmethode" mittels des Kommandos

with(simplex);

stehen die Kommandos

maximize(ZF, NB, NONNEGATIVE);

und

minimize(ZF, NB, NONNEGATIVE);

zur Verfügung, mit denen sich das Maximum bzw. Minimum der Zielfunktion „ZF" berechnen läßt, wobei die Nebenbedingungen „NB" als Menge einzugeben sind.

Das mögliche dritte Argument „NONNEGATIVE" bewirkt die Nichtnegativität der Veränderlichen x_j, d.h.

$x_j \geq 0$ für $j = 1,...,n$.

Beispiel:

Für die Lösung der Aufgabe a) aus Beispiel 5.5 ist das Kommando *„maximize"* folgendermaßen einzugeben:

maximize(100*x1 + 100*x2, { x1/800 + x2/1600 <=1, x1/2000 + x2/1000 <= 1, x1 <= 600, 200 <= x1, x2 <= 900, 300 <= x2 }, NONNEGATIVE);

MATHEMATICA: Mittels der Kommandos

ConstrainedMin[ZF, NB, V]

und

ConstrainedMax[ZF, NB, V]

lassen sich die Aufgaben der linearen Optimierung für Minimierung bzw. Maximierung der Zielfunktion „ZF" lösen, wobei die Nebenbedingungen „NB" und die Variablen „V" in Listenform einzugeben sind, während die Bedingungen

$x_j \geq 0$

von MATHEMATICA automatisch berücksichtigt werden.

Eine Erleichterung für die Eingabe gibt das weitere mögliche Kommando zur Minimierung der Zielfunktion

LinearProgramming[c, A, b]   ,

wobei der Vektor **c** die Koeffizienten der Zielfunktion, die Matrix **A** die Koeffizienten der Nebenbedingungen und der Vektor **b** die rechten Seiten der Nebenbedingungen aus der folgenden allgemeinen Aufgabenstellung enthalten und alles wieder in Listenform einzugeben ist:

$\mathbf{c} \cdot \mathbf{x} \rightarrow$ Minimum

$\mathbf{A} \cdot \mathbf{x} \geq \mathbf{b}$, $\mathbf{x} \geq 0$.

Bei dem Kommando *„LinearProgramming"* ist zu beachten, daß im Gegensatz zu den Kommandos *„ConstrainedMin"* und *„ConstrainedMax"* in den Nebenbedingungen die Ungleichungen mit „$\geq$" zu bilden sind und daß die Zielfunktion immer minimiert wird.

Beispiel:

Die Aufgabe a) aus Beispiel 5.5 kann mittels der Kommandos

ConstrainedMax[100*x1 + 100*x2, { x1/800 + x2/1600 <= 1, x1/2000 + x2/1000 <= 1, x1 <= 600, 200 <= x1, 300 <= x2, x2 <= 900 }, { x1, x2 }]

oder

LinearProgramming[–{ 100, 100 }, –{ { 1/800, 1/1600 }, { 1/2000, 1/1000 }, –{ 1, 0 }, –{ 0, 1 }, { 1, 0 }, { 0, 1} }, –{ 1, 1, –200, –300, 600, 900 }]

gelöst werden.

Da sowohl MAPLE als auch MATHEMATICA Nebenbedingungen in Gleichungsform zulassen, können beide auch Aufgaben der *Transportoptimierung* lösen, die einen Spezialfall der linearen Optimierung bilden.

Betrachten wir diese Problematik an einem Beispiel.

Beispiel 5.6:

Gehen wir von einer einfachen praktischen Aufgabenstellung aus.

Drei Schuhfabriken S1, S2 und S3 produzieren 5, 3 bzw. 6 Mengeneinheiten Schuhe, die auf vier Warenhäuser W1, W2, W3 und W4 mit dem Bedarf 1, 6, 3 bzw. 4 verteilt werden sollen. Der Transport von Si nach Wk (i=1,2,3 und k=1,2,3,4) verursacht die in der folgenden Tabelle angegebenen Kosten (in Geldeinheiten pro Mengeneinheit):

	W1	W2	W3	W4
S1	3	2	5	7
S2	1	4	1	0
S3	0	2	2	3

Die Aufgabe besteht darin, den Transport der Schuhe von den Fabriken zu den Warenhäusern so durchzuführen, daß die Gesamtkosten minimal werden.

Da man die Schuhe durch beliebige andere Güter ersetzen kann, haben wir es hier mit einer typischen Aufgabe der Transportoptimierung zu tun.

Indem wir die von der Fabrik Si nach dem Warenhaus Wk transportierte Menge mit

$$x_{ik}$$

bezeichnen, ergibt sich die folgende Aufgabe:

$$z = 3x_{11} + 2x_{12} + 5x_{13} + 7x_{14} + x_{21} + 4x_{22} + x_{23} + 2x_{32} + 2x_{33} + 3x_{34} \rightarrow \text{Minimum}$$

mit den Nebenbedingungen

$$x_{11} + x_{12} + x_{13} + x_{14} = 5$$
$$x_{21} + x_{22} + x_{23} + x_{24} = 3$$
$$x_{31} + x_{32} + x_{33} + x_{34} = 6$$
$$x_{11} + x_{21} + x_{31} = 1$$
$$x_{12} + x_{22} + x_{32} = 6$$
$$x_{13} + x_{23} + x_{33} = 3$$
$$x_{14} + x_{24} + x_{34} = 4$$
$$x_{ij} \geq 0$$

Für diese Aufgabe wird von MAPLE mittels des Kommandos

minimize(3*x11 + 2*x12 + 5*x13 + 7*x14 + x21 + 4*x22 + x23 + 2*x32 + 2*x33 + 3*x34, { x11 + x12 + x13 + x14 = 5, x21 + x22 + x23 + x24 = 3, x31 + x32 + x33 + x34 = 6, x11 + x21 + x31 = 1, x12 + x22 + x32 = 6, x13 + x23 + x33 = 3, x14 + x24 + x34 = 4}, NON-NEGATIVE);

und von MATHEMATICA mittels des Kommandos

ConstrainedMin[3*x11 + 2*x12 + 5*x13 + 7*x14 + x21 + 4*x22 + x23 + 2*x32 + 2*x33 + 3*x34, { x11 + x12 + x13 + x14 == 5, x21 + x22 + x23 + x24 == 3, x31 + x32 + x33 + x34 == 6, x11 + x21 + x31 == 1, x12 + x22 + x32 == 6, x13 + x23 + x33 == 3, x14 + x24 + x34 == 4 }, { x11, x12, x13, x14, x21, x22, x23, x24, x31, x32, x33, x34 }]

die Lösung

$$x_{12} = 5, x_{24} = 3, x_{31} = 1, x_{32} = 1, x_{33} = 3, x_{34} = 1$$

(die restlichen $x_{ik} = 0$) und $z_{min} = 21$

berechnet.

Zusammenfassend kann man zur *Lösung* von *Optimierungsaufgaben* mittels Computeralgebra folgendes bemerken:

– Aufgaben der Form

$$z = f(x_1, x_2, \ldots, x_n) \rightarrow \text{Minimum/Maximum},$$

wobei höchstens noch Nebenbedingungen in Gleichungsform

$$g_j(x_1, x_2, \ldots, x_n) = 0, \quad j = 1, 2, \ldots, m$$

auftreten können, lassen sich mit allen Computeralgebra-Programmen schrittweise behandeln, indem man zuerst die partiellen Ableitungen erster Ordnung der Zielfunktion f bzw. bei Nebenbedingungen der Lagrangefunktion

$$L(\mathbf{x}; \lambda) = L(x_1, x_2, \ldots, x_n; \lambda_1, \lambda_2, \ldots, \lambda_m) =$$

$$f(x_1, x_2, \ldots, x_n) + \sum_{j=1}^{m} \lambda_j g_j(x_1, x_2, \ldots, x_n)$$

unter Verwendung von Kommandos aus Abschnitt 4.9 berechnen läßt und diese gleich Null setzt. Jetzt kann man versuchen, die so entstandenen Gleichungen mittels der in Abschnitt 4.5 behandelten Kommandos zu lösen. Da diese Gleichungen i.a. nichtlinear sind, wird man aber schnell an Grenzen stoßen.

- Von allen Programmen besitzt allein MAPLE Kommandos zur exakten (symbolischen) Lösung der eben betrachteten Problemstellung, die jedoch nur für einfache Aufgaben ein Resultat liefern.

- Die erhaltenen Lösungen sind auf „Optimalität" zu überprüfen, da die gelösten Bedingungen nur notwendig sind.

- Falls die bisher beschriebenen Methoden versagen, ist man auf numerische Methoden zur Lösung von Optimierungsaufgaben angewiesen. Hierfür besitzt nur MATHEMATICA das Kommando *„FindMinimum"*, so daß man für die anderen Programme eventuell vorhandene Zusatzpakete nutzen bzw. selbst schreiben muß.

- Aufgaben der linearen Optimierung werden von MAPLE und MATHEMATICA gelöst, wenn die Dimension (d.h. die Anzahl der Variablen und Gleichungen) gewisse Grenzen nicht überschreitet.

5.4 Wahrscheinlichkeitsrechnung und Statistik

Dies ist ein sehr umfangreiches und für praktische Anwendungen wichtiges Gebiet. Im Rahmen einer Einführung können wir nur Standardaufgaben mittels der Computeralgebra-Programme lösen. Eine ausführliche Abhandlung der Wahrscheinlichkeitsrechnung und Statistik unter Verwendung von Computeralgebra-Programmen muß einem gesonderten Buch vorbehalten sein.

Es soll auch darauf hingewiesen werden, daß *spezielle Programmsysteme* zur Lösung von Aufgaben der Statistik existieren. Wer hauptsächlich Statistikprobleme lösen möchte, kann auf solche Systeme wie SAS, UNISTAT, STATGRAPHICS, SYSTAT, SPSS usw. zurückgreifen, die natürlich speziell für diese Probleme erstellt wurden und deshalb i.a. wesentlich umfangreichere Möglichkeiten bieten. Dies bedeutet aber nicht, daß die Computeralgebra-Programme für diese Art Aufgaben untauglich sind. Wir werden im Verlauf dieses Abschnitts sehen, daß sich viele in Wahrscheinlichkeitsrechnung und Statistik anfallende Standardaufgaben mittels der bekannten Computeralgebra-Programme erfolgreich lösen lassen. MAPLE und MATHEMATICA stellen auch noch Zusatzpakete zur Verfügung, die mittels der Kommandos

with(stats);

bei MAPLE und

Needs["Statistics`Master`"]

bei MATHEMATICA

geladen werden. Für MATHCAD gibt es die zusätzlichen Handbücher „Statistik I und II", auf die wir im folgenden jedoch nicht eingehen, da diese nicht zur Grundausstattung gehören und extra gekauft werden müssen.

Beginnen wir mit der Lösung von Problemen der *Wahrscheinlichkeitsrechnung*.

5.4.1   Berechnung des Binomialkoeffizienten

Zur Berechnung von Wahrscheinlichkeiten benötigt man häufig die *Fakultät* k! einer natürlichen Zahl k und den *Binomialkoeffizienten*

$$\binom{a}{k} = \frac{a(a-1)\cdots(a-k+1)}{k!},$$

wobei a eine reelle und k eine natürliche Zahl darstellen. Im Falle, daß a = n ebenfalls eine natürliche Zahl ist, läßt sich die obige Formel auch in der folgenden Form schreiben:

$$\binom{n}{k} = \frac{n!}{k!(n-k)!}.$$

Für die *Berechnung* der *Fakultät* k! stellen die einzelnen Programme die folgenden *Kommandos* zur Verfügung:

DERIVE: Anwendung der Kommandofolge

                 Author: k! $\Rightarrow$ **Simplify**

MAPLE: k!;

MATHCAD: k! eingeben, mit einer Selektionsbox umrahmen und die
                 Kommandofolge

                 Symbolic $\Rightarrow$ Evaluate Symbolically (oder **Simplify**)

                 aktivieren. Des weiteren kann das Ergebnis durch Eintippen des
                 Gleichheitszeichen erhalten werden, nachdem man k! mit einer
                 Selektionsbox umrahmt hat.

MATHEMATICA: k!

Der *Binomialkoeffizient* kann mit allen Programmen durch Berechnung der angegebenen Formeln erhalten werden, wobei das Produkt $a(a-1)\cdots(a-k+1)$ mittels der Kommandos aus Abschnitt 4.6 zu berechnen ist. Da diese Berechnungsart für den Anwender umständlich und aufwendig ist, stellen alle Programme zur *direkten Berechnung* des Binomialkoeffizienten

$$\binom{a}{k}$$

die folgenden Kommandos zur Verfügung:

DERIVE: Anwendung der Kommandofolge

                 Author: comb(a, k) $\Rightarrow$ **Simplify**

MAPLE: **binomial**(a, k);

MATHEMATICA: **Binomial**[a, k]

Beispiel 5.7:

Man berechne die Binomialkoeffizienten

$$\text{a)} \quad \binom{3,5}{2} = \frac{3,5 \cdot 2,5}{2!} = 4,375$$

$$\text{b)} \quad \binom{8}{3} = \frac{8!}{3! \cdot 5!} = 56$$

direkt mittels der gegebenen Kommandos und durch Berechnung der sie definierenden Formel unter Verwendung der Kommandos für die Berechnung von Fakultät und Produkt.

5.4.2   Erzeugung von Zufallszahlen

Bei einer Reihe von Methoden (z.B. *Simulationsmethoden, Monte-Carlo-Methoden*) benötigt man (gleichverteilte) Zufallszahlen. Diese lassen sich auch mittels Computer erzeugen und werden als Pseudozufallszahlen bezeichnet.

Die Computeralgebra-Programme stellen die folgenden *Kommandos* zu Berechnung von *gleichverteilten Zufallszahlen* zur Verfügung:

DERIVE: Die Kommandofolge (n positive ganze Zahl)

Author: random(n) $\Rightarrow$ **Simplify**

liefert eine ganzzahlige Zufallszahl z aus dem Intervall [0, n), d.h. $0 \leq z < n$.

MAPLE: Das Kommando

rand( );

liefert eine zwölfstellige nichtnegative ganze Zufallszahl.

rand(a..b);

stellt eine Prozedur zur Erzeugung ganzzahliger Zufallszahlen im Intervall [a, b] dar, so ergibt z.B:

zf := **rand**(1..8);

zf( ); $\rightarrow$ 2

zf( ); $\rightarrow$ 4

zf( ); $\rightarrow$ 1

MATHCAD: Die Funktion

rnd(a)

erzeugt eine Zufallszahl zwischen 0 und a. Möchte man z.B. eine Zufallszahl aus dem Intervall [0, 1] erzeugen, gibt man die Funktion

rnd(1)

ein, umrahmt sie mit einer Selektionsbox und tippt abschliessend das Gleichheitszeichen ein.

Möchte man z.B. zehn Zufallszahlen aus dem Intervall [0, 1] erzeugen, so schreibt man unter Verwendung der Operatorleiste Nr.1

$i := 1..10 \qquad x_i := $ **rnd**(1) ,

gibt anschließend nochmals x_i ein und tippt das Gleichheitszeichen. Als Ergebnis erhält man eine Liste von Zufallszahlen in der folgenden Form:

x_i
0.001
0.193
0.585
0.35
0.823
0.174
0.71
0.304
0.091
0.147

MATHEMATICA: Das Kommando

Random[type, range, precision]

erzeugt eine Zufallszahl vom Type „*type*" im Bereich „*range*" mit der Genauigkeit „*precision*" (kann weggelassen werden).

So erzeugen z.B.

Random[Real, { −5.7, 14.3 }, 9]

reelle Zufallszahlen aus dem Intervall [−5.7, 14.3] mit insgesamt neun Ziffern und

Random[Integer, { −175, 981 }, 3]

ganze Zufallszahlen aus dem Intervall [−175, 981] die aus drei Ziffern bestehen, während

Random[Integer, { −175, 981 }]

ganze Zufallszahlen aus dem gleichen Intervall erzeugt, die auch aus weniger als drei Ziffern bestehen können. Des weiteren erzeugt

Random[ ]

eine reelle Zufallszahl im Intervall [0, 1] und mittels

L = **Table**[**Random**[.....], { N }]

erhält man eine Liste L von N Zufallszahlen. So liefert z.B.

L = **Table**[**Random**[Integer, { 0, 100 }], { 10 }]

die Liste L = { 78, 45, 32, 77, 14, 22, 42, 26, 9, 45 } von zehn ganzzahligen Zufallszahlen aus dem Intervall [0, 100].

Aus den Handbüchern der einzelnen Programme ist ersichtlich, ob Zufallszahlen erzeugbar sind, die anderen Verteilungen genügen.

5.4.3   Verteilungsfunktionen

Die *Verteilungsfunktion* F(x) einer Zufallsgröße X ist durch

$$F(x) = P(X < x)$$

definiert (manchmal auch durch F(x) = P(X ≤ x)), wobei

$$P(X < x)$$

die *Wahrscheinlichkeit* dafür angibt, daß X einen Wert kleiner als die Zahl x annimmt.

Für *diskrete Zufallsgrößen* X mit Werten

$$x_1, \ldots, x_n, \ldots$$

ergibt sich diese *Verteilungsfunktion* als

$$F(x) = \sum_{x_i < x} p_i \, ,$$

wobei

$$p_i = P(X = x_i)$$

die Wahrscheinlichkeit dafür ist, daß X den Wert x_i annimmt.

Die *Verteilungsfunktion* einer *stetigen Zufallsgröße* X ist durch

$$F(x) = \int_{-\infty}^{x} f(t)\, dt$$

gegeben, wobei f(t) die *Wahrscheinlichkeitsdichte* bezeichnet.

In der Statistik spielen auch die inversen Verteilungsfunktionen eine große Rolle. Man bezeichnet den Wert x_s als *s-Quantil*, für den gilt

$$F(x_s) = P(X < x_s) = s,$$

d.h., x_s ermittelt sich aus

$$x_s = F^{-1}(s),$$

wobei s eine gegebene Zahl aus dem Intervall (0, 1) ist.

Für praktische Anwendungen wichtige *diskrete Verteilungsfunktionen* sind:

– *Binomialverteilung*:

Mit der Wahrscheinlichkeit

$$P(X = k) = \binom{n}{k} p^k (1 - p)^{n-k}$$

dafür, daß bei n unabhängigen Versuchen („mit Zurücklegen"), die nur das Ergebnis A (mit Wahrscheinlichkeit p) oder $\overline{A}$ (mit Wahrscheinlichkeit 1–p) haben können, das Ergebnis A k-mal auftritt (k = 0, 1 ,..., n).

– *Hypergeometrische Verteilung*:

Mit der Wahrscheinlichkeit

$$P(X = k) = \frac{\binom{M}{k}\binom{N-M}{n-k}}{\binom{N}{n}}$$

dafür, daß bei n Versuchen der zufällige Entnahme eines Elements „ohne Zurücklegen" aus einer Gesamtheit von N Elementen, von denen M eine gewünschte Eigenschaft E haben, k Elemente (k = 0, 1 ,..., M) mit dieser Eigenschaft E auftreten.

– *Poisson-Verteilung*:

Mit der Wahrscheinlichkeit

$$P(X = k) = \frac{\lambda^k}{k!} e^{-\lambda} \quad (k = 0, 1, 2,...).$$

Diese Verteilung kann als gute Näherung für die Binomialverteilung verwendet werden, wenn n groß und p klein ist und λ gleich n·p gesetzt wird.

DERIVE und MATHEMATICA stellen die folgenden *Kommandos* für *diskrete Verteilungen* zur Verfügung:

DERIVE: Nach dem Laden des *Zusatzprogramms* „PROBABIL.MTH" mittels

Transfer $\Rightarrow$ **Load** $\Rightarrow$ **Utility** ($\Rightarrow$ **file:** probabil)

stehen u.a. folgende Kommandos zur Verfügung:

Author: binomial_density(k, n, p) $\Rightarrow$ **Simplify**

berechnet die *Wahrscheinlichkeit* P(X = k) für die *Binomialverteilung*.

Author: binomial_distribution(k, n, p) $\Rightarrow$ **Simplify**

berechnet die *Verteilungsfunktion*

$$F(k) = P(X \le k) = \sum_{i=0}^{k} P(X = i)$$

für die *Binomialverteilung*.

Author: hypergeometric_density(k, n, M, N) $\Rightarrow$ **Simplify**

berechnet die *Wahrscheinlichkeit* $P(X = k)$ für die *hypergeometrische Verteilung*.

Author: hypergeometric_distribution(k,n,M,N) $\Rightarrow$ **Simplify**

berechnet die *Verteilungsfunktion*

$$F(k) = P(X \le k) = \sum_{i=0}^{k} P(X = i)$$

für die *hypergeometrische Verteilung*.

Author: poisson_density(k, q) $\Rightarrow$ **Simplify**

berechnet die *Wahrscheinlichkeit* $P(X = k)$ für die *Poisson-Verteilung* mit $\lambda = q$.

Author: poisson_distribution(k, q) $\Rightarrow$ **Simplify**

berechnet die *Verteilungsfunktion*

$$F(k) = P(X \le k) = \sum_{i=0}^{k} P(X = i)$$

für die *Poisson-Verteilung*.

MATHEMATICA: Nach dem Laden des Zusatzpakets „Statistik" mittels

Needs["Statistics`Master`"]

stehen die folgenden Kommandos zur Verfügung:

BinomialDistribution[n, p]

für die *Binomialverteilung*,

HypergeometricDistribution[n, M, N]

für die *hypergeometrische Verteilung* und

PoissonDistribution[q]

für die *Poisson-Verteilung* mit $\lambda = q$.

Das Kommando

CDF

liefert die zur Verteilung zugehörige *Verteilungsfunktion* $F(x)$ (hier gilt $F(x) = P(X \le x)$). So läßt sich z.B. die Verteilungsfunktion für die *Binomialverteilung* folgendermaßen berechnen:

CDF[**BinomialDistribution**[n, p], x]

Die damit erhaltene Verteilungsfunktion kann mittels des Kommandos „*Plot*" gezeichnet werden, wie wir im folgenden Beispiel zeigen.

Beispiel 5.8:

Auf ein Ziel werden unabhängig voneinander zehn Schüsse abgegeben. Jeder einzelne Schuß treffe das Ziel mit der Wahrscheinlichkeit 0,8. Wir haben folglich eine Binomialverteilung mit n = 10 und p = 0,8.

Die Wahrscheinlichkeit dafür, daß

a)　genau fünf Treffer,

b)　höchstens fünf Treffer,

c)　wenigstens ein Treffer

gelingen, berechnet sich mittels MATHEMATICA folgendermaßen, wenn vorher die Zuordnung

binvert = **BinomialDistribution**[10, 0.8]

getroffen wurde:

Mittels des Kommandos

CDF[binvert, 5] − **CDF**[binvert, 4]

berechnet man die Lösung

$$P(X=5)=\binom{10}{5}\cdot 0.8^5\cdot 0.2^5=F(5)-F(4)=0.0264$$

für die Aufgabe a), mittels

CDF[binvert, 5]

berechnet man die Lösung

$$P(X\leq 5)=\sum_{k=0}^{5}\binom{10}{k}\cdot 0.8^k\cdot 0.2^{10-k}=F(5)=0.0328$$

für die Aufgabe b) und mittels

1 − **CDF**[binvert, 0]

berechnet man die Lösung

$$P(X\geq 1)=\sum_{k=1}^{10}\binom{10}{k}\cdot 0.8^k\cdot 0.2^{10-k}=F(10)-F(0)=1-F(0)\approx 1$$

für die Aufgabe c).

Die Verteilungsfunktion läßt sich mit dem Kommando

Plot[**CDF**[binvert, x], { x, 0, 10 }]

zeichnen (siehe Bild 5.7).

Bild 5.7:
Diskrete Ver-
teilungsfunktion
aus Beispiel 5.8
mit MATHE-
MATICA

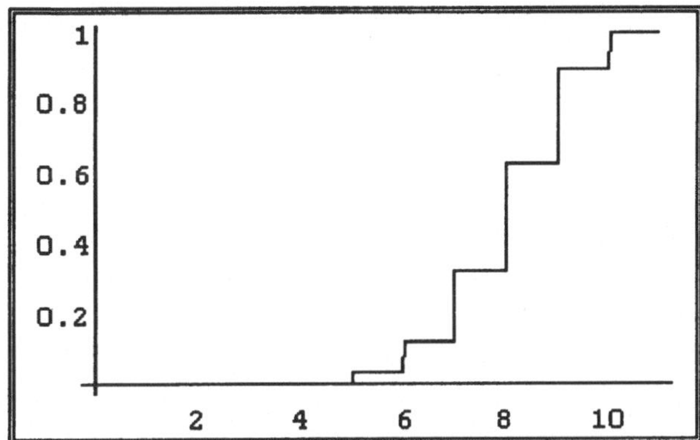

Bei Anwendung von DERIVE ergeben sich die Lösung der Aufgabe a) mittels

Author: binomial_density(5, 10, 0.8) $\Rightarrow$ **Simplify**,

der Aufgabe b) mittels

Author: binomial_distribution(5, 10, 0.8) $\Rightarrow$ **Simplify**

und der Aufgabe c) mittels

Author: 1 − **binomial_distribution**(0, 10, 0.8) $\Rightarrow$ **Simplify**.

Falls man eine diskrete Verteilung in einem zur Verfügung stehenden Computeralgebra-Programm nicht findet, so kann man hierfür ohne große Mühe eine Prozedur schreiben, wie wir im Abschnitt 6.4.2 für MAPLE an Beispielen zeigen.

Bei den *stetigen Verteilungsfunktionen* spielt die *Normalverteilung* mit der *Dichte* (μ − Erwartungswert, σ^2 − Streuung/Varianz, σ − Standardabweichung)

$$f(t) = \frac{1}{\sigma\sqrt{2\pi}}\, e^{-\frac{1}{2}\left(\frac{t-\mu}{\sigma}\right)^2}$$

und der *Verteilungsfunktion*

$$F(x) = \frac{1}{\sigma\sqrt{2\pi}} \int_{-\infty}^{x} e^{-\frac{1}{2}\left(\frac{t-\mu}{\sigma}\right)^2}\, dt.$$

die dominierende Rolle.

Gelten $\mu = 0$ und $\sigma = 1$, so spricht man von der *standardisierten* (oder *normierten*) *Normalverteilung*.

Außerdem wird noch das sogenannte *Fehlerintegral*

$$\mathrm{Fi}(x, y) = \frac{2}{\sqrt{\pi}} \int_{x}^{y} e^{-t^2}\, dt$$

verwendet.

Weitere wichtige Verteilungen (vor allem für die Statistik) sind die *Chi-Quadrat-Verteilung*, die *Student-Verteilung* und die *F-Verteilung*.

Zur Berechnung *stetiger Verteilungen* werden in den einzelnen Programmen u.a. die folgenden *Kommandos* zur Verfügung gestellt:

DERIVE: Die Kommandofolgen

Author: erf(y) $\Rightarrow$ **approX** und **Author: erf**(x,y) $\Rightarrow$ **approX**

berechnen das Fehlerintegral Fi(0,y) bzw. Fi(x,y).

Die Kommandofolge

Author: normal(x, m, s) $\Rightarrow$ **approX**

berechnet den Wert der Normalverteilung mit dem Erwartungswert $\mu = m$ und der Standardabweichung $\sigma = s$ an der Stelle x. Wenn man m und s wegläßt, so wird die standardisierte Normalverteilung berechnet.

MAPLE: Nach dem Laden des Zusatzpakets „Statistik" mittels

with(stats);

steht u.a. das folgende Kommando zur Verfügung.

N(x, m, s);

berechnet den Wert der Normalverteilung mit dem Erwartungswert $\mu = m$ und der Standardabweichung $\sigma = s$ an der Stelle x. Wenn man m und s wegläßt, so wird die standardisierte Normalverteilung berechnet. Das Grafikkommando

plot(N(x, m, s), x=a..b);

zeichnet die Normalverteilung im Intervall [a, b].

ChiSquare(s, n);

berechnet das s-Quantil x_s für die Chi-Quadrat-Verteilung mit dem Freiheitsgrad n.

Fdist(s, n, m);

berechnet das s-Quantil x_s für die F-Verteilung mit den Freiheitsgraden n und m.

StudentsT(s, n);

berechnet das s-Quantil x_s für die Student-Verteilung mit dem Freiheitsgrad n.

MATHEMATICA: Nach dem Laden des Zusatzpakets „Statistik" mittels

Needs["Statistics`Master`"]

stehen u.a. die folgenden Kommandos zur Verfügung:

NormalDistribution[m, s]

für die Normalverteilung mit dem Erwartungswert $\mu = m$ und der Standardabweichung $\sigma = s$.

ChiSquareDistribution[n]

für die Chi-Quadrat-Verteilung mit dem Freiheitsgrad n.

FRatioDistribution[m, n]

für die F-Verteilung mit den Freiheitsgraden n und m.

StudentTDistribution[n]

für die Student-Verteilung mit dem Freiheitsgrad n.

Die Kommandos

PDF[Verteilung, x]   und   **CDF**[Verteilung, x]

bestimmen die Dichte- bzw. Verteilungsfunktion für eine konkrete Verteilung an der Stelle x, die im Argument angegeben wird.

Das Kommando

Quantile[Verteilung, s]

liefert das Quantil x_s zur im Argument angegebenen „*Verteilung*".

Die Kommandos

Erf[y]   und   **Erf**[x, y]

berechnen das Fehlerintegral Fi(0,y) bzw. Fi(x,y).

Mit den Kommandos

InverseErf[s]   und   **InverseErf**[x, s]

lassen sich die Inversen der Fehlerintegrale berechnen, d.h., es wird r so bestimmt, daß

s = **Erf**[r]   bzw.   s = **Erf**[x, r]

gilt.

Beispiel:

Die Kommandofolge

Verteilung = **NormalDistribution**[0, 1];

Plot[**PDF**[Verteilung, x], { x, −3, 3 }];

Plot[**CDF**[Verteilung, x], { x, −3, 3 }]

zeichnet die Dichte- und Verteilungsfunktion der standardisierten Normalverteilung im Intervall [−3, 3].

Faßt man die beiden Befehle „*Plot*" zu

Plot[{ **PDF**[Verteilung, x], **CDF**[Verteilung, x] }, { x, −3, 3 }]

zusammen, so werden beide Kurven in dasselbe Koordinatensystem gezeichnet (siehe Bild 5.8).

Bild 5.8:
Dichte- und Verteilungs-funktion der Normalver-teilung mittels MATHE-MATICA

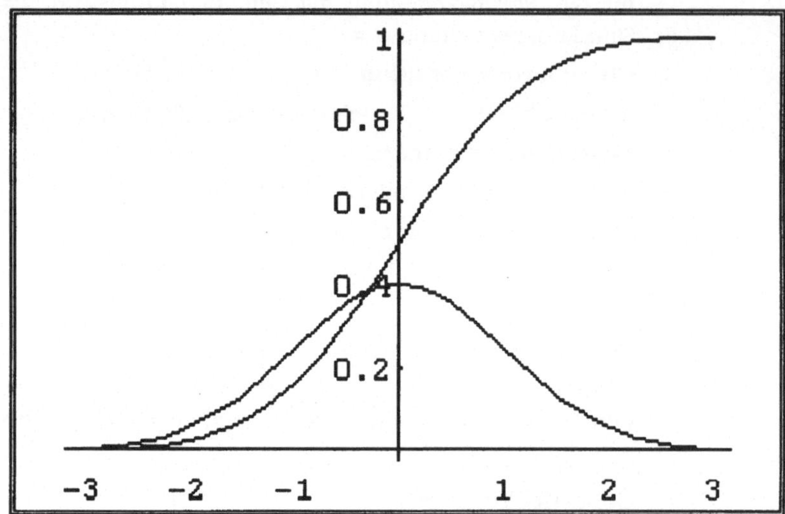

Lösen wir einige einfache praktische Beispiele unter Verwendung der obigen Kommandos.

Beispiel 5.9:

1) Die Brenndauer von Glühlampen sei normalverteilt mit dem Erwartungswert $\mu = 900$ Stunden und der Standardabweichung $\sigma = 100$ Stunden. Wie groß ist die Wahrscheinlichkeit, daß eine zufällig der Produktion entnommene Glühlampe

   a) mindestens 1200 Stunden,

   b) höchstens 650 Stunden,

   c) zwischen 750 und 1050 Stunden

   brennt.

Als Zufallsgröße X verwenden wir die Brenndauer der Glühlampen.

Um die Kommandos für die Normalverteilung anwenden zu können, muß man in den einzelnen Aufgabenstellungen die Verteilungsfunktion benutzen:

   a) $P(X \geq 1200) = 1 − P(X < 1200) = 1 − F(1200) = 0{,}0013.$

Dabei bezeichnet F die Verteilungsfunktion der Normalverteilung mit $\mu = 900$ und $\sigma = 100$.

Die Berechnung von F(1200) = 0,9987 geschieht bei den einzelnen Programmen mittels folgender Kommandos:

Author: normal(1200, 900, 100) $\Rightarrow$ **Simplify**

bei DERIVE,

N(1200, 900, 100);

bei MAPLE,

CDF[**NormalDistribution**[900, 100], 1200]

bei MATHEMATICA.

b) P(X $\leq$ 650) = F(650) = 0,0062.

Zur Berechnung von F(650) sind die gleichen Kommandos wie bei Aufgabe a) zu verwenden (im Argument ist nur 1200 durch 650 zu ersetzen).

c) P(750 $\leq$ X $\leq$ 1050) = F(1050) – F(750) = 0,8664.

Die beiden Funktionswerte F(1050) und F(750) der Normalverteilung sind mit den Kommandos aus Aufgabe a) zu berechnen.

2) Das Gewicht (in Gramm) von Zuckerpaketen sei normalverteilt mit $\mu = 1000$ und $\sigma = 5$. Man ermittle

a) das Gewicht, das ein zufällig entnommenes Zuckerpaket mit einer Wahrscheinlichkeit von 90% höchstens hat.

b) das Gewicht, das ein zufällig entnommenes Zuckerpaket mit einer Wahrscheinlichkeit von 95% mindestens hat.

Als Zufallsgröße X verwenden wir das Gewicht der Zuckerpakete.

Wir benötigen die Kommandos von MATHEMATICA zur Berechnung von Quantilen, da sich die Aufgaben in der folgenden Form schreiben: Bestimme x derart, daß

a) P(X $\leq$ x) = F(x) = 0.9

b) P(X $\geq$ x) = 1 – P(X $\leq$ x) = 1 – F(x) = 0.95, d.h., F(x) = 0.05.

Dabei bezeichnet F die Verteilungsfunktion der Normalverteilung mit $\mu = 1000$ und $\sigma = 5$.

Die Kommandofolge

Needs["**Statistics`Master`**"];

Verteilung := **NormalDistribution**[1000, 5];

Quantile[Verteilung, 0.9];

Quantile[Verteilung, 0.05]

liefert die Lösungen

1006.41

für die Aufgabe a) und

991.78

für die Aufgabe b).

5.4.4 Momente von Verteilungen

Die Verteilung einer Zufallsgröße ist durch die Kenntnis ihrer Verteilungsfunktion (bzw. Dichtefunktion) vollständig bestimmt.

Weitere wichtige Informationen über eine Verteilung geben die Momente, von denen wir nur *Erwartungswert* (Mittelwert) und *Streuung* (Varianz) als die beiden wichtigsten betrachten.

Für den *Erwartungswert* E einer *diskreten Zufallsgröße* X mit den Werten

$$x_1, x_2, \ldots$$

und den Wahrscheinlichkeiten

$$p_i = P(X = x_i)$$

erhält man

$$\mu = E(X) = \sum_{i=1}^{\infty} x_i p_i \quad ,$$

während er sich für *stetige Zufallsgrößen* mit der Dichte f(x) aus

$$\mu = E(X) = \int_{-\infty}^{\infty} x \cdot f(x)\, dx$$

berechnet, wobei man natürlich die Konvergenz der unendlichen Reihe und des uneigentlichen Integrals voraussetzen muß.

Mit dem gegebenen Erwartungswert berechnet sich die *Streuung* σ^2 aus

$$\sigma^2 = E(X - E(X))^2 .$$

Der Wert σ wird als *Standardabweichung* bezeichnet.

MATHEMATICA stellt die folgenden *Kommandos* zur Verfügung, um *Erwartungswert* und *Streuung* für eine bestimmte Verteilung zu berechnen:

Nach dem Laden des Zusatzpakets „Statistik" mittels

Needs["Statistics`Master`"]

stehen die Kommandos

Mean[Verteilung]

zur Berechnung des *Erwartungswertes,*

Variance[Verteilung]

zur Berechnung der *Streuung/Varianz* und

StandardDeviation[Verteilung]

zur Berechnung der *Standardabweichung* für die im Argument ein-
zugebene „*Verteilung*" zur Verfügung.

Beispiel 5.10:

Das Kommando

Mean[**BinomialDistribution**[10, 0.8]]

berechnet den bekannten Erwartungswert 8 für die Binomialverteilung aus Beispiel 5.8 und

Variance[**BinomialDistribution**[10, 0.8]]

die bekannte Streuung 1,6 für die gleiche Binomialverteilung.

5.4.5   Statistik

Man unterscheidet zwischen *beschreibender (deskriptiver)* und
schließender (induktiver) Statistik.

Die *beschreibende Statistik* beschäftigt sich damit, vorliegendes Datenmaterial aufzubereiten, in anschaulicher Form (Grafiken, Dia-
gramme usw.) darzustellen und anhand statistischer Maßzahlen zu
charakterisieren. Aus der Vielzahl von *statistischen Maßzahlen* beschränken wir uns auf Mittelwerte und empirische Streuung (Varianz).

Für n gegebene Werte (Daten)

$$x_1, x_2, \ldots, x_n$$

berechnet sich

– das *arithmetische Mittel* $\overline{x}$ aus

$$\overline{x} = \frac{1}{n} \sum_{i=1}^{n} x_i$$

– der *Median* $\tilde{x}$ aus

$$\tilde{x} = \begin{cases} x_{k+1} & \text{falls} \quad n = 2k + 1 \,(\text{ungerade}) \\ \dfrac{x_k + x_{k+1}}{2} & \text{falls} \quad n = 2k \,(\text{gerade}) \end{cases},$$

wenn die Werte

$$x_i$$

der Größe nach geordnet sind, d.h.

$$x_1 \le x_2 \le \dots \le x_n$$

- das *geometrische Mittel* (alle $x_i > 0$) aus

$$x_g = \sqrt[n]{x_1 \cdot x_2 \cdot \dots \cdot x_n}$$

- die *empirische Streuung/Varianz* aus

$$s^2 = \frac{1}{n-1} \sum_{i=1}^{n} (x_i - \overline{x})^2,$$

wobei s als *empirische Standardabweichung* bezeichnet wird.

Zur Berechnung dieser *statistischen Maßzahlen* werden von den einzelnen Programmen die folgenden *Kommandos* zur Verfügung gestellt:

DERIVE: Die Kommandofolge

Author: average$(x_1, \dots, x_n)$ $\Rightarrow$ **Simplify**

berechnet das *arithmetische Mittel* $\overline{x}$,

Author: var$(x_1, \dots, x_n)$ $\Rightarrow$ **Simplify**

berechnet die *Streuung/Varianz* der Form

$$\frac{1}{n} \sum_{i=1}^{n} (x_i - \overline{x})^2,$$

d.h., hier wird durch n statt durch n−1 dividiert.

MAPLE: Nach dem Laden des Zusatzpakets „Statistik" mittels

with(stats);

stehen die folgenden Kommandos zur Verfügung:

average(Daten);

zur Berechnung des *arithmetischen Mittels* $\overline{x}$,

median(Daten);

zur Berechnung des *Medians* $\tilde{x}$, der hier für gerades $n = 2k$ gleich

$$x_k$$

gesetzt wird,

variance(Daten);

zur Berechnung der *Streuung/Varianz*,

wobei im Argument der Kommandos für „*Daten*" die Werte

$$x_1, \dots, x_n$$

einzusetzen sind oder vorher die Zuweisung als Liste

Daten := [$x_1, \dots, x_n$]

erfolgt sein muß.

MATHCAD: Das Kommando

mean(x)

berechnet das *arithmetische Mittel* $\overline{x}$ (in deutschsprachigen Versionen heißt dieses Kommando „*mittelwert*"),

var(x)

berechnet die *Streuung/Varianz*, wobei wie bei DERIVE durch n anstatt durch n−1 dividiert wird,

stdev(x)

berechnet die *Standardabweichung* (in deutschsprachigen Versionen heißt dieses Kommando „*stabw*"),

wenn nach der Eingabe des entsprechenden Kommandos ein Gleichheitszeichen eingetippt wird und die Werte

$x_1, \ldots, x_n$

vorher unter Verwendung der Operatorleisten Nr.1 und 2 als Spaltenvektor **x** in der Form

$$x := \begin{pmatrix} x_1 \\ \ldots \\ x_n \end{pmatrix}$$

eingegeben wurden.

MATHEMATICA: Nach dem Laden des Zusatzpakets „Statistik" durch

Needs["Statistics`Master`"]

berechnet das Kommando

Mean[Daten]

das *arithmetische Mittel* $\overline{x}$,

GeometricMean[Daten]

das *geometrische Mittel* x_g,

Median[Daten]

den *Median* $\tilde{x}$,

Variance[Daten]

die *Varianz*,

wobei im Argument der Kommandos für „*Daten*" die Werte

$x_1, \ldots, x_n$

als Liste

$\{ x_1, \ldots, x_n \}$

einzusetzen sind oder vorher die Zuweisung

Daten := { $x_1, ..., x_n$ }

erfolgt sein muß.

Da vorliegendes *Datenmaterial* meistens mehrmals benötigt wird, empfiehlt sich die *Zuweisung* in eine *Liste*, für die mittels der obigen Kommandos die statistischen Maßzahlen berechnet werden können, ohne jedesmal die Daten neu eingeben zu müssen.

MATHCAD und MATHEMATICA besitzen noch Kommandos zur *grafischen Darstellung* des vorliegenden Datenmaterials. Für MAPLE läßt sich dies durch Schreiben einfacher Prozeduren erreichen (siehe [33], Abschnitt 11.4).

Beispiel 5.11:

Bei einem Versuch ergeben sich für zwei verschiedene *Stichproben* vom Umfang n = 10 die folgenden *Meßergenisse*.

1. Stichprobe: 16, 15, 17, 14, 12, 13, 15, 16, 18, 15

2. Stichprobe: 17, 11, 15, 14, 10, 18, 16, 13, 12, 17

Durch die *Listenzuordnung*

Daten1 := [16, 15, 17, 14, 12, 13, 15, 16, 18, 15];

Daten2 := [17, 11, 15, 14, 10, 18, 16, 13, 12, 17];

bei MAPLE und

Daten1 := { 16, 15, 17, 14, 12, 13, 15, 16, 18, 15 }

Daten2 := { 17, 11, 15, 14, 10, 18, 16, 13, 12, 17 }

bei MATHEMATICA

lassen sich das *arithmetische Mittel* (15.1 für die 1. Stichprobe und 14.3 für die 2. Stichprobe) und die *Streuung* (3.21 für die 1. Stichprobe und 7.57 für die 2. Stichprobe) durch

average(Daten1);   und   **average**(Daten2);

variance(Daten1);   und   **variance**(Daten2);

bei MAPLE und durch

Mean[Daten1]   und   **Mean**[Daten2]

Variance[Daten1]   und   **Variance**[Daten2]

bei MATHEMATICA berechnen.

Während man in der *beschreibenden* (*deskriptiven*) *Statistik* nur Aussagen über das vorliegende Datenmaterial gewinnt, beschäftigt sich die *schließende* (*induktive*) *Statistik* unter Verwendung der Wahrscheinlichkeitstheorie damit, aus vorliegendem Datenmaterial (hier als *Stichprobe* bezeichnet) allgemeine *Aussagen* über die zugrunde-liegende sogenannte *Grundgesamtheit* zu gewinnen.

Ein *typisches Beispiel* hierfür bildet die *Qualitätskontrolle*:

Aus den Merkmalen einer aus der Tagesproduktion entnommenen Stichprobe möchte man Aussagen über die Merkmale dieser Gesamtproduktion (Grundgesamtheit) erhalten.

Mathematisch bedeutet dies, anhand einer Stichprobe *Aussagen* über die *unbekannten Momente* (Erwartungswert, Streuung,...) bzw. *unbekannten Verteilungsfunktion* zu erhalten. Die Methoden hierfür werden in der *Schätztheorie* (Schätzwerte für die Momente) und *Testtheorie* (Überprüfung von Hypothesen über die Verteilungsfunktion und die Momente) gegeben, für die die Computeralgebra-Programme auch Hilfsmittel zur Verfügung stellen. So können die vorhandenen Kommandos zur Berechnung von Verteilungsfunktionen, Quantilen usw. verwendet werden, falls keine speziellen Kommandos zu Schätzungen und Tests vorhanden sind.

MATHEMATICA stellt für die *Statistik* u.a. die folgenden *Kommandos* zur Verfügung.

Nachdem die als normalverteilt vorausgesetzten Daten einer konkreten Stichprobe vom Umfang n als Liste

Daten := { $x_1, x_2, ..., x_n$ }

eingegeben und das Zusatzpaket „Statistik" mittels

Needs["Statistics`Master`"]

geladen wurden, sind folgende Kommandos anwendbar:

MeanCI
[Daten, Optionen] berechnet das *Konfidenzintervall* für den unbekannten *Erwartungswert* (Mittelwert), wobei eine Näherung für die ebenfalls unbekannte Streuung über die Student-Verteilung gewonnen wird. Als Standardwert für das Konfidenzniveau verwendet das Programm 0.95. Im Argument des Kommandos sind noch die folgenden beiden „*Optionen*" möglich:

KnownVariance → s

zur Vorgabe eines bekannten Wertes s für die Streuung und

ConfidenceLevel → k

zur Vorgabe eines Konfidenzniveaus k, falls man nicht den Standardwert 0.95 verwenden möchte.

Beispiel 5.12:

Für die beiden Stichproben

Daten1 := { 16, 15, 17, 14, 12, 13, 15, 16, 18, 15 }

Daten2 := { 17, 11, 15, 14, 10, 18, 16, 13, 12, 17 }

aus Beispiel 5.11 berechnen

MeanCI[Daten1]

das Konfidenzintervall [13.82, 16.38] für den unbekannten Erwartungswert bei der Verwendung der 1. Stichprobe und

MeanCI[Daten2]

das Konfidenzintervall [12.33, 16.27] für den unbekannten Erwartungswert bei der Verwendung der 2. Stichprobe.

Gibt man z.B. für die 1. Stichprobe die Streuung 3.21 vor, so berechnet

MeanCI[Daten1, KnownVariance → 3.21]

das Konfidenzintervall [13.99, 16.21] und ändert man noch zusätzlich das Konfidenzniveau zu 0.9, so berechnet

MeanCI[Daten1, KnownVariance → 3.21, ConfidenceLevel → 0.9]

das Konfidenzintervall [14.17, 16.03].

VarianceCI
[Daten, Optionen]
berechnet das *Konfidenzintervall* für die unbekannte *Streuung*, wobei als Standardwert für das Konfidenzniveau wieder 0.95 verwendet wird. Er kann mittels der „*Option*"

ConfidenceLevel → k

verändert werden.

Beispiel 5.13:

Für die 1. Stichprobe aus Beispiel 5.11 berechnet

VarianceCI[Daten1]

das Konfidenzintervall [1.52, 10.70] und für die 2. Stichprobe berechnet

VarianceCI[Daten2]

das Konfidenzintervall [3.58, 25.22].

MeanTest
[Daten, m,
Optionen]
führt den folgenden *Signifikanztest* durch:

Für die Daten einer Stichprobe wird bei einem Signifikanzniveau von 0.95 die Hypothese geprüft, ob der Erwartungswert m beträgt.

Dabei kann das Signifikanzniveau wieder mittels der zusätzlichen „*Option*"

SignificanceLevel → s

geändert werden. Wird diese Option verwendet, so erscheint im Ergebnis die zusätzliche Meldung, ob die Hypothese angenommen (*Accept null hypothesis at significance level→s*) oder abgelehnt (*Reject null hypothesis at significance level→s*) wird. Eine weitere mögliche Option ist

TwoSided → *True*.

Sie bewirkt die Durchführung eines zweiseitigen Tests.

Beispiel 5.14:

Für die 1. Stichprobe haben wir im Beispiel 5.11 den Stichprobenmittelwert 15.1 erhalten.

Der mittels

MeanTest[Daten1, 15.05, SignificanceLevel → 0.9, TwoSided → True]

durchgeführte Signifikanztest liefert als Ergebnis:

{ *TwoSidedPValue* → 0.931622,

Accept null hypothesis at significance level → 0.9 },

d.h., die Hypothese wird angenommen, während

MeanTest[Daten1, 16., SignificanceLevel → 0.9, TwoSided → True]

das folgende Ergebnis anzeigt:

{ *TwoSidedPValue* → 0.146696,

Reject null hypothesis at significance level → 0.9 }.

VarianceTest
[Daten, s, Optionen]

führt den folgenden *Signifikanztest* durch:

Für die Daten einer Stichprobe wird bei einem Signifikanzniveau von 0.95 die Hypothese geprüft, ob die Streuung s beträgt.

Die gleichen „*Optionen*" wie beim Kommando „*MeanTest*" sind möglich.

5.4.6   Korrelation und Regression

Im Abschnitt 4.7 (siehe Beispiel 4.28) sind wir schon kurz auf das für die praktische Anwendung wichtige Problem eingegangen, eine nur durch n Punkte

$$(x_1, y_1), (x_2, y_2), \ldots, (x_n, y_n)$$

gegebene Funktion durch eine analytisch gegebene Funktion (z.B. Polynom) f(x) anzunähern und haben hierfür bereits die beiden bekannten Methoden der *Interpolation* und *Regression* erwähnt.

Das *Prinzip der Interpolation* besteht darin, eine Funktion f(x) (auch als *Interpolationsfunktion* bezeichnet) so zu bestimmen, daß alle gegebenen Punkte

$$(x_1, y_1), \ (x_2, y_2), \ \dots, \ (x_n, y_n)$$

zu ihrem Graphen gehören, d.h., es muß

$$y_i = f(x_i) \quad \text{für } i = 1, 2, \dots, n$$

gelten. Für die Interpolation durch Polynome (*Polynominterpolation*) muß man deswegen mindestens Polynome (n–1)-ten Grades

$$y = f(x) = a_o + a_1 x + \dots + a_{n-1} x^{n-1}$$

verwenden. Die noch unbekannten Koeffizienten

$$a_k$$

bestimmen sich aus der Forderung, daß die gegebenen Punkte das Polynom erfüllen. Im Beispiel 4.28 haben wir mit den Kommandos zur Interpolation bei MAPLE und MATHEMATICA für fünf gegebene Punkte das *Interpolationspolynom* berechnet.

In diesem Abschnitt gehen wir näher auf die Korrelations- und Regressionsanalyse ein.

Den Ausgangspunkt bilden wie bei der Interpolation n Punkte (Stichprobe)

$$(x_1, y_1), \ (x_2, y_2), \ \dots, \ (x_n, y_n) \quad,$$

die z.B. durch Messungen zweier Merkmale

$$X \quad \text{und} \quad Y$$

gewonnen wurden, zwischen denen man einen Zusammenhang vermutet. Bei der *Interpolation* setzt man schon voraus, daß zwischen beiden Merkmalen ein *funktionaler Zusammenhang* besteht (z.B. aus der Kenntnis gewisser naturwissenschaftlicher Gesetze) und konstruiert „nur noch" für diesen Zusammenhang eine Funktion nach dem zugrundeliegenden Prinzip. Wird ein funktionaler Zusammenhang nur vermutet, so ist die *Korrelationsanalyse* heranzuziehen. Sie liefert unter Verwendung von Methoden der Wahrscheinlichkeitsrechnung/Statistik Aussagen über die *Stärke des vermuteten Zusammenhangs* zwischen den beiden Merkmalen X und Y, die i.a. als Zufallsgrößen aufgefaßt werden.

Als Maß für den linearen Zusammenhang wird der *Korrelationskoeffizient*

$$\rho_{XY}$$

verwendet. Für

$$|\rho_{XY}| = 1$$

besteht dieser lineare Zusammenhang mit der Wahrscheinlichkeit 1.

Die *Regressionsanalyse* untersucht anschließend die Art des Zusammenhangs zwischen den Merkmalen X und Y mit den Mitteln der Wahrscheinlichkeitsrechnung/Statistik. Eine große Bedeutung besitzt dabei die *lineare Regression*, die sich damit befaßt, einen linearen Zusammenhang

$$Y = a\,X + b$$

zwischen den Zufallsgrößen X und Y herzustellen, falls der Korrelationskoeffizient dies zuläßt. Für die vorliegenden Punkte (Stichprobe) führt dies auf das Problem, sie durch eine Gerade

$$y = a\,x + b$$

(*empirische Regressionsgerade*) anzunähern. Dazu wird meistens das *Gaußsche Prinzip der kleinsten Quadrate* verwendet:

$$F(a,b) = \sum_{i=1}^{n} (y_i - a\,x_i - b)^2 \rightarrow \underset{(a,b)}{\text{Minimum}}.$$

Die unbekannten Parameter a und b werden derart bestimmt, daß die Summe der Quadrate der Abweichungen der einzelnen Punkte von der Regressionsgeraden minimal wird. Analog verfährt man bei der nichtlinearen Regression. Es ist nur die Geradengleichung durch die gewünschte Regressionskurve zu ersetzen.

Bevor man eine lineare Regression durchführt, muß man wie bereits erwähnt mittels Korrelationsanalyse feststellen, ob der Grad des linearen Zusammenhangs ausreichend ist, um eine Regressionsgerade nach dem eben beschriebenen Prinzip konstruieren zu können. Da man nur die Punktepaare

$$(x_1, y_1)\,,\ (x_2, y_2)\,,\ \dots\,,\ (x_n, y_n)$$

als Stichprobe besitzt, kann man mit Hilfe des hieraus berechneten *empirischen Korrelationskoeffizienten*

$$r_{XY} = \frac{\sum\limits_{i=1}^{n}(x_i - \overline{x})(y_i - \overline{y})}{\sqrt{\sum\limits_{i=1}^{n}(x_i - \overline{x})^2}\sqrt{\sum\limits_{i=1}^{n}(y_i - \overline{y})^2}}$$

über statistische Tests Aussagen zum linearen Zusammenhang gewinnen und gegebenenfalls die empirische Regressionsgerade konstruieren.

Die Computeralgebra-Programme stellen für die Korrelations- und Regressionsanalyse die folgenden Kommandos zur Verfügung:

MAPLE: Nach dem Laden des Zusatzpakets „Statistik" mittels

with(stats);

wird folgende Vorgehensweise empfohlen:

Die vorliegenden n Punkte

$$(x_1, y_1),\ (x_2, y_2),\ \dots,\ (x_n, y_n)$$

werden mittels des Kommandos

$A := \mathbf{array}(\,[[x_1, y_1], [x_2, y_2], \dots, [x_n, y_n]]\,)$

zu einer Matrix **A** vom Typ (n, 2) zusammengefaßt (n Zeilen und zwei Spalten):

$$\mathbf{A} = \begin{pmatrix} x_1 & y_1 \\ x_2 & y_2 \\ \dots & \dots \\ x_n & y_n \end{pmatrix},$$

die dann mittels des Kommandos

Astat := **putkey**(A, [x, y]);

in eine sogenannte *statistische Matrix* der Form

$$\text{Astat} = \begin{pmatrix} x & y \\ x_1 & y_1 \\ x_2 & y_2 \\ \dots & \dots \\ x_n & y_n \end{pmatrix}$$

umgewandelt wird. Danach liefern die Kommandos

correlation(Astat, x, y);

den Korrelationskoeffizienten,

linregress(Astat, y = x);

die Größen [b, a] für die Regressionsgerade

y = a x + b

und die anschließende Kommandofolge

a := **op**(2, "): b := **op**(1, ""):

statplot(Astat, y = a*x + b);

zeichnet die Punkte

(x_1, y_1) , (x_2, y_2) , ... , (x_n, y_n)

und die hierfür berechnete Regressionsgerade in ein gemeinsames Koordinatensystem, wobei die erste Kommandozeile notwendig ist, um die berechneten Größen den Parametern a und b zuzuordnen (siehe Beispiel 5.15).

Möchte man die in **Astat** befindlichen Punkte durch eine (nichtlineare) Regressionskurve der Form

$$y = f(x; a_1, a_2, ..., a_n) = a_1 f_1(x) + a_2 f_2(x) + ... + a_n f_n(x)$$

annähern, so liefert das Kommando

regression(Astat, y = f(x; a1, a2,..., an));

die Werte für

a_1 , a_2 , ... , a_n

und die anschließende Kommandofolge

assign("):

statplot(Astat, y = f(x; a1, a2,..., an));

zeichnet die Punkte

(x_1, y_1) , (x_2, y_2) , ... , (x_n, y_n)

und die hierfür berechnete Regressionskurve in ein gemeinsames Koordinatensystem, wobei die erste Kommandozeile notwendig ist, um die berechneten Größen den Parametern

a_1 , a_2 , ... , a_n

zuzuordnen (siehe Beispiel 5.15).

MATHCAD: Das Kommando

corr(x, y)

berechnet den Korrelationskoeffizienten (in deutscher Version „*korr*"),

slope(x, y)

berechnet die Steigung a der Regressionsgeraden (in deutscher Version „*neigung*"),

intercept(x, y)

berechnet den Abschnitt b der Regressionsgeraden auf der y-Achse (in deutscher Version „*achsenabschnitt*"), wenn nach der Eingabe des entsprechenden Kommandos ein Gleichheitszeichen eingetippt wird und die Punkte

$$(x_1, y_1)\,,\;(x_2, y_2)\,,\;...\,,\;(x_n, y_n)$$

vorher unter Verwendung der Operatorleisten Nr. 1 und 2 als Spaltenvektoren

$$x := \begin{pmatrix} x_1 \\ ... \\ x_n \end{pmatrix} \qquad y := \begin{pmatrix} y_1 \\ ... \\ y_n \end{pmatrix}$$

eingegeben wurden.

MATHEMATICA: Die Punkte

$$(x_1, y_1)\,,\;(x_2, y_2)\,,\;...\,,\;(x_n, y_n)$$

werden mittels des Zuweisungskommandos

daten := { { x_1, y_1 }, { x_2, y_2 }, ... , { x_n, y_n } }

zu einer Liste zusammengefaßt, die hier mit „*daten*" bezeichnet wurde. Die Regressionsgerade wird mittels des Kommandos

y[x_] := **Fit**[daten, { 1, x }, x]

berechnet und der Funktion y(x) zugewiesen. Die Kommandofolge

p1 := **ListPlot**[daten, DisplayFunction →Identity];

p2 := **Plot**[y[x], { x, a, b }, DisplayFunction → Identity];

Show[p1, p2, DisplayFunction → $DisplayFunction]

zeichnet die gegebenen Punkte

$$(x_1, y_1)\,,\;(x_2, y_2)\,,\;...\,,\;(x_n, y_n)$$

und die berechnete Regressionsgerade in ein gemeinsames Koordinatensystem (siehe Beispiel 5.15).

Für eine (nichtlineare) Regressionskurve

$$y = f(x; a_1, a_2, ..., a_n) = a_1 f_1(x) + a_2 f_2(x) + ... + a_n f_n(x)$$

lautet das entsprechende Kommando

y[x_] := **Fit**[daten, { $f_1(x)$, $f_2(x)$, ..., $f_n(x)$ }, x]   .

Nach dem Laden des Zusatzpaketes „Statistik" kann anstatt des Kommandos „*Fit*" auch das Kommando „*Regress*" (mit gleichem Argument) verwendet werden. Dieses Kommando gibt noch zusätzliche Informationen aus.

Betrachten wir die Arbeit mit den Programmen MAPLE und MATHEMATICA an einem Beispiel.

Beispiel 5.15:

Wir verwenden die fünf Punkte

(1, 1), (2, 4), (3, 3), (4, 4), (5, 5),

für die wir im Beispiel 4.28 ein Interpolationspolynom vierten Grades konstruiert haben.

Jetzt untersuchen wir diese Punkte mittels Korrelations-und Regressionsanalyse. Dafür berechnen wir den empirischen *Korrelationskoeffizienten* und konstruieren anschließend die empirische *Regressionsgerade* und ein *Regressionspolynom* dritten Grades.

Verwenden wir hierzu zuerst das Programm MAPLE.

Zu Beginn müssen wir das Statistikpaket mit dem Kommando

with(stats);

laden.

Danach fassen wir die Punkte unter Verwendung der Zuweisung

A := **array**([[1, 1], [2, 4], [3, 3], [4, 4], [5, 5]]);

in der Matrix

$$A = \begin{pmatrix} 1 & 1 \\ 2 & 4 \\ 3 & 3 \\ 4 & 4 \\ 5 & 5 \end{pmatrix}$$

zusammen, aus der wir mit der Zuweisung

Astat := **putkey**(A, [x, y]);

die statistische Matrix

$$\text{Astat} = \begin{pmatrix} x & y \\ 1 & 1 \\ 2 & 4 \\ 3 & 3 \\ 4 & 4 \\ 5 & 5 \end{pmatrix}$$

bilden.

Das Kommando

correlation(Astat, x, y);

berechnet den empirischen Korrelationskoeffizienten zu

$$\frac{4}{23}\sqrt{23} \approx 0.834$$

und das Kommando

linregress(Astat, y = x);

liefert das Ergebnis [1., 0.8] (d.h. a = 0.8 und b = 1.), das wir mittels der Kommandofolge

a := **op**(2, ") : b := **op**(1, "");

den Parametern a und b zuordnen. Abschließend zeichnet das Kommando

statplot(Astat, y = a*x + b);

die Punkte und die dazugehörige Regressionsgerade

y = 0.8 x + 1

in ein Koordinatensystem.

Jetzt wollen wir die gegebenen Punkte durch ein Regressionspolynom

$$y = a_1\,x^3 + a_2\,x^2 + a_3\,x + a_4$$

dritten Grades annähern. Das Kommando

regression(Astat, y = a1*x^3 + a2*x^2 + a3*x + a4);

berechnet hierfür

$$y = 0.33x^3 - 3.14x^2 + 9.52x - 5.6.$$

Mit der anschließenden Kommandofolge

assign("):

statplot(Astat, y = a1*x^3 + a2*x^2 + a3*x + a4);

erhält man die grafische Darstellung der Punkte und des dazugehörigen Regressionspolynoms in einem Koordinatensystem (siehe Bild 5.9). Dabei dient das Kommando „*assign*" der Zuweisung der berechneten Parameter zu a1, a2, a3 und a4.

Bei der Anwendung von MATHEMATICA kann man folgendermaßen vorgehen.

Mittels der Zuweisung

daten := { {1, 1}, {2, 4}, {3, 3}, {4, 4}, {5, 5} }

bildet man die Datenliste „*daten*". Das Kommando

y[x_] := **Fit**[daten, {1, x}, x]

berechnet die Regressionsgerade

$y = 0.8\,x + 1$

und weist sie der Funktion y[x] zu. Die Kommandofolge

p1 := **ListPlot**[daten, Display $\rightarrow$ Identity];

p1 := **Plot**[y[x], { x, 0, 5 }, Display $\rightarrow$ Identity];

Show[p1, p2, DisplayFunction $\rightarrow$ \$DisplayFunction]

zeichnet die Punkte und die dazugehörige Regressionsgerade in dasselbe Koordinatensystem (siehe Bild 5.10).

Für das Regressionspolynom

$$y = a_1\,x^3 + a_2\,x^2 + a_3\,x + a_4$$

berechnet das Kommando

Fit[daten, { 1, x, x^2, x^3 }, x]

die schon mittels Maple erhaltenen Werte für

a_1 , a_2 , a_3 und a_4.

Bild 5.9:
Regressionspolynom aus Beispiel 5.15 mittels MAPLE

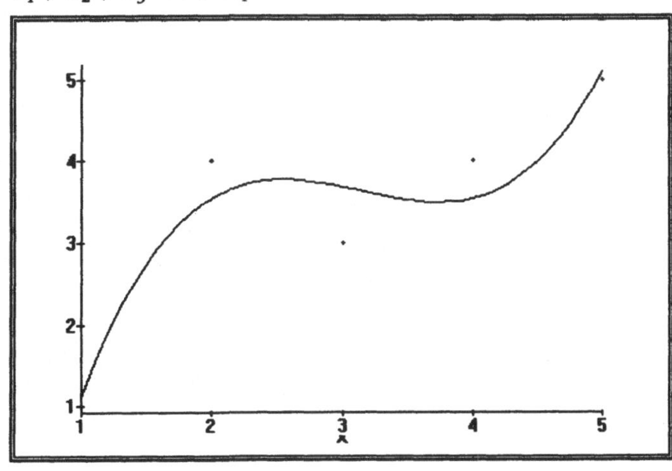

Bild 5.10:
Regressions-
gerade aus
Beispiel 5.15
mittels MATHE-
MATICA

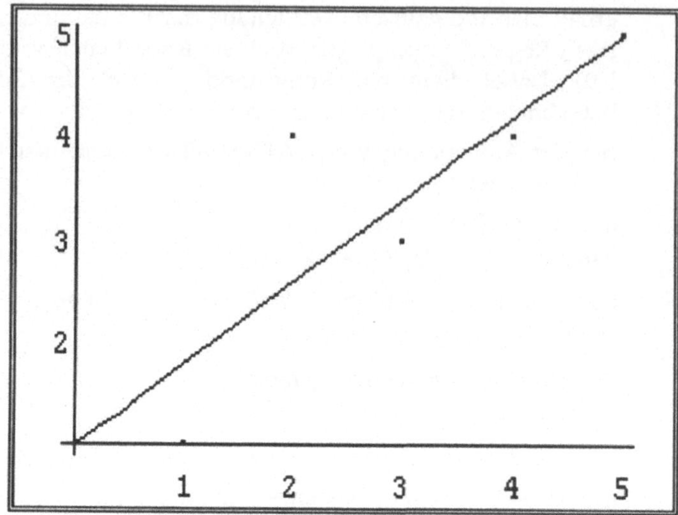

5.5 Wirtschaftsmathematik

Die Wirtschaftsmathematik ist ein weitgefächertes Gebiet. Hierzu kann man alle mathematischen Gebiete rechnen, die zur Lösung von Problemen der Wirtschaft herangezogen werden. Folgerichtig zählen deshalb viele der bis jetzt behandelten mathematischen Problemstellungen dazu. So werden alle im Kapitel 4 betrachteten Standardaufgaben auch für mathematische Methoden in der Wirtschaft benötigt. Hinzu kommen u.a. als *weiterführende Gebiete:*

- *Statistik- und Wahrscheinlichkeitsrechnung,*

- *Operations Research* (u.a. *Graphentheorie, Spieltheorie, Optimierungstheorie, Bedienungstheorie, Lagerhaltungstheorie*),

- *Finanzmathematik,*

- *Versicherungsmathematik,*

von denen wir in diesem Kapitel schon einige behandelt haben. Für die restlichen Gebiete werden nur noch zur Finanzmathematik Standardkommandos in den Computeralgebra-Programmen gefunden.

Es gilt für die Lösung von Problemen der Wirtschaftsmathematik natürlich auch das schon mehrmals gegebene Gebot:

> *Durch Erstellen eigener Programme mit den in den Computeralge-*
> *bra-Programmen vorhandenen Programmiersprachen lassen sich*
> *viele Aufgaben lösen, für die zur Zeit noch keine Kommandos im*
> *Kern oder in den Zusatzpaketen existieren.*

Für eine Vielzahl von Aufgaben zur Lösung ökonomischer Probleme (u.a. Spieltheorie, Stochastische Prozesse) findet man fertige MA-THEMATICA-Pakete (auf Diskette) in dem Buch [70].

Zur *Finanzmathematik* konnten folgende *Kommandos* in den Computeralgebra-Programmen gefunden werden:

DERIVE: Den finanzmathematischen Kommandos liegt die folgende Gleichung zugrunde:

$$a(1+i)^n + p(1+i \cdot t)\frac{(1+i)^n - 1}{i} + f = 0.$$

Dabei bezeichnen

a – die momentane Darlehenshöhe,

p – den ständig zu zahlenden Festbetrag (Rente),

n – die Anzahl von Zahlungen,

i – den Zinssatz für eine Periode,

f – den Endwert aller Zahlungen.

Hier wird das Problem behandelt, ein *Darlehen* durch periodische Zahlungen in einem bestimmten Zeitraum abzuzahlen. Zusätzlich lassen sich auch Guthaben berechnen, die durch regelmäßige Einzahlungen entstehen. Dabei bedeuten positive Werte für a, p und f Zahlungseingänge, während negative Werte Zahlungsausgänge bezeichnen.

Die in DERIVE vorhandenen Kommandos berechnen bei Vorgabe von vier der obigen Größen a, p, n, i und f die fünfte, d.h., es gibt fünf verschiedene Kommandos. In das Argument der Kommandos kann neben diesen vier Größen noch ein fünfter Wert t eingetragen werden. Dieser steht für die Zahlungsart und liegt im Intervall [0, 1] (d.h. $0 \leq t \leq 1$). Fehlt t im Argument, so wird t = 0 verwendet. t = 0 steht dafür, daß am Beginn (vorschüssig), während bei t = 1 am Ende (nachschüssig) der Periode gezahlt wird.

Die fünf vorhandenen Kommandos lauten:

– **pval**(i, n, p, f, t)   berechnet die momentane *Darlehenshöhe* a (Voreinstellung f = 0),

– **fval**(i, n, p, a, t)   berechnet den *Endwert aller Zahlungen* f (Voreinstellung a = 0),

– **pmt**(i, n, a, f, t)   berechnet p (Voreinstellungen a = 0, f = 0),

- **nper**(i, p, a, f, t)　berechnet n (Voreinstellungen a = 0, f = 0),
- **rate**(n, p, a, f, t)　berechnet den *Zinssatz* i (Voreinstellungen a = 0, f = 0).

Bei jedem Kommando ist aus den Argumenten sofort ersichtlich, welcher Wert berechnet wird. Die Voreinstellungen werden bei der Rechnung verwendet, falls diese Argumente fehlen. Dies funktioniert aber nur, wenn das fünfte Argument t auch fehlt.

Die gegebenen Kommandos sind unter

Author:

einzugeben und mittels

approX

zu aktivieren.

Beispiel 5.16:

a) Ein Kredit von 10000 DM zu einem Zinssatz von 12% (pro Jahr) soll in 5 Jahren in jährlichen Raten zurückgezahlt werden. Die Kommandofolge

    Author: pmt(12%, 5, 10000) $\Rightarrow$ **approX**

    berechnet das Ergenis 2774.10 für die jährlichen Ratenzahlungen.

b) Soll der Kredit aus Aufgabe a) in monatlichen Raten zurückgezahlt werden (d.h. der Zinssatz beträgt 1% pro Monat), so liefert die Kommandofolge

    Author: pmt(1%, 60, 10000) $\Rightarrow$ **approX**

    das Ergebnis 222.45.

c) Auf ein Sparbuch mit einem Guthaben von 5000 DM werden zu Beginn eines Monats 10 Jahre lang 50 DM eingezahlt. Gesucht ist das Guthaben nach 10 Jahren, wenn der Zinssatz 4% (pro Jahr) beträgt. Als Ergebnis erhält man mittels der Kommandofolge

    Author: fval(4%/12, 10*12, -50, -5000) $\Rightarrow$ **approX**

    das Endguthaben von 14816.60 DM.

MAPLE:　Nach dem Laden des Zusatzprogramms „Finanzen" mittels

readlib(finance);

stehen die folgenden Kommandos zur Verfügung:

- **finance**(amount = a, interest = i, payment = p);
- **finance**(amount = a, payment = p, periods = n);
- **finance**(amount = a, interest = i, periods = n);
- **finance**(interest = i, payment = p, periods = n);　,

d.h., diese Kommandos berechnen aus drei der vier Größen „Darlehen" (*amount*), „Zinsen pro Zeitraum" (*interest*), „Rückzahlung pro Zeitraum" (*payment*), „Zeitraum" (*periods*) die vierte. Dabei stellen a ein Darlehen in einer bestimmten Währung, i den zu zahlenden Zinssatz pro Zeitraum, p die pro Zeitraum zu tätigende Rückzahlung (Rente) und n die Anzahl der Zeiträume (Monate, Jahre) dar. Damit wird das Problem gelöst, ein zu einem festen Zinssatz aufgenommenes Darlehen in einer vereinbarten Zeit zurückzuzahlen. Bei monatlichen Rückzahlungen ist dabei zu beachten, daß der jährliche Zinssatz durch 12 zu teilen ist.

Ein weiteres Kommando lautet

amortization(a, i, p);   ,

wobei die Argumente a, i und p die gleiche Bedeutung wie beim Kommando „*finance*" besitzen. Dieses Kommando liefert ein Schema für die Rückzahlung eines Darlehens, wobei der pro Zeitraum zurückzuzahlende Betrag vorher (z.B. mit dem Kommando „*finance*") zu berechnen ist. Das berechnete Schema enthält für jeden Zeitraum die Nummer, den zu zahlenden Betrag p, die zu zahlenden Zinsen z, die Differenz p–z und die Restschuld.

Beispiel 5.17:

a) Die Aufgabe a) aus Beispiel 5.16 wird mittels

    finance(amount = 10000, interest = 0.12, periods = 5);

    gelöst und man erhält 2774.10. Anschließend ergibt sich mit dem Kommando

    amortization(10000, 0.12, 2774.10);

    das Rückzahlungsschema (als Feld) aus Bild 5.11.

Bild 5.11:
Rückzahlungsschema für Aufgabe a) aus Beispiel 5.17

```
array(0 .. 5, [
      (0) = [ 0, 0, 0, 0, 10000.00 ]
      (1) = [ 1, 2774.10, 1200.00, 1574.10, 8425.90 ]
      (2) = [ 2, 2774.10, 1011.11, 1762.99, 6662.91 ]
      (3) = [ 3, 2774.10, 799.55, 1974.55, 4688.36 ]
      (4) = [ 4, 2774.10, 562.60, 2211.50, 2476.86 ]
      (5) = [ 5, 2774.08, 297.22, 2476.86, 0 ]
      ])
```

b) Die Aufgabe b) aus Beispiel 5.16 wird mittels

    finance(amount = 10000, interest = 0.01, periods = 60);
    gelöst und man erhält 222.45. Anschließend ergibt sich mit dem Kommando **amortization**(10000, 0.01, 222.45);
    das Rückzahlungsschema (als Feld) aus Bild 5.12.

Bild 5.12:
Rückzahlungs-
schema für
Aufgabe b) aus
Beispiel 5.17

```
array(0 .. 60, [
      (0) = [0, 0, 0, 0, 10000.00]
      (1) = [1, 222.45, 100.00, 122.45, 9877.55]
      (2) = [2, 222.45, 98.78, 123.67, 9753.88]
      (3) = [3, 222.45, 97.54, 124.91, 9628.97]
      (4) = [4, 222.45, 96.29, 126.16, 9502.81]
      (5) = [5, 222.45, 95.03, 127.42, 9375.39]
      (6) = [6, 222.45, 93.75, 128.70, 9246.69]
      (7) = [7, 222.45, 92.47, 129.98, 9116.71]
      (8) = [8, 222.45, 91.17, 131.28, 8985.43]
      (9) = [9, 222.45, 89.85, 132.60, 8852.83]
      (10) = [10, 222.45, 88.53, 133.92, 8718.91]
      (11) = [11, 222.45, 87.19, 135.26, 8583.65]
      (12) = [12, 222.45, 85.84, 136.61, 8447.04]
      (13) = [13, 222.45, 84.47, 137.98, 8309.06]
      (14) = [14, 222.45, 83.09, 139.36, 8169.70]
      (15) = [15, 222.45, 81.70, 140.75, 8028.95]
      (16) = [16, 222.45, 80.29, 142.16, 7886.79]
      (17) = [17, 222.45, 78.87, 143.58, 7743.21]
      (18) = [18, 222.45, 77.43, 145.02, 7598.19]
      (19) = [19, 222.45, 75.98, 146.47, 7451.72]
      (20) = [20, 222.45, 74.52, 147.93, 7303.79]
      (21) = [21, 222.45, 73.04, 149.41, 7154.38]
      (22) = [22, 222.45, 71.54, 150.91, 7003.47]
      (23) = [23, 222.45, 70.03, 152.42, 6851.05]
      (24) = [24, 222.45, 68.51, 153.94, 6697.11]
      (25) = [25, 222.45, 66.97, 155.48, 6541.63]
      (26) = [26, 222.45, 65.42, 157.03, 6384.60]
      (27) = [27, 222.45, 63.85, 158.60, 6226.00]
      (28) = [28, 222.45, 62.26, 160.19, 6065.81]
      (29) = [29, 222.45, 60.66, 161.79, 5904.02]
      (30) = [30, 222.45, 59.04, 163.41, 5740.61]
      (31) = [31, 222.45, 57.41, 165.04, 5575.57]
      (32) = [32, 222.45, 55.76, 166.69, 5408.88]
      (33) = [33, 222.45, 54.09, 168.36, 5240.52]
      (34) = [34, 222.45, 52.41, 170.04, 5070.48]
      (35) = [35, 222.45, 50.70, 171.75, 4898.73]
      (36) = [36, 222.45, 48.99, 173.46, 4725.27]
      (37) = [37, 222.45, 47.25, 175.20, 4550.07]
      (38) = [38, 222.45, 45.50, 176.95, 4373.12]
      (39) = [39, 222.45, 43.73, 178.72, 4194.40]
      (40) = [40, 222.45, 41.94, 180.51, 4013.89]
      (41) = [41, 222.45, 40.14, 182.31, 3831.58]
      (42) = [42, 222.45, 38.32, 184.13, 3647.45]
      (43) = [43, 222.45, 36.47, 185.98, 3461.47]
      (44) = [44, 222.45, 34.61, 187.84, 3273.63]
      (45) = [45, 222.45, 32.74, 189.71, 3083.92]
      (46) = [46, 222.45, 30.84, 191.61, 2892.31]
      (47) = [47, 222.45, 28.92, 193.53, 2698.78]
      (48) = [48, 222.45, 26.99, 195.46, 2503.32]
      (49) = [49, 222.45, 25.03, 197.42, 2305.90]
      (50) = [50, 222.45, 23.06, 199.39, 2106.51]
      (51) = [51, 222.45, 21.07, 201.38, 1905.13]
      (52) = [52, 222.45, 19.05, 203.40, 1701.73]
      (53) = [53, 222.45, 17.02, 205.43, 1496.30]
      (54) = [54, 222.45, 14.96, 207.49, 1288.81]
      (55) = [55, 222.45, 12.89, 209.56, 1079.25]
      (56) = [56, 222.45, 10.79, 211.66, 867.59]
      (57) = [57, 222.45, 8.68, 213.77, 653.82]
      (58) = [58, 222.45, 6.54, 215.91, 437.91]
      (59) = [59, 222.45, 4.38, 218.07, 219.84]
      (60) = [60, 222.04, 2.20, 219.84, 0]
      ])
```

Die mit den Kommandos von DERIVE und MAPLE gelösten Probleme gehören zu den Gebieten *Renten-* und *Tilgungsrechnung.*

Für weitere *Gebiete* der *Finanzmathematik,* wie

- *Zinsezinsrechnung,*

- *Diskontierung,*

- *Abschreibung,*

- *Kursrechnung*

können die in den Lehrbüchern dazu gegebenen Formeln ohne
große Mühe in den einzelnen Computeralgebra-Programmen programmiert werden.

6 Programmierung

6.1 Einführung

In den bisherigen Kapiteln haben wir *Zusatzpakete* (MAPLE und MATHEMATICA), *Zusatzdateien* (DERIVE) und *Dokumente* (MATH-CAD) zur Lösung spezieller Probleme verwendet, wenn hierfür kein entsprechendes Kommando im Kern (Standardkommando) des verwendeten Computeralgebra-Programms existierte. Dazu mußten wir lediglich mittels eines *Ladekommandos* dieses Paket (Datei, Dokument) laden und konnten dann mit den darin enthaltenen Kommandos arbeiten. Wir haben auch schon erwähnt, daß für die Programme DERIVE, MAPLE, MATHCAD und MATHEMATICA regelmäßig neue Pakete (Dateien, Dokumente) erscheinen. Es ist aber manchmal erforderlich, daß man auch eigene Pakete (Dateien) schreiben muß, um spezielle Probleme lösen zu können, für die man bisher noch kein passendes Paket gefunden hat.

Deshalb geben wir im folgenden eine kurze Einführung in die umfangreichen Programmiermöglichkeiten im Rahmen der Computeralgebra-Programme. Eine umfassende Behandlung der Problematik ist im Rahmen unserer Einführung nicht möglich. Hierfür muß auf die Literatur verwiesen werden ([19], [33], [51], [52], [107]).

Diese Einführung soll vor allem dazu dienen, einfache Programme zu schreiben, um sich damit die Arbeit bei der Lösung spezieller Probleme zu erleichtern. Eigene Kenntnisse in der Programmierung sind auch noch nützlich, wenn man sich vorhandene Pakete ansehen will, um diese eventuell den eigenen Erfordernissen anzupassen.

Wer schon Kenntnisse in einer Programmiersprache wie BASIC, C, FORTRAN, PASCAL,.... hat, kann ohne große Mühe mittels der Sprachen der Computeralgebra-Programme eigene Programme erstellen. Dies liegt darin begründet, daß in den Computeralgebra-Programmen ebenfalls die in den Programmiersprachen verwendeten *Zuweisungen, Schleifen, Verzweigungen, Unterprogramme* usw. bekannt sind, die zur Erstellung einfacher Programme ausreichen.

Neben dieser sogenannten *prozeduralen Programmierung* werden in den Computeralgebra-Programmen MAPLE und MATHEMATICA weitergehende Möglichkeiten (z.B. *Listenverarbeitung, regelbasierte* und *funktionale Programmierung*) geboten, die das Erstellen effektiverer und schnellerer Programme gestatten. Dies sind aber Aufgaben für den fortgeschrittenen Programmierer, der Anregungen in der oben gegebenen Literatur findet. Man bezeichnet MAPLE und MATHEMATICA nicht zu Unrecht als Programmiersprachen, die ohne weiteres mit modernen Programmiersprachen wie BASIC, C, PASCAL,... konkurrieren können. Wenn Aufgaben mathematischer Natur zu lösen sind, besitzen beide sogar Vorteile. Die beiden *Programmiersprachen* MAPLE und MATHEMATICA unterscheiden sich leider voneinander. Erste Unterschiede sind schon aus den im folgenden gegebenen Befehlen zur prozeduralen Programmierung ersichtlich. Beim tieferen Eindringen in beide Programmiersprachen ergeben sich weitere Unterschiede, so daß jede Sprache einzeln erlernt werden muß.

Im folgenden möchten wir eine erste Vorstellung vermitteln, welche zusätzlichen Möglichkeiten sich durch eigene Programmierung ergeben.

Dazu beschäftigen wir uns zuerst mit der *Definition von Funktionen*, die jeder Anwender von Computeralgebra-Programmen beherrschen sollte, da Funktionen die Arbeit wesentlich erleichtern.

Im daran anschließenden Abschnitt 6.3 besprechen wir die *grundlegenden Befehle* (Anweisungen) zu *Verzweigungen* und *Schleifen*, um einfache Zusatzpakete und -dateien schreiben zu können.

Im letzten Abschnitt 6.4 analysieren wir kurz *Struktur* und *Aufbau* von *Zusatzpaketen* und *-dateien* in den einzelnen Computeralgebra-Programmen.

6.2   Funktionen

Funktionen spielen eine wesentliche Rolle bei der Arbeit mit den Computeralgebra-Programmen und bringen große Arbeitserleichterungen.

Betrachten wir die Problematik an zwei *charakteristischen*, häufig vorkommenden *Fällen:*

– Als *Ergebnis einer Rechnung* (z.B. Berechnung eines unbestimmten Integrals, Lösung einer Differentialgleichung) erhält man einen Funktionsausdruck, der in weiteren Rechnungen verwendet werden soll. Es empfiehlt sich, diesen Ausdruck eine

Funktionsbezeichnung z.B. f(x) zuzuweisen (falls der Ausdruck von der Veränderlichen x abhängt), so daß man später nur noch diese Bezeichnung f(x) verwendet, anstatt jedes Mal den gesamten Ausdruck eingeben zu müssen.

– Wenn man häufig *Formeln* oder *Ausdrücke* anwenden möchte, die in dem Computeralgebra-Programm nicht vorhanden sind, empfiehlt es sich ebenfalls, dieser Formel eine Funktionsbezeichnung zuzuweisen.

Die Programme gestatten es auch, die während einer Arbeitssitzung definierten *Funktionen abzuspeichern*, so daß bei einer späteren Sitzung diese Funktionen wieder *eingelesen* und damit verwendet werden können. Die hierfür notwendige Vorgehensweise gestaltet sich analog zu den im Kapitel 6.4 besprochenen Möglichkeiten.

Bei der *Definition* von *Funktionen* ist darauf zu achten, daß nicht Namen *vordefinierter Funktionen* und *Konstanten* (*reservierte Namen*), wie z.B. *abs, sqrt, sin, pi, e* usw. verwendet werden.

Beispiel 6.1:

a) Als Lösung der Differentialgleichung

$$x^2\,y'' - x\,y' + 2\,y = 0$$

mit den Anfangsbedingungen

$$y(1) = 1 \text{ und } \quad y'(1) = 2$$

wird der Ausdruck

$$x\,(\,\cos(\,\ln x\,) + \sin(\,\ln x\,)\,)$$

erhalten (d.h. auf dem Bildschirm angezeigt). Soll er später weiterverwendet werden, so kann er z.B. der Funktion y(x) durch

$$y(x) := x\,(\,\cos(\,\ln x\,) + \sin(\,\ln x\,)\,)$$

zugewiesen werden.

b) In der Zinseszinsrechnung berechnet sich das Kapital

$$K_n$$

nach n Jahren Verzinsung (mit Zins und Zinseszins) bei einem Zinssatz p aus dem Anfangskapital

$$K_0$$

durch die Formel

$$K_n = K_0\left(1 + \frac{p}{100}\right)^n.$$

Wenn man diese Formel häufig anwenden muß, empfiehlt es sich, eine Funktion

$$K_n(K_o,\ p,\ n) := K_o\left(1 + \frac{p}{100}\right)^n$$

mit den drei Veränderlichen

K_o p   n

zu definieren, die als Funktionswert das Kapital

K_n

liefert.

c) Häufig trifft man auf Funktionen, die sich aus mehreren analytischen Ausdrücken zusammensetzen, wie z.B.

$$f(x) = \begin{cases} x - 2 & \text{für } x \geq 1 \\ -1 & \text{für } -1 \leq x \leq 1 \\ -x - 2 & \text{für } x \leq -1 \end{cases}$$

Weitere Rechnungen mit dieser Funktion gestalten sich wesentlich einfacher, wenn man sie einem Funktionssymbol $f(x)$ zuweist und dann $f(x)$ anstatt des komplizierten obigen Ausdrucks weiterverwendet.

Betrachten wir typische *Vorgehensweisen* bei der *Funktionsdefinition* innerhalb der einzelnen Computeralgebra-Programme.

6.2.1   DERIVE

Mit der Kommandofolge

Declare ⇒ **Function** (⇒ **name:** ⇒ **value:**)

wird der Name der zu definierenden Funktion hinter

name:

eingegeben. Dabei kann der Funktionsname aus mehreren Buchstaben bestehen, auch wenn der Eingabemodus

Options ⇒ **Input**

auf „*Character*" eingestellt ist. Wird nicht zwischen Groß- und Kleinschreibung unterschieden (Standardeinstellung in DERIVE.INI), so können Variablen- und Funktionsnamen sowohl mit Groß- als auch Kleinbuchstaben eingegeben werden. DERIVE stellt dann Funktionen mit großen und Variablen mit kleinen Buchstaben dar.

Nach der Eingabe des Namens wird anschließend hinter

value:

der Funktionsausdruck entweder direkt eingegeben oder mittels Markierung des bereits im Arbeitsfenster befindlichen Ausdrucks und Betätigung der F3- oder F4-Taste eingefügt.

Mittels der Kommandofolge

Declare $\Rightarrow$ **Variable** ($\Rightarrow$ **name:** Funktionsname) $\Rightarrow$ **value**

kann man eine definierte Funktion wieder löschen.

Die Kommandofolge

Transfer $\Rightarrow$ **Clear**

löscht das gesamte Arbeitsfenster und damit auch alle während einer Arbeitssitzung definierten Funktionen.

Eine weitere Möglichkeit zur Definition einer Funktion ist durch die direkte Eingabe in

Author:

möglich, wie wir im folgenden Beispiel sehen werden.

Beispiel 6.2:

a) Die Zinseszinsformel

$$K_o\left(1+\frac{p}{100}\right)^n$$

aus der Aufgabe b) von Beispiel 6.1 kann folgendermaßen einer Funktion Kn(Ko, n, p) zugewiesen werden:

a1) Nach der Anwendung der Kommandofolge

Declare $\Rightarrow$ **Function** ($\Rightarrow$ **name:** Kn $\Rightarrow$**value:**Ko* (1+p/100)^n)

erscheint die definierte Funktion auf dem Bildschirm:

$$KN(\ ko,\ n,\ p\ ) := ko\left[1+\frac{p}{100}\right]^n,$$

wenn vorher noch aufgrund der aus zwei Buchstaben bestehenden Variablen Ko über

Options $\Rightarrow$ **Input**

auf Worteingabe umgeschaltet wurde. Man beachte, daß unabhängig von der Eingabe die Funktionsnamen immer mit Großbuchstaben und die Variablennamen immer mit Kleinbuchstaben dargestellt werden.

a2) Mittels der Direkteingabe

Author: Kn(Ko, n, p):= Ko*(1 + p/100)^n $\Rightarrow$ **Simplify**

erscheint die gleiche Funktionsdarstellung auf dem Bildschirm wie bei a1).

Möchte man die Funktion Kn für konkrete Werte berechnen, z.B.

Ko = 10000,   n = 5,   p = 4,

so braucht man nur die Kommandofolge

Author: kn(10000, 5, 4) $\Rightarrow$ **Simplify** (oder **approX**)

zu aktivieren und erhält auf dem Bildschirm das Ergebnis

$$\frac{190102016}{15625}$$

bei Verwendung des Kommandos „*Simplify*" bzw.

12166.5

bei Verwendung des Kommandos „*approX*".

b) Die Funktion

$$f(x) = \begin{cases} x^2 & \text{für } x \leq 0 \\ e^x & \text{für } x > 0 \end{cases}$$

läßt sich unter Verwendung des z.B. aus PASCAL bekannten Befehls „*if*" (siehe Abschnitt 6.3.1) durch

f(x) := **if**(x < = 0, x^2, ê^x)

definieren.

c) Die bekannte Vorzeichenfunktion

$$\text{signum}(x) = \begin{cases} 1 & \text{für } x > 0 \\ 0 & \text{für } x = 0 \\ -1 & \text{für } x < 0 \end{cases}$$

läßt sich durch Schachtelung des Befehls „*if*" mittels

sgn(x) := **if**(x > 0, 1, **if**(x < 0, −1, 0))

definieren.

6.2.2   MAPLE

Ein Funktionsausdruck
A(x)

mit einer Veränderlichen x wird mittels

f := x $\rightarrow$ A(x);

und ein Ausdruck mit n Veränderlichen

$A(x_1,...,x_n)$

mittels

g := (x1,...,xn) → A(x1,...,xn);

einer Funktion

f(x)   bzw. $g(x_1,...,x_n)$

zugewiesen, wobei der Pfeil → durch − und > einzugeben ist. Bei den *Funktionsnamen* wird zwischen Groß- und Kleinschreibung unterschieden, d.h., daß z.B. f und F verschiedene Funktionen darstellen. Wie man vorgeht, wenn man das Ergebnis einer vorhergehenden Rechnung einer Funktion zuweisen möchte, ist aus den folgenden Beispielen ersichtlich.

Beispiel 6.3:

a) Die *Zinseszinsformel* von Aufgabe b) aus Beispiel 6.1 kann folgendermaßen eingegeben werden:

Kn := (Ko, n, p) → Ko*(1 + p/100)^n;

Das Kommando

Kn(10000, 5, 4);

liefert das schon von DERIVE erhaltene Ergebnis.

b) Die Funktion

$$f(x) = \begin{cases} x^2 & \text{für } x \leq 0 \\ e^x & \text{für } x > 0 \end{cases}$$

läßt sich unter Verwendung des z.B. schon aus PASCAL bekannten Befehls „*if*" (siehe Abschnitt 6.3.2) durch

f := x → **if** x <= 0 **then** x^2 **else** exp(x) **fi** ;

definieren und mittels

plot(f, −2..2);

im Intervall [−2, 2] zeichnen und besitzt den im Bild 6.1 dargestellten Graphen.

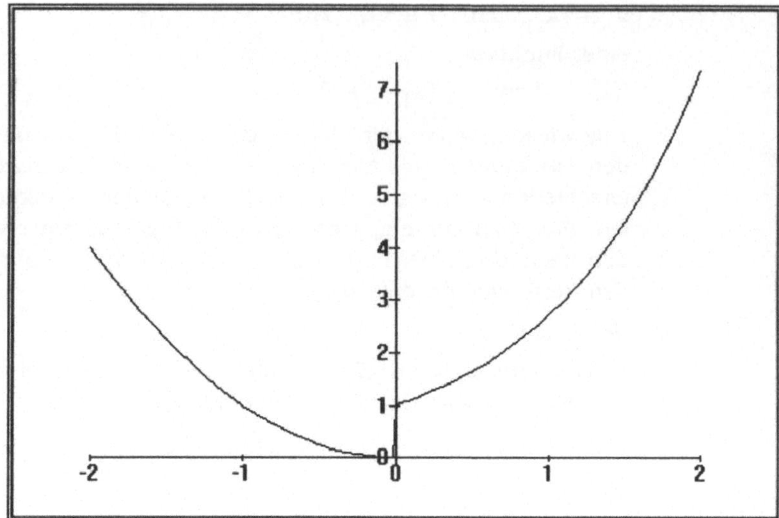

c) Die bekannte Vorzeichenfunktion

$$\text{signum}(x) = \begin{cases} 1 & \text{für } x > 0 \\ 0 & \text{für } x = 0 \\ -1 & \text{für } x < 0 \end{cases}$$

wird mittels

sgn := x → **if** x > 0 **then** 1 **elif** x = 0 **then** 0 **else** −1 **fi** ;

definiert und mittels

plot(sgn, −5, 5);

im Intervall [−5, 5] gezeichnet. Dabei ist „*elif*" aus „*else*" und „*if*"
entstanden (siehe Abschnitt 6.3.2).

d) Das *Integrations-Kommando*

integrate(x^5, x);

liefert das Ergebnis

$$\frac{1}{6} x^6 .$$

Möchte man es der Funktion y(x) zuweisen, so ist das Kommando

y := **unapply**(", x);

anzuschließen. Als Ergebnis erscheint auf dem Bildschirm die bekannte Funktionsdefinition

$$y := x \rightarrow \frac{1}{6} x^6,$$

d.h., wir können jetzt mit der Funktion

$$y(x) = \frac{1}{6} x^6$$

weiterrechnen und sie mittels

plot(y, a..b);   oder   **plot**(y(x), x=a..b);

im Intervall [a, b] zeichnen.

e) Das Differentiations-Kommando

diff(x^y, y);

liefert das Ergebnis

$x^y \ln(x)$.

Mit dem Kommando

f := **unapply**(", x, y);

wird es der Funktion f zugewiesen. Auf dem Bildschirm erscheint die bekannte Funktionsdefinition

$f := (x, y) \rightarrow x^y \ln(x),$

d.h., wir können jetzt mit der Funktion

$f(x, y) = x^y \ln x$

weiterrechnen und sie mittels

plot3d(f, a..b, c..d);   oder   **plot3d**(f(x,y), x=a..b, y=c..d);

im Bereich $a \leq x \leq b$, $c \leq x \leq d$ zeichnen.

f) In der Aufgabe f) des Beispiels 4.36 haben wir mit dem Kommando

dsolve({ diff(y(x), x$2) + x*diff(y(x), x) − 2*y(x) = 0, D(y)(0) = 0, y(0) = 1 }, y(x));

die Differentialgleichung

$y'' + x\, y' - 2\, y = 0$

mit den Anfangsbedingungen

$y(0) = 1$ und $y'(0) = 0$

gelöst. Das Ergebnis erscheint in der folgenden Form auf dem Bildschirm

$y(x) = x^2 + 1.$

Die angezeigte *Zuweisung* (mittels Gleichheitszeichen) der Lösung
$x^2 + 1$ zur Funktion y(x) ist *aber nur symbolischer Natur*. Dies
bedeutet, daß für weitere Rechnungen mit der Funktion y(x) eine
anschließende Zuweisung mittels

    y := **unapply**(**rhs**("), x);

durchgeführt werden muß. Dieses Kommando liefert das Resultat
(auf dem Bildschirm)

    $y := x \rightarrow x^2 + 1,$

d.h. die bekannte Funktionsdefinition. Im weiteren kann man jetzt
mit der Funktion y(x) rechnen und sie mittels

    plot(y, a..b);   oder   **plot**(y(x), x=a..b);

im Intervall [a, b] zeichnen.

Bei der grafischen Darstellung definierter Funktionen ist zu beachten, daß bei der Verwendung von Befehlen (z.B. „*if*") in der Funktionsdefinition im Zeichenkommando „*plot*" die Variablen nicht erscheinen dürfen (siehe Aufgabe b) und c) aus Beispiel 6.3).

6.2.3   MATHCAD

Unter Verwendung des Zuweisungsoperators „:=" aus der Operatorleiste Nr.1 wird einem gegebenen Ausdruck $A(x_1,...,x_n)$ mittels

f(x1,..., xn) := A(x1,..., xn)

die Funktion f zugewiesen, wobei bei den Funktionsnamen zwischen Groß- und Kleinschreibung unterschieden wird. Anschliessend kann man mit dieser Funktion f arbeiten (rechnen).

Beispiel 6.4:

Die folgenden Funktionsdefinitionen wurden direkt vom Arbeitsbild-
schirm übernommen und zeigen anschaulich die Vorgehensweise:

$$f(x) := x^2 \qquad f(2) = 4$$

$$g(x1, x2) := x1 \cdot x2 \qquad g(2,3) = 6$$

$$sgn(x) := if(x < 0, -1, if(x > 0, 1, 0))$$

$$sgn(2) = 1 \qquad sgn(0) = 0 \qquad sgn(-7) = -1$$

Möchte man einen aus einer voherigen Rechnung erhaltenen Funktionsausdruck einer Funktion zuordnen, so geht man analog wie
eben beschrieben vor. Man braucht jetzt aber den Funktionsausdruck nicht erneut einzutippen, sondern umrahmt ihn mit einer Selektionsbox und kopiert ihn mittels der Menüfolge

Edit ⇒ Copy

in die Zwischenablage. Das Einfügen an der gewünschten Stelle geschieht anschließend mittels der Menüfolge

Edit ⇒ Paste   .

Dies entspricht dem bekannten Kopieren bei WINDOWS-Programmen.

6.2.4   MATHEMATICA

Ein Ausdruck

$A(x)$

mit einer Veränderlichen wird mittels

f[x_] := $A(x)$

und ein Ausdruck mit n Veränderlichen

$A(x_1,...,x_n)$

mittels

g[x1_, ... , xn_] := $A(x1, ... , xn)$

einer Funktion zugewiesen, wobei bei den *Funktionsnamen* zwischen Groß- und Kleinschreibung unterschieden wird. Statt des Zuweisungsoperators „:=" kann auch (muß auch in gewissen Fällen) „=" verwendet werden (siehe Abschnitt 6.3). Wie man vorgeht, wenn man das Ergebnis einer vorhergehenden Rechnung einer Funktion zuweisen möchte, ist aus den folgenden Beispielen ersichtlich.

Beispiel 6.5:

a) Die *Zinseszinsformel* von Aufgabe b) aus Beispiel 6.1 wird mittels

Kn[Ko_, n_, p_] := Ko*(1 + p/100)^n

eingegeben und das Kommando

Kn[10000, 5, 4]

liefert das schon mit DERIVE erhaltene Ergebnis.

b) Die Funktion

$$f(x) = \begin{cases} x^2 & \text{für } x \le 0 \\ e^x & \text{für } x > 0 \end{cases}$$

läßt sich mit dem Kommando

f[x_] := **If**[x <= 0, x^2, Exp[x]]

definieren und mittels

Plot[f[x], { x, −2, 2 }]

im Intervall [−2, 2] zeichnen.

c) Die Vorzeichenfunktion

$$\text{signum}(x) = \begin{cases} 1 & \text{für } x > 0 \\ 0 & \text{für } x = 0 \\ -1 & \text{für } x < 0 \end{cases}$$

läßt sich mit dem Kommando

sgn[x_] := **Which**[x < 0, −1, x > 0, 1, x == 0, 0]

definieren und mittels

Plot[sgn[x], { x, −5, 5 }]

im Intervall [−5, 5] zeichnen und besitzt den Graphen aus Bild 6.2.

Bild 6.2:
Graph der
Vorzeichen-
funktion mittels
MATHE-
MATICA

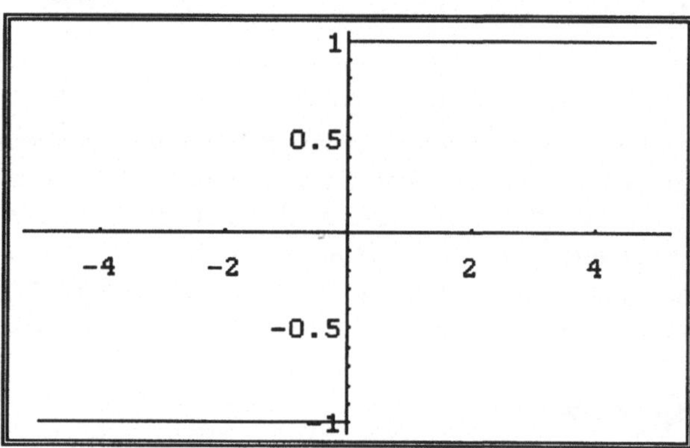

d) Das *Integrations-Kommando*

Integrate[x^5, x]

liefert das Ergebnis

$$\frac{1}{6} x^6.$$

Möchte man es der Funktion y(x) zuweisen, so ist das Kommando

y[x_] := %

anzuschließen.

e) Das *Differentiations-Kommando*

D[x^y, y]

liefert das Ergebnis

$x^y \text{Log}[x]$.

Mit dem Kommando

f[x_, y_] := %

wird es der Funktion f zugewiesen, d.h.

$f(x, y) = x^y \ln x$.

f)   In der Aufgabe f) des Beispiels 4.36 haben wir mit dem Kommando

DSolve[{ y''[x] + x*y'[x] − 2*y[x] == 0, y'[0] == 0, y[0] == 1 }, y[x], x]

die Differentialgleichung

$y'' + x\, y' - 2\, y = 0$

mit den Anfangsbedingungen

$y(0) = 1$ und $y'(0) = 0$

gelöst. Das Ergebnis erscheint in der folgenden Form auf dem Bildschirm

{{ y[x] → 1 + x^2 }}   .

Die hier angezeigte *Zuweisung* (mittels des *Zuweisungsoperators* „−>“) der Lösung $1 + x^2$ zur Funktion y[x] ist *nur symbolischer Natur*. Dies bedeutet, daß für weitere Rechnungen mit der Funktion y[x] eine anschließende Zuweisung mittels

y[x_] = y[x] /.%

erforderlich ist (als *Zuweisungsoperator* funktioniert hier nur „=“). Falls diese Zuweisung später erfolgt, ist natürlich nach „/.%“ noch die Nummer des Kommandos „*DSolve*“ einzutragen.

Falls man eine definierte Funktion mittels eines Befehls „*Plot*“ zeichnen möchte, empfiehlt es sich, in der Funktionsdefinition als Zuweisungsoperator „=“ zu verwenden. Bei der Verwendung von „:=“ kann der Zeichenbefehl versagen.

6.3   Befehle

Um ähnliche Programme schreiben zu können, wie man es von BASIC, FORTRAN, PASCAL, ... her gewöhnt ist (*prozedurale Programmierung*), benötigt man

- *Zuweisungen (Zuordnungen)*
- *Schleifen*
- *Verzweigungen.*

Zuweisungen wurden schon häufig in den vorangehenden Kapiteln verwendet. Sie werden in DERIVE, MAPLE und MATHCAD durch den Operator „:=" realisiert. Bei MATHEMATICA ist der Sachverhalt etwas komplizierter. Hier existieren mehrere *Zuweisungsoperatoren*. Da das Gleichheitszeichen durch „==" dargestellt wird, steht der Operator „=" neben „:=" ebenfalls für Zuweisungen zur Verfügung. Hinzu kommt noch der Zuweisungsoperator „→" , der mittels − und > eingegeben wird. Dieser Operator wird beispielsweise bei Optionen oder in Kombinationen mit anderen Kommandos eingesetzt. Der Unterschied zwischen den beiden Operatoren „=" und „:=" besteht darin, daß der Operator „=" den zugewiesenen Ausdruck sofort berechnet und danach zuweist, während beim Operator „:=" der Ausdruck nur formal zugewiesen und erst bei weiterer Verwendung berechnet wird (*verzögerte Zuweisung*). Aus den gegebenen Beispielen kann man auch ersehen, wann welcher Operator anzuwenden ist. Treten bei der Verwendung der Operatoren „=" oder „:=" Probleme auf, so sollte man es mit dem jeweils anderen versuchen. MAPLE besitzt ebenfalls eine verzögerte Zuweisung, die allerdings nicht mit dem Zuweisungsoperator realisiert wird (siehe [47]).

Schleifen dienen zur Wiederholung von Befehlsfolgen und werden meistens mit den Befehlen

for

und

while

gebildet (*Laufanweisung*).

Verzweigungen werden u.a. mit dem Befehl

if

gebildet und liefern in Abhängigkeit von Bedingungen verschiedene Resultate (*bedingte Anweisung*). Die vorkommenden Bedingungen bestehen aus *logischen Ausdrücken*, wie zum Beispiel

$$x \leq y \qquad x \neq y \qquad x < a \text{ **and** } x > b \qquad x \geq c \text{ **or** } x \leq d,$$

wobei

and

für das logische UND,

or

für das logische ODER und

not

für das logische NICHT stehen und in den einzelnen Programmen $\leq$ durch <= und $\geq$ durch >= dargestellt werden.

Die Programme gestatten auch die *Ineinanderschachtelung* von Schleifen und Verzweigungen, wie man es von den Programmiersprachen her gewöhnt ist.

Die mit dieser sogenannten prozeduralen Programmierung in den Computeralgbra-Programmen erstellten Programme sind aber nicht die schnellsten und auch nicht die effektivsten. Deshalb werden in MAPLE und MATHEMATICA weiterführende Programmiermöglichkeiten geboten, wozu u.a. die bereits erwähnte Listenverarbeitung, regelbasierte und funktionale Programmierung zählen. Wir beschränken uns im folgenden auf die *prozedurale Programmierung*, da diese zum Schreiben einfacher Programme ausreicht. Wenn man hiermit genügend Erfahrung gewonnen hat, sollten dann auch die weiterführenden Programmiermöglichkeiten genutzt werden.

Obwohl DERIVE nicht solche umfassenden Programmiermöglichkeiten wie MAPLE und MATHEMATICA besitzt, können doch für eine Reihe von Problemen eigene Programme (hier als Zusatz- oder Hilfsdateien bezeichnet) geschrieben werden.

Für die Programmierung von *Schleifen* und *Verzweigungen* werden in den einzelnen Computeralgebra-Programmen die *folgenden Befehle* bereitgestellt.

6.3.1   DERIVE

Verzweigungen lassen sich mit dem Befehl „*if*" realisieren, der die Form

if(Bedingung, Ergebnis_1, Ergebnis_2, Ergebnis_3)

besitzt, d.h., falls die „*Bedingung*" wahr ist, wird das „*Ergebnis_1*", falls sie falsch ist, das „*Ergebnis_2*" ausgegeben. Kann die Gültigkeit der Bedingung nicht festgestellt werden, so wird das „*Ergebnis_3*" ausgegeben. Statt der Ausgabe von Ergebnissen können auch Befehle (Anweisungen) ausgeführt werden. Diese Befehle dürfen ebenfalls den Befehl „*if*" enthalten, d.h. dieser kann verschachtelt werden (siehe Aufgabe a) aus Beispiel 6.6).

Beispiel 6.6:

a) Die Vorzeichenfunktion

$$\text{signum}(x) = \begin{cases} 1 & \text{für } x > 0 \\ 0 & \text{für } x = 0 \\ -1 & \text{für } x < 0 \end{cases}$$

läßt sich folgendermaßen definieren:

sgn(x) := **if**(x < 0, -1, **if**(x > 0, 1, 0))

Damit haben wir ein Beispiel für einen *geschachtelten Befehl „if"*.

b) Es lassen sich auch *rekursive Funktionen* mit dem Befehl „*if*" definieren, wie die Funktion zur Berechnung der Fakultät n! zeigt:

fak(n) := **if**(n = 0, 1, n * fak(n − 1))

Zur *Schleifenbildung* kann der folgende Befehl herangezogen werden.

iterates(f(x), x, a)

wiederholt die *Zuweisung*

x := f(x)

solange, bis x gleich einem der vorherigen Werte wird, wobei mit

x = a

begonnen wird.

Mit einem zusätzlichen vierten Argument n, d.h.

iterates(f(x), x, a, n)

kann noch die Anzahl n der Wiederholungen (Iterationen) festgelegt werden. Dieser Befehl gibt alle Zuweisungen auf dem Bildschirm aus, während er in der Schreibweise „*iterate*" (statt „*iterates*") nur den letzten Wert ausgibt.

Bei beiden Befehlen existiert noch ein fünftes Argument. Diese Variable k bezeichnet die aktuelle Iterationsanzahl und startet mit 1. Damit lautet der Befehl

iterate(f(x), x, a, n, k)

für die allgemeine Iteration

$x^{k+1} = f(x^k)$ mit $x^1 = a$ und $k = 1,...,n$

Die Anwendungsmöglichkeiten dieses Befehls für Iterationen und zur Schleifenbildung sind aus dem folgenden Beispiel ersichtlich.

Beispiel 6.7:

a) Das konvergente Iterationsverfahren zur Berechnung der Wurzel

$$\sqrt{a} \qquad (a > 0)$$

hat bekanntlich die Form

$$x^{k+1} = \frac{1}{2}\left(x^k + \frac{a}{x^k} \right) \text{ mit } k = 1, 2, \dots \text{ und } x^1 \text{ beliebig } (> a/3)$$

Es läßt sich mittels der Kommandofolge

Author: iterate((x + a/x)/2, x, a) $\Rightarrow$ **approX**

realisieren.

b) Die Berechnung der Summe

$$\sum_{k=1}^{n} \frac{1}{k}$$

ergibt sich am einfachsten mit dem Standardkommando

sum(1/k, k, 1, n) $\Rightarrow$ **Simplify**.

Unter Verwendung einer Schleife in der Form

begin   S := 0;

k := 1;

while k <= n **do begin** S := S + 1/k; k := k+1 **end**;

end.

oder

begin   S := 0;

for k:=1 **to** n **do** S := S + 1/k

end.

läßt sich die Summenberechnung programmieren (z.B. in PASCAL).

Mit dem Befehl „*iterate*" kann man diese Berechnung mittels

iterate(s+1/k, s, 0, n, k)

durchführen. Leider funktionierte dieser Befehl mit dem fünften Argument nicht bei der vorliegenden Version 2.58 von DERIVE, obwohl er im Handbuch dokumentiert ist. Für das im Handbuch gegebene Beispiel

iterate(a*k, a, 1, n, k)

zur Berechnung von n! wurde z.B. für n=10 das falsche Ergebnis k^{10} geliefert, d.h., k wird nicht wie angegeben als laufende Iterationsnummer (k = 1, 2, ..., n), sondern als Konstante interpretiert.

6.3.2   MAPLE

Für *Verzweigungen* werden folgende Befehle „*if*" bereitgestellt, die alle mit „*fi*" abgeschlossen werden müssen:

- **if** Bedingung **then** Anweisungen **fi**;

- **if** Bedingung **then** Anweisungen_1 **else** Anweisungen_2 **fi**;

- **if** Bedingung_1 **then** Anweisungen_1 **elif** Bedingung_2 **then** Anweisungen_2 **fi**;

- **if** Bedingung_1 **then** Anweisungen_1 **elif** Bedingung_2 **then** Anweisungen_2 **else** Anweisungen_3 **fi**;

Die *Struktur* dieser *Befehle* ist leicht erkennbar:

Wenn die „*Bedingung*" nach „*if*" wahr ist, werden die „*Anweisungen*" nach „*then*" ausgeführt. Falls „*else*" vorkommt, dann werden die danach folgenden „*Anweisungen*" ausgeführt, wenn die „*Bedingung*" nicht wahr ist. Der Befehl „*elif*" ist durch Zusammenziehen von „*else*" und „*if*" entstanden. Im Beispiel 6.3 haben wir bereits Anwendungen dieser Befehle kennengelernt.

Zur *Schleifenbildung* stehen zwei Befehle zur Verfügung:

- **while** Bedingung **do** Anweisungen **od**;

- **for** Index **from** Startwert **by** Schrittweite **to** Endwert **do** Anweisungen **od**;

Beim Befehl „*while*" werden die „*Anweisungen*" solange ausgeführt, solange die „*Bedingung*" wahr ist.

Beim Befehl „*for*" werden die „*Anweisungen*" solange ausgeführt, bis der „*Index*" den „*Endwert*" erreicht hat. Falls man „*by*" (d.h. die Schrittweite) oder „*from*" (d.h. den Startwert) wegläßt, wird hierfür jeweils der Wert 1 verwendet.

Wenn in den Befehlen mehrere Anweisungen nacheinander stehen, so sind diese durch Semikolon oder Doppelpunkt zu trennen.

Die **gegebenen** Befehle können noch verschachtelt werden (siehe Beispiel 6.13).

Beispiel 6.8:

Zur Berechnung der Summe

$$\sum_{k=1}^{n} \frac{1}{k}$$

kann einer der folgenden Befehle verwendet werden, wobei natürlich für n bei einer konkreten Rechnung ein Zahlenwert verwendet werden muß.

a) S := 0 :

   for k **from** 1 **by** 1 **to** n **do** S := S+1/k **od**;

b) S := 0 :

   for k **to** n **do** S := S+1/k **od**;

c) S := 0 : k := 1 :

   while k <= n **do** S := S+1/k : k := k+1 **od**;

d) S := **sum**(1/k, k=1..n);

Für praktische Rechnungen wird man natürlich das Standardkommando aus d) verwenden. Die Beispiele a) – c) sollen nur zur Veranschaulichung der besprochenen Befehle dienen.

6.3.3   MATHCAD

Verzweigungen lassen sich mit einem der folgenden beiden Befehle realisieren:

– **if**(Bedingung, Anweisung_1, Anweisung_2)

– **until**(Ausdruck, Anweisung)

Beim Befehl „*if*" (in deutscher Version „*wenn*") wird die „*Anweisung_1*" ausgeführt, wenn die „*Bedingung*" wahr ist, ansonsten die „*Anweisung_2*" (siehe Beispiel 6.4).

Beim Befehl „*until*" (in deutscher Version „*bis*") wird die „*Anweisung*" solange ausgefürt, bis der „*Ausdruck*" einen negativen Wert annimmt.

Schleifen lassen sich unter Verwendung der Operatoren

   „:="   und   „m .. n"

aus der Operatorleiste Nr.1 bilden.

Beispiel 6.9:

Die Summe aus Beispiel 6.8 (für n=10) kann folgendermaßen berechnet werden (Bildschirmanzeige):

a)

$$x_1 := 1 \qquad k := 1..9$$

$$x_{k+1} := x_k + \frac{1}{k+1}$$

$$x_{10} = 2.929$$

b) Einfacher läßt sich die Summe natürlich unter Verwendung des Summenoperators aus der Operatorleiste Nr.1 berechnen (siehe Abschnitt 4.6).

6.3.4 MATHEMATICA

Verzweigungen lassen sich mit den folgenden Befehlen realisieren:

- **If**[Bedingung, Anweisungen_1, Anweisungen_2]

- **Which**[Bedingung_1, Anweisungen_1, Bedingung_2, Anweisungen_2, ...]

Beim Befehl „*If*" werden die „*Anweisungen_1*" ausgeführt, wenn die „*Bedingung*" wahr ist, ansonsten die „*Anweisungen_2*".

Beim Befehl „*Which*" werden die „*Bedingungen_i*" (i=1,2, ...) der Reihe nach überprüft, bis eine „*Bedingung_k*" wahr ist. Anschliessend werden die hierauf folgenden „*Anweisungen_k*" ausgeführt. Wenn mehrere Anweisungen nacheinander stehen, so sind diese als Liste einzugeben, d.h., durch Kommas zu trennen und in { } einzuschließen (siehe Aufgabe a) aus Beispiel 6.11).

„*If*" empfiehlt sich bei Alternativen, während man bei mehr als zwei Verzweigungen „*Which*" benutzen sollte.

Eine Anwendung für beide Befehle haben wir bereits im Beispiel 6.5 kennengelernt. Betrachten wir ein weiteres Beispiel.

Beispiel 6.10:

Für die Definition der Funktion

$$f(x) = \begin{cases} x-2 & \text{für } x \geq 1 \\ -1 & \text{für } -1 \leq x \leq 1 \\ -x-2 & \text{für } x \leq -1 \end{cases}$$

benötigt man drei Verzweigungen. Sie läßt sich einfach mittels „*Which*" definieren:

f[x_] := **Which**[x <= −1, −x − 2, x <= 1, −1, 1 <= x, x − 2]   ,

während man unter Verwendung des Befehls „*if*" diesen schachteln muß, d.h.

f[x_] := **If**[x <= −1, −x − 2, **If**[1 <= x, x − 2, −1]]

Zur *Schleifenbildung* lassen sich die folgenden drei Befehle verwenden:

− **Do**[Anweisungen, { Index, Startwert, Endwert, Schrittweite }]

− **While**[Bedingung, Anweisungen]

− **For**[Startanweisungen, Bedingung, Schrittweite, Anweisungen]

Beim Befehl „*Do*" werden die „*Anweisungen*" solange ausgeführt, bis der „*Index*" den „*Endwert*" erreicht hat.

Beim Befehl „*While*" werden die „*Anweisungen*" ausgeführt, solange die „*Bedingung*" wahr ist.

Beim Befehl „*For*" werden zuerst die „*Startanweisungen*" ausgeführt. Anschließend werden die „*Anweisungen*" solange ausgeführt, bis die „*Bedingung*" nicht mehr wahr ist, wobei bei jedem Durchlauf die „*Schrittweitenanweisung*" wirksam wird.

Für die „*Schrittweitenanweisung*" gibt es die Möglichkeiten (zur Schrittweitenerhöhung):

− k++, falls die Schrittweite 1 ist,

− k+ = dk, falls die Schrittweite dk ist.

Betrachten wir die Wirkungsweise dieser Befehle an einem Beispiel.

Beispiel 6.11:

Wir wollen die folgende Summe berechnen:

$$\sum_{k=1}^{n} \frac{1}{k}.$$

Hierfür bieten sich die folgenden Befehle an:

a) **For**[{ S = 0, k = 1 }, k <= n, k++, S = S + 1/k];
   S

b) S = 0;
   Do[S = S + 1/k, { k, 1, n, 1 }];
   S

c) S = 0;
   k = 1;

While[k <= n, { S = S + 1/k, k = k + 1 }];

S

d) Am einfachsten berechnet sich die Summe natürlich mit dem Standardkommando „*Sum*":

S = **Sum**[1/k, { k, 1, n }]   .

Innerhalb der Befehle „*Do*", „*For*" und „*While*" muß die Zuweisung mittels „=" erfolgen, während der Anfangswert für k und S mit „=" oder „:=" zugewiesen werden kann.

Alle gegebenen Befehle lassen sich ebenso wie bei DERIVE und MAPLE verschachteln.

6.4   Erstellung eigener Programme (Pakete)

Im folgenden wollen wir kurz den strukturellen Aufbau von Programmen besprechen, die

– Zusatzdateien (Hilfsdateien) bei DERIVE,

– Zusatzpakete bei MAPLE und MATHEMATICA,

– Dokumente bei MATHCAD

heißen.

Diese Einführung soll dazu dienen, daß vorhandene Programme analysiert und eventuell verändert bzw. einfache eigene Programme erstellt werden können.

6.4.1   DERIVE

Zusatzdateien können mit der Kommandofolge
Transfer ⇒ **Load** ⇒ **Derive** (⇒ **file:** *Name*)
oder
Transfer ⇒ **Load** ⇒Utility (⇒ **file:** *Name*)

geladen werden. Beide Kommandofolgen unterscheiden sich dadurch, daß die erste die Zusatzdateien lädt und im Arbeitsfenster anzeigt, während die zweite nur lädt ohne anzuzeigen. Nach dem Laden stehen dann alle in der Datei definierten Funktionen zur Verfügung.

Die *Zusatzdateien* von DERIVE haben die folgende einfache Struktur:

– In der ersten Zeile stehen i.a. als Text (in " und " eingeschlossen) der Name der Datei, das Erstellungsdatum und der Hersteller.

– In den weiteren Zeilen werden Funktionen definiert, die Aufgaben unter Verwendung der beiden in Abschnitt 6.3.1 behandelten Befehle

if

und

iterates

und der in den Kapiteln 4 und 5 behandelten Standardkommandos lösen. Zwischen diesen Funktionen lassen sich *erläuternde Textzeilen* (in " und " eingeschlossen) einfügen. Sämtliche Zeilen der Datei werden fortlaufend durchnumeriert (mit 1 beginnend).

Betrachten wir den Aufbau der Zusatzdateien am Beispiel einer im Programmsystem mitgelieferten Datei.

Beispiel:

Die mitgelieferte Zusatzdatei „ODE1.MTH" zur Lösung von Differentialgleichungen erster Ordnung (siehe Abschnitt 4.12) besteht aus 34 Zeilen:

1: "File ODE1.MTH, copyright (c) 1991 by Soft Warehouse, Inc."

$$2:\ \mathrm{LINEAR}(p,q,x,y,x0,y0) := y = \frac{y0 + \int_{x0}^{x} q\hat{e}^{\mathrm{INT}(p,x,x0,x)}\,dx}{\hat{e}^{\mathrm{INT}(p,x,x0,x)}}$$

$$3:\ \mathrm{LINEAR\_GEN}(p,q,x,y,c) := y = \frac{c + \int q\hat{e}^{\int p\,dx}\,dx}{\hat{e}^{\int p\,dx}}$$

....

34: DSOLVE1(p, q, x, y, x0, y0, a_) := IF [................................]

Man erkennt hier sofort die oben beschriebene *Struktur*. Die erste Zeile ist eine *Textzeile* und enthält den Dateinamen und den Verfasser. Die weiteren Zeilen enthalten *Funktionsdefinitionen* zur Lösung der verschiedenen Differentialgleichunungen erster Ordnung. So liefern die Funktion aus Zeile Nr.2 die Lösung **der** linearen Differentialgleichung

$y' + p(x)y = q(x)$

mit der Anfangsbedingung

$$y(x_o) = y_o$$

und die Funktion aus der Zeile Nr.3 berechnet für diese Differentialgleichung die allgemeine Lösung mit der Konstanten c.

Das gegebene Beispiel läßt die Vorgehensweise bei der Erstellung von *Zusatzdateien* gut erkennen. Diese Dateien bestehen aus einer Reihe von *Funktionsdefinitionen*, in denen vorhandene *Standardkommandos* kombiniert und noch zusätzlich die beiden *Befehle*

if

und

iterates

verwendet werden. Damit lassen sich eine Reihe von Aufgaben programmieren. Die Möglichkeiten sind hier aber infolge des geringeren Befehlsvorrates gegenüber MAPLE und MATHEMATICA eingeschränkt.

Eine selbst verfaßte Zusatzdatei läßt sich mittels der Kommandofolge

Transfer $\Rightarrow$ **Save** $\Rightarrow$ **Derive** ($\Rightarrow$ **file:** Name)

in das DERIVE-Verzeichnis abspeichern und hieraus später wieder mittels der Kommandofolge

Transfer $\Rightarrow$ **Load** $\Rightarrow$ **Derive** bzw. **Utility** ($\Rightarrow$ **file:** Name)

laden, wobei für „*Name*" die Bezeichnung für die Datei einzugeben ist.

Wollen wir abschließend selbst eine einfache Zusatzdatei schreiben.

Beispiel 6.12:

Wir schreiben eine *Zusatzdatei* zur *Kombinatorik* (Kombinationen und Variationen) , die uns die Möglichkeiten für die Auswahl von k ($k \leq n$) Elementen aus n Elementen berechnet. Es gibt

– $\dfrac{n!}{(n-k)!}$ Möglichkeiten:

    bei Berücksichtigung der Reihenfolge (r=1) und ohne Wiederholung (w=0),

– n^k Möglichkeiten:

    bei Berücksichtigung der Reihenfolge (r=1) und mit Wiederholung (w=1),

– $\dbinom{n}{k}$ Möglichkeiten:

ohne Berücksichtigung der Reihenfolge (r=0) und ohne Wiederholung (w=0),

$$- \quad \binom{n + k - 1}{k} \qquad \text{Möglichkeiten:}$$

ohne Berücksichtigung der Reihenfolge (r=0) und mit Wiederholung (w=1).

Diese Zusatzdatei nennen wir „COMBINAT.MTH" und schreiben im
Stile der bereits mitgelieferten Zusatzdateien:

1: "File COMBINAT.MTH, copyright 1994 by ..."

2: "Erläuterungen:"

3: "Auswahl von k Elementen aus n Elementen"

4: "r=1: mit Berücksichtigung der Reihenfolge"

5: "r=0: ohne Berücksichtigung der Reihenfolge"

6: "w=1: mit Wiederholung"

7: "w=0: ohne Wiederholung"

8: **combinat**(n, k, r, w) := **if**(r=1, **if**(w=1, n^k, n!/(n − k)!), **if**(w = 1, **comb** (n + k − 1, k), **comb**(n, k)))

In dieser Datei wurde neben dem Befehl „*if*" noch das Standardkommando „*comb*" zur Berechnung von Binomialkoeffizienten verwendet. Nach dem Laden dieser selbstgeschriebenen Zusatzdatei
steht das Kommando „*combinat*" zur Verfügung.

So liefert z.B.

combinat(3, 2, 1, 0) ⇒ **Simplify**

als Ergebnis 6, d.h., es gibt 6 Möglichkeiten für die Auswahl von 2
Elementen aus 3 gegebenen Elementen bei Berücksichtigung der
Reihenfolge und ohne Wiederholungen.

6.4.2   MAPLE

Aufgrund der bereits behandelten Befehle von MAPLE läßt sich
schon erkennen, daß hier anspruchsvollere Programme möglich
sind, die auch rekursive und funktionale Programmierung zulassen.
Prozeduren (Unterprogramme) haben die folgende *Struktur:*

Prozedurname := **proc**(Parameterfolge);
Vereinbarungen;
Befehle;
end;

Mittels

Prozedurname(Parameterfolge);

wird die Prozedur aufgerufen. Dabei kann die Anzahl der beim Prozeduraufruf verwendeten Parameter kleiner oder größer sein, als die bei der Definition der Prozedur (Prozedurvereinbarung) gegebenen. Es ist auch erlaubt, daß keine Parameter bei der Definition angegeben werden. Zur Feststellung der bei einem aktuellen Aufruf verwendeten Parameter stehen innerhalb einer Prozedur die beiden Größen *„nargs"* (*„number of arguments"* = Zahl der Argumente) und *„args"* zur Verfügung. Sie sind aber keine Variablen, da ihnen keine Werte zugewiesen werden können:

– *„nargs"* gibt die aktuelle Anzahl der beim Prozeduraufruf verwendeten Parameter an.

– *„args*[k]*"* gibt den k-ten eingegebenen Parameter, während *„args*[r..s]*"* die Folge der r-ten bis s-ten Parameter bereitstellt.

Für *„Befehle"* können die im Abschnitt 6.3.3 behandelten Befehle verwendet werden. *Lokale Variable*, die nur innerhalb einer Prozedur Gültigkeit besitzen, werden zu Beginn in den *„Vereinbarungen"* mittels

local

vereinbart. Die Verwendung lokaler Variabler, die auch in den Unterprogrammen der bekannten Programmiersprachen vorkommen, ist zu empfehlen, um Komplikationen mit *globalen Variablen* außerhalb der Prozedur zu vermeiden.

Betrachten wir die Problematik an einigen Beispielen.

Beispiel 6.13:

a) Wir schreiben eine Prozedur, die das *Minimum* von *drei* gegebenen *Zahlen* bestimmt:

min3 := **proc**(a1, a2, a3);

print(`Bestimmung des Minimums von 3 Zahlen`, a1, a2, a3);

if a1 <= a2 **then if** a1 <= a3 **then** a1 **else** a3 **fi elif** a2 <= a3 **then** a2 **else** a3 **fi**;

end ;

Der Aufruf **min3**(3, 2, -6);   liefert das Ergebnis -6 .

b) Jetzt soll die Prozedur das Minimum von beliebig vielen Zahlen bestimmen, wofür wir *„nargs"* und *„args"* verwenden werden:

min_n := **proc**( )

local min, i;

min := args[1];

for i **from** 2 **to** nargs **do if** args[i] < min **then** min := args[i] **fi**;
od;

min;

end;

Die Aufrufe

min_n (9, 3, 4, 5, 4, 3, 2, 6, 7); und **min_n** (9, 2, 1, -5, 6, 9);

liefern die Ergebnisse 2 bzw. -5.

Diese Prozedur haben wir nur zu Übungszwecken geschrieben. In MAPLE existieren bereits (ebenso wie in DERIVE, MATHCAD und MATHEMATICA) die Standardkommandos

$$\mathbf{max}(x_1, x_2, \ldots, x_n); \qquad \text{und} \qquad \mathbf{min}(x_1, x_2, \ldots, x_n);$$

zur Bestimmung des Maximums bzw. Minimums von n Zahlen $x_1, x_2, \ldots, x_n$.

c) Da in MAPLE keine Kommandos für *diskrete Wahrscheinlichkeits-verteilungen* vorhanden sind (siehe Abschnitt 5.4), schreiben wir eine Prozedur „*binvert*" zur Berechnung der *Verteilungsfunktion*

$$\sum_{i=0}^{k} P(X = i)$$

für die Binomialverteilung mit

$$P(X = i) = \binom{n}{i} p^i (1 - p)^{n-i} \quad .$$

c1) Eine erste Möglichkeit kann folgendermaßen aussehen:

binvert := **proc**(n, k, p)

local erg, i ;

if k > n **or** p > 1 **or** p < 0 **then print**(`fehlerhaftes Argument`)

else erg := 0 ;

for i **from** 0 **to** k **do** erg := erg + **binomial**(n, i)*p^i*(1−p)^(n−i)**od** ;

erg ; **fi** ;

end ;

c2) Eine kürzere Form ergibt sich bei der Verwendung des Standardkommandos „*sum*":

binvert := **proc**(n, k, p)

local erg, i;

if k > n **or** p > 1 **or** p < 0 **then print**(`fehlerhaftes Argument`)

else erg := **sum**(**binomial**(n, i)*p^i*(1 − p)^(n − i), i = 0..k);

erg; **fi**;

end;

Der *Aufruf*

binvert(10, 5, 0.8);

liefert das in der Aufgabe b) aus Beispiel 5.8 erhaltene Ergebnis
0.0328.

In der Aufgabe c) des letzten Beispiels sehen wir, daß man neben
den im Abschnitt 6.3.2 behandelten Befehlen in ein Programm auch
problemlos Standardkommandos (hier „*binomial*") aus den Kapiteln
4 und 5 einbinden kann.

Die nach den gegebenen Regeln erstellten *Prozeduren* lassen sich
auf zwei verschiedenen Wegen *abspeichern* und später wieder *einlesen:*

− Mittels der Menüfolge

   File ⇒ Save as ⇒ Dateiname:

   kann man eine erstellte Prozedur als *Notebook* z.B. in das Unterverzeichnis „LIB" von MAPLE oder auf Diskette abspeichern und
   bei Bedarf mittels der Menüfolge

   File ⇒ Open ⇒ Dateiname:

   wieder laden. Dabei sollte der gewählte Dateiname die Endung
   „.MS" besitzen. So kann beispielsweise die in der Aufgabe c) von
   Beispiel 6.13 erstellte Prozedur „*binvert*" als Notebook
   „BINVERT.MS" mittels der Menüfolge

   File ⇒ Save as ⇒ Dateiname: binvert.ms

   gespeichert und mittels der Menüfolge

   File ⇒ Open ⇒ Dateiname: binvert.ms

   bei späteren Arbeitssitzungen wieder geladen werden.

   Diese Methode hat aber den Nachteil, daß nach dem Laden wieder der gesamte Text der Prozedur im Arbeitsfenster steht und
   man jede Zeile dieser Prozedur mit der ⏎-Taste aktivieren
   muß, ehe das durch die Prozedur definierte Kommando zur Verfügung steht.

– Wenn man die Prozedur nach dem Laden nicht wieder als Notebook auf dem Bildschirm haben möchte, so empfiehlt sich die Abspeicherung der Prozedur mittels des Kommandos

save

in das interne MAPLE-Format. Die Abspeicherung in dieses interne Format wird erreicht, indem man den Dateinamen mit der Endung „.M" versieht. Die Prozedur *„binvert"* aus der Aufgabe c) von Beispiel 6.13 kann z.B. mittels des Kommandos

save binvert, `binvert.m`;

in das Unterverzeichnis „LIB" von MAPLE gespeichert werden. Später läßt sich eine so abgespeicherte Prozedur mittels

read

wieder laden. Für unser Beispiel muß dies durch

read `binvert.m`;

geschehen. Diese Methode hat den Vorteil, daß nach dem Einlesen das durch die Prozedur definierte Kommando verfügbar ist, ohne daß die Prozedur auf dem Bildschirm erscheint und aktiviert werden muß.

Bisher haben wir unsere kurzen Prozeduren auf den MAPLE-Arbeitsschirm geschrieben. Bei längeren Prozeduren und Paketen empfiehlt sich aber die Anwendung eines *Texteditors (Textverarbeitungsprogramms)*. Beim Abspeichern ist hierbei nur darauf zu achten, daß man das ASCII-Format (keine Steuerzeichen) verwendet. Aufgrund des *Textformats* der Prozeduren lassen sich diese jederzeit mit einem Texteditor ansehen und ändern.

Es wurden bis jetzt nur einzelne Prozeduren geschrieben. Unter einem *Paket (Package)* versteht man eine *Sammlung* einzelner *Prozeduren*, die als ein Programm unter einem gemeinsamen Namen *(Paketname)* abgespeichert und auch wieder geladen werden. Im Unterschied zu MATHEMATICA erfordert MAPLE eine unterschiedliche Vorgehensweise beim Einlesen von Paketen. *Standardpakete* und *-prozeduren* aus der MAPLE-Bibliothek (Datei „MAPLE.LIB") werden mit dem Kommando *„with"* bzw. *„readlib"* eingelesen. Dagegen ist für selbsterstellte Pakete, die im internen MAPLE-Format (d.h. mit der Dateiendung „.M") im Unterverzeichnis „LIB" gespeichert sind, das Kommando *„read"* zum Lesen anzuwenden. Die Vorgehensweise hierfür ist aus Beispiel 6.14 ersichtlich. Ein weiterer Nachteil von MAPLE besteht darin, daß alle Standardpakete und -prozeduren unübersichtlich in der einen Datei „MAPLE.LIB" enthalten sind.

Dies ist bei MATHEMATICA wesentlich vorteilhafter organisiert. Die *Standardpakete* sind übersichtlich nach Gebieten geordnet in Unterverzeichnissen des Verzeichnis „PACKAGES" enthalten, so daß man selbsterstellte Pakete hier problemlos abspeichern und mit den gleichen Kommandos wie bei Standardpaketen aufrufen kann.

Das *Erstellen eigener* („einfacher") *Pakete* geschieht folgendermassen. Die Prozeduren, die ein Paket bilden sollen, werden nacheinander aufgeschrieben. Außerdem muß natürlich noch ein *Rahmen* (Kopf und Ende) erstellt werden, damit das Paket als solches erkennbar ist, d.h., es muß vor allem auch einen Namen (*Paketname*) erhalten. Des weiteren ist es noch möglich, innerhalb des Pakets an beliebiger Stelle *erläuternden Text* einzufügen, der mit # beginnen muß. Man kann auch noch *Hilfetext* (Erläuterungen) zu den definierten neuen Kommandos aufnehmen (siehe [47]).

Ein *Paket* hat die folgende *Struktur:*

```
`type/Paketname`:= [ ];
# weitere Programminformationen
# Erläuterungen zur Prozedur_1
Prozedur_1;
.....................
# Erläuterungen zur Prozedur_n
Prozedur_n;
# Paketende
```

Erstellen wir abschließend ein kleines eigenes Paket.

Beispiel 6.14:

Ein *Paket* für die *diskreten Verteilungsfunktionen* der Wahrscheinlichkeitsrechnung, mit dessen Hilfe man diese Verteilungsfunktionen für die Binomial-, hypergeometrische und Poisson-Verteilung berechnet, kann folgendermaßen aussehen:

```
`type/diskvert`:= [ ];

# diskvert_Package zur Berechnung diskreter Verteilungsfunktionen
F(k). Programmiert 1994 von ....

# Binomialverteilung

binvert := proc( n, k, p )

local erg, i;

if k > n or p > 1 or p < 0 then print( `fehlerhaftes Argument`)

else erg := sum( binomial( n, i )*p^i*( 1 − p)^( n − i ), i = 0..k );
erg; fi;
```

end;

hypergeometrische Verteilung

hypvert := **proc**(M, N, n, k)

local erg, i;

if k > M **or** M > N **or** n > N **then print**(`fehlerhaftes Argument`)

else erg := **sum**(**binomial**(M, i)***binomial** (N − M, n − i)

/binomial(N, n), i = 0..k);

erg; **fi**;

end;

Poisson-Verteilung

poisvert := **proc**(r, k)

local erg, i ;

erg := **sum**(r^i*E^(-r)/i!, i = 0..k);

erg;

end;

Ende diskvert_Package

Falls man das Paket „diskvert" im internen MAPLE-Format als Datei mit dem Namen „DISKVERT" und der Endung „.M" in das Verzeichnis „LIB" von MAPLE mittels

save `type/diskvert`, binvert, hypvert, poisvert, `diskvert.m`;

abspeichert, kann bei späteren Arbeitssitzungen dieses Paket „diskvert" durch das Kommando

read `diskvert.m`;

geladen werden, so daß die Kommandos

binvert(n, k, p);   **hypvert**(M, N, n, k);   **poisvert**(r, k);

zur Verfügung stehen.

6.4.3   MATHCAD

Die in den *Zusatzhandbüchern* enthaltenen Programme (Dateien mit der Endung „.MCD") werden als *Dokumente* bezeichnet und nach Aufruf von MATHCAD wie üblich mittels der Menüfolge (Kommandofolge)

File ⇒ Open Document ⇒ Dateiname:

ins Arbeitsfenster geladen. Dazu muß man natürlich in der Dialogbox „*OpenDocument*" in das Unterverzeichnis wechseln, in dem die gewünschte Dokumente-Datei steht. Üblicherweise befinden sich alle Zusatzhandbücher in Unterverzeichnissen des Verzeichnis

„HANDBOOK" von MATHCAD. Nach dem Laden kann mit dem Dokument gerechnet werden, indem man hierin die entsprechenden Ausdrücke durch die eigenen ersetzt und im *Automatik-Modus* (Automatic-Mode) anschließend die $\boxed{\leftarrow}$-Taste drückt. Ein Beispiel für ein Dokument aus einem Zusatzhandbuch findet man im Kapitel 4.12 (Bild 4.20). Unter Verwendung der in Abschnitt 6.3.3 behandelten Befehle lassen sich auch eigene Dokumente erstellen. Wir wollen dies an einem einfachen Beispiel demonstrieren.

Beispiel 6.15:

Wir öffnen ein neues Dokument mittels

File ⇒ New Document

und schreiben folgendes Dokument für die Aufgabe zur Kombinatorik aus Beispiel 6.12. Das Ergebnis ist in der Bildschirmkopie von Bild 6.3 zu sehen.

Bild 6.3:
Bildschirmkopie
von MATHCAD
(Beispiel 6.15)

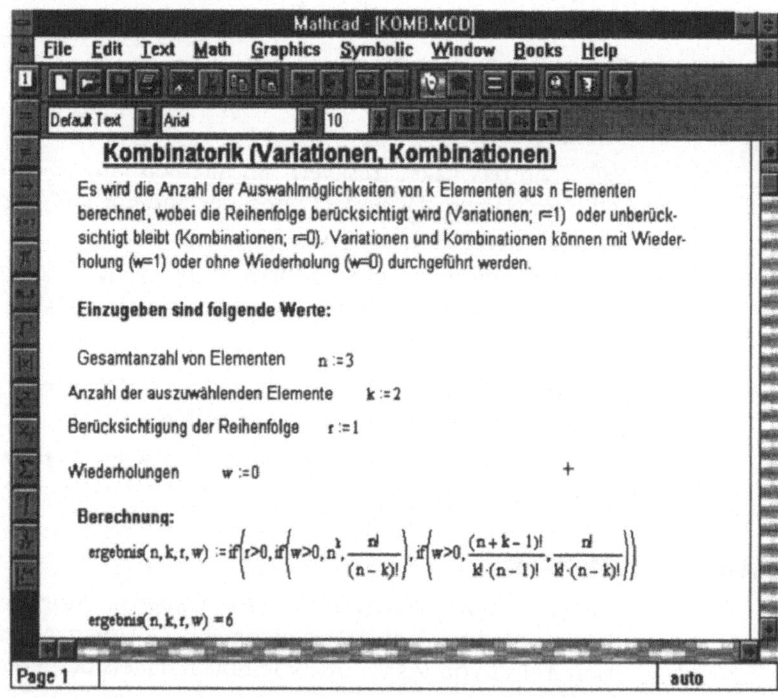

Im abgebildeten Dokument (Bild 6.3) haben wir die Anwendungsaufgabe aus Beispiel 6.12 gelöst und das Ergebnis 6 erhalten, wobei n=3, k=2, r=1 und w=0 verwendet wurde. Wollen wir andere Werte benutzen, so brauchen wir diese nur an der entsprechenden Stelle einzutragen, nachdem wir die alten Werte gelöscht haben. Im Automatik-Modus genügt dann das Drücken der ⏎-Taste, um das neue Ergebnis zu erhalten.

Falls man ein erstelltes Dokument abspeichern möchte, so geschieht dies mit der Menüfolge

File ⇒ SaveDocument As ⇒ Dateiname: ,

wobei ein Dateiname mit der Endung „.MCD" zu verwenden ist. Geladen wird dieses Dokument bei einer späteren Arbeitssitzung mittels der Menüfolge

File ⇒ Open Document ⇒ Dateiname: .

6.4.4   MATHEMATICA

Nachdem wir bereits im Abschnitt 6.2.4 Funktionen als erste einfache Programme besprachen und im Abschnitt 6.3.4 Befehle zu Schleifenbildungen und Verzweigungen kennenlernten, behandeln wir im folgenden kurz den Aufbau von *Paketen* (*Packages*). Die mitgelieferten *Standardpakete* findet man im Verzeichnis „PACKAGES" von MATHEMATICA, das in Unterverzeichnisse nach einzelnen Gebieten (z.B. „ALGEBRA", „CALCULUS", „GEOMETRY", ...) gegliedert ist. Diese Unterverzeichnisse enthalten die entsprechenden Pakete (Dateien mit der Endung „.M"). Eigene Pakete speichert man sinnvollerweise ebenfalls in diesen Unterverzeichnissen ab. Geladen werden die Pakete mit den Kommandos „<<" oder „*Needs*" mit nachfolgendem Namen des Unterverzeichnisses und des Paketes. Der Inhalt der Pakete wird nach dem Laden nicht auf dem Bildschirm angezeigt, aber alle darin enthaltenen Kommandos sind verfügbar. Es besteht analog zu MAPLE noch die Möglichkeit, erstellte Pakete als Notebooks (Datei mit der Endung „.MA") abzuspeichern und später wieder einzulesen. Dies ist aber wegen der schon bei MAPLE beschriebenen Nachteile nicht zu empfehlen.

Ein *Paket* kann man sich aus der Sicht des Anwenders ebenso wie bei MAPLE als eine Sammlung zusätzlicher Kommandos (als Funktionen definiert) vorstellen, die im Kern nicht vorhanden sind und die zur Lösung einer Gruppe von Problemen benötigt werden. So besteht ein Paket analog zu MAPLE aus einer Reihe von Funktionen, in denen Befehle aus Abschnitt 6.3.4 und bekannte MATHEMATICA-Kommandos (aus dem Kern) enthalten sind. Dazu muß natürlich noch ein *Rahmen* (Kopf und Ende) erstellt werden, damit das Paket als solches erkennbar ist, d.h., es muß vor allem auch einen Namen (*Paketname*) erhalten, unter dem es abgespeichert und wieder geladen wird.

Des weiteren ist es noch möglich, innerhalb des Pakets an beliebiger Stelle *erläuternden Text* einzufügen, der zwischen (* und *) einzuschließen ist. *Hilfetext* (Erläuterungen) zu den definierten neuen Kommandos kann hinter „*usage =*" eingefügt werden. Er läßt sich mittels „ ? *Kommandoname* " auf dem Bildschirm anzeigen. Das Schreiben eines Pakets kann ebenso wie bei MAPLE im Arbeitsfenster oder besser unter Verwendung eines *Texteditors* geschehen. Aufgrund ihres Textformats lassen sich diese Pakete jederzeit mit einem Texteditor ansehen und eventuell verändern.

Der *strukturelle Aufbau* eines *Pakets* hat die folgende Form:

(* *erläuternder Text mit Paketname usw.* *)

BeginPackage["*Paketname*"]

Funktion_1::usage= "*Erläuterungen zu Funktion_1*"

....

Funktion_n::usage= "*Erläuterungen zu Funktion_n*"

Begin["`*Private*`"]

........*Definition von lokalen Variablen, Hilfsfunktionen*

Funktion_1[...] := ...

....

Funktion_n[...] := ...

End[ ]

EndPackage["*Paketname*"]

Aus diesem Schema läßt sich die Vorgehensweise unmittelbar ablesen. Im Hauptteil nach „*Begin*["`*Private*`"]" werden zuerst *lokale Variable* und Hilfsfunktionen definiert. Es empfiehlt sich, lokale Variable zu benutzen, die nur für das Paket eine Bedeutung besitzen. Daran anschließend erfolgt dann die Definition der benötigten Funktionen nach den in Abschnitt 6.2.4 gegebenen Regeln unter Verwendung der in Abschnitt 6.3.4 gegebenen Befehle. Zusätzlich kann noch an beliebiger Stelle *erläuternder Text* eingefügt werden.

Veranschaulichen wir das Erstellen einfacher Pakete abschließend an einem Beispiel.

Beispiel 6.16:

Wir schreiben ebenso wie für MAPLE (siehe Beispiel 6.14) ein *Paket* zur Berechnung der *diskreten Verteilungsfunktionen* für die Binomial-, hypergeometrische und Poisson-Verteilung. Diese Verteilungen existieren zwar schon im Paket „Statistik", sind aber etwas umständlich zu handhaben.

Des weiteren haben wir diese Aufgabe gewählt, um einen Vergleich mit MAPLE zu erhalten.

Wir geben dem Paket den Namen „DiskVert" und speichern es im Unterverzeichnis „STATISTICS" des Verzeichnisses „PACKAGES" mittels der Menüfolge

File ⇒ **Save As/Export...** ⇒ **File Name:** DiskVert.M

ab. Eine mögliche Form für dieses Paket sieht man im folgenden.

(* *Diskrete_Verteilungen_Package.Programmiert 1994 von ....*)

(**Berechnung der Verteilungsfunktion F(k) für Binomial-, hypergeometrische und Poisson-Verteilung**)

BeginPackage["Statistics`DiskVert`"]

BinVert::usage="BinVert(n, k, p) berechnet die Verteilungsfunktion F(k) für die Binomialverteilung"

HypVert::usage="HypVert(M, N, n, k) berechnet die Verteilungsfunktion F(k) für die hypergeometrische Verteilung"

PoisVert::usage="PoisVert(r, k) berechnet die Verteilungsfunktion F(k) für die Poisson-Verteilung"

Begin["`Private`"]

(* *Binomialverteilung**)

BinVert[n_,k_,p_] := **Sum**[**Binomial**[n,i]*p^i*(1–p)^(n–i), {i, 0, k}]

(* *hypergeometrische Verteilung**) ·

HypVert[M_,N_,n_,k_] := **Sum**[**Binomial**[M, i] * **Binomial**[N – M, n – i] / **Binomial**[N, n], { i, 0, k }]

(* *Poisson-Verteilung**)

PoisVert[r_,k_] := **Sum**[r^i*E^(-r)/i!, { i, 0, k }]

End[ ]

EndPackage["Statistics`DiskVert`"]

Nach dem Laden dieses Pakets mittels

<<Statistics`DiskVert`

oder

Needs["Statistics`DiskVert`"]

stehen dann die Kommandos

BinVert[n, k, p]   **HypVert** [M, N, n, k]   **PoisVert**[r, k]

zur Verfügung.

7   Zusammenfassung

Das wesentliche *Anliegen des Buches* ist es, ausgehend von dem zu lösenden mathematischen Problem, die *Vorgehensweise* bei den bekanntesten *Computeralgebra-Programmen* gegenüberzustellen, *Gemeinsamkeiten* herauszuarbeiten und auf *Vor- und Nachteile* hinzuweisen. Damit ist ein Anwender in der Lage, anfallende mathematische Standardaufgaben mit einem der behandelten Programme zu lösen.

Wenn man die vorangehenden Kapitel 4 bis 6 durchgearbeitet und die vorhandenen Beispiele unter Verwendung eines oder mehrerer Computeralgebra-Programme gerechnet hat, läßt sich folgende *Einschätzung* geben:

- Falls die Programme bei der symbolischen (exakten) Berechnung erfolgreich sind, führen sie *umfangreiche Rechnungen* und *Umformungen* in vielen Anwendungen meistens in Sekundenschnelle aus. Dies sollte aber nicht dazu verleiden, allen angezeigten Resultaten blindlings zu vertrauen, da auch Fehler auftreten können.

- Falls die exakte (symbolische) Berechnung scheitert, besitzen die Programme *numerische Kommandos*, die *Näherungslösungen* liefern. Die hierfür verwendeten numerischen Standardmethoden liefern i.a. akzeptable Ergebnisse, können jedoch nicht mit den vielfachen Möglichkeiten spezieller Numerikprogramme (z.B. aus der NAG-Bibliothek) konkurrieren.

- Um sich einen Überblick über mögliche Lösungen zu verschaffen, sollte man die umfangreichen *Grafigfähigkeiten* der einzelnen Programme nutzen, wenn dies die Aufgabenstellung zuläßt und die Anzahl der Variablen nicht größer als drei ist.

- Obwohl sich die Kommandonamen in den einzelnen Programmen meistens von der englischen Bezeichnung für die durchzuführenden Operationen ableiten, unterscheiden sie sich doch durch die Schreibweise. Auch besitzen gleichartige Kommandos eine verschiedene Anordnung und Anzahl der benötigten Argumente und liefern die Ergebnisse in unterschiedlicher Form. Da sich dies nicht immer mit logischen Mitteln nachvollziehen läßt, empfiehlt es sich, für häufig verwendete Kommandos eine Kurzübersicht anzufertigen oder die beiliegende *Schnellübersicht* (Kapitel 8) zu verwenden.

- Wenn man *komplexere Aufgaben* lösen will, so muß man mehrere Kommandos hintereinanderausführen, bereits erhaltene Ergebnisse weiterverwenden und gegebenenfalls eigene kleine Programme erstellen bzw. auf Zusatzpakete und -dateien zurückgreifen.

- Die gezeigten Leistungen bei der Lösung der einzelnen Grundaufgaben lassen kein bestes Programm erkennen. Alle Programme haben *Vor- und Nachteile*. Vom Preis-Leistungs-Verhältnis dürfte DERIVE am besten abschneiden, das auch für den schmalen Geldbeutel erschwinglich ist und auf „einfachen" PCs läuft. Mit diesem Programm könnte ein Einsteiger beginnen, ehe er die anspruchsvolleren WINDOWS-Versionen der Programme MAPLE, MATHCAD und MATHEMATICA heranzieht, die natürlich weitergehende Möglichkeiten bieten. Alle Programme sind aber noch weit von einem Idealzustand entfernt. Sie scheitern manchmal schon an einfachen Aufgabenstellungen, wie wir im Verlaufe des Buches gesehen haben. Einen ausführlichen Vergleich zwischen MAPLE und MATHEMATICA findet man in [47].

Für MAPLE sprechen u.a.

- die höhere Rechengeschwindigkeit,

- die geringeren Anforderungen an die Hardware und den Speicherbedarf,

- die leichter zu erlernende Programmiersprache.

Die Vorteile von MATHEMATICA liegen in

- dem modernen und einfacheren einheitlichen *Listenkonzept* zur Darstellung von Daten. MATHEMATICA verwendet nur Listen, die unter Verrwendung von geschweiften Klammern dargestellt werden. In MAPLE existieren dagegen vier verschiedene Datentypen (Listen, Mengen, Felder und Tabellen),

- den unübertroffenen Grafikmöglichkeiten,

- dem konkurrenzlosen Angebot an Zusatzpaketen zu den unterschiedlichsten mathematischen Anwendungen,

- der moderneren einheitlichen Syntax für die Kommandos.

Abschließend sollen noch einige *grundsätzliche Hinweise* zur Nutzung der besprochenen *Computeralgebra-Programme* gegeben werden:

- Man sollte sich nicht ausschließlich auf das von einem Computeralgebra-Programm gelieferte Ergebnis verlassen, da alle Programme natürlich *nicht fehlerfrei* arbeiten und auch in Zukunft aufgrund ihrer Komplexität nicht zur völligen Perfektion gebracht werden können.

- Falls man mehrere Computeralgebra-Programme zur Verfügung hat, sollte man das gleiche Problem mit *verschiedenen Programmen* lösen und die Ergebnisse vergleichen.

- Wenn es möglich ist, sollte man für die erhaltenen Ergebnisse eine *Probe* unter Verwendung des Computeralgebra-Programms durchführen. Dies kann z.B. durch Einsetzen der Lösung in das Gleichungssystem, durch Differentiation der Stammfunktion bei der Berechnung von Integralen oder durch grafische Darstellungen bei Kurvendiskussionen, Optimierungsaufgaben, Lösung von Ungleichungen usw. geschehen.

- Bei einem *Mißerfolg* sollte man nicht gleich von einer weiteren Anwendung der Programme Abstand nehmen, sondern zuerst überlegen, ob die vorliegende Aufgabe exakt (symbolisch) oder numerisch lösbar ist. Danach sollte man die Syntax der benutzten Kommandos überprüfen, den entsprechenden Abschnitt im Buch nochmals durcharbeiten und als letztes Mittel das Programm neu starten.

  Für MAPLE und MATHEMATICA erhält man weitere sogenannte „*Überlebensregeln*" in den Büchern [46] und [47].

- Findet man für ein zu lösendes Problem kein entsprechendes Kommando, so sollte man sich nicht scheuen, kleine *Programme* unter Verwendung der Hinweise aus Kapitel 6 selbst zu schreiben.

  Wenn man die Möglichkeiten besitzt, sollte man natürlich auch nach bereits vorhandenen *Zusatzpaketen* bzw. *-dateien* suchen. Diese findet man in Büchern zu speziellen Anwendungen der Computeralgebra-Programme und in den zu den Programmen erscheinenden Fachzeitschriften. Falls man über einen Computer mit Netzanschluß (z.B. INTERNET) verfügt, kann man bei den sogenannten *Archivrechnern* in aller Welt nachsehen, welche Zusatzpakete hier abrufbar sind. Für MATHEMATICA lassen sich Zusatzpakete z.B. mittels FTP *mathsource.wri.com* abrufen.

- Man sollte sich durch die Anwendung von Computeralgebra-Programmen nicht dazu verleiten lassen, die eigenen *Mathematikkenntnisse* verkümmern zu lassen. Ein wirklich effektives Arbeiten mit diesen Programmen ist nur möglich, wenn man der

Mathematik aufgeschlossen gegenübersteht und die Programme als *nützliches Hilsmittel* verwendet, um sich von langwierigen Rechnungen zu befreien, verschiedene Varianten oder bereits erzielte Ergebnisse zu überprüfen oder das aufwendige Erstellen von Computerprogrammen mittels Programmiersprachen zu vermeiden.

- Wenn man Freude an der Verwendung von Computeralgebra-Programmen gewonnen hat, so sollte man mit den vorhandenen Kommandos *experimentieren* und eigene *Erfahrungen* sammeln, da auch ein noch so umfangreiches Handbuch nicht auf alle Probleme (und vor allem Schwächen) eingehen kann und manchmal auch will.

Literatur

[1] Abell, Braselton: The Mathematical Handbook, Academic Press 1992

[2] Abell, Braselton: Mathematica by Example, Academic Press 1993

[3] Abell, Braselton: Differential Equations with Mathematica, Academic Press 1993

[4] Akritas: Elements of Computer Algebra with Applications, John Wiley & Sons 1989

[5] Arney: Exploring Calculus with Derive, Addison–Wesley 1992

[6] Arney: Derive Laboratory Manual for Differential Equations, Addison-Wesley 1991

[7] Autorenkollektiv: Computeralgebra in Deutschland, herausgegeben von der Fachgruppe Computeralgebra 1993

[8] Autorenkollektiv: Science com–Mathematica in Beispielen, Int. Thomson Publ. 1993

[9] Baumann: Mathematica in der theoretischen Physik, Springer Verlag 1993

[10] Blachman: Mathematica: A Practical Approach, Prentice Hall 1992

[11] Blachman: Mathematica griffbereit, Vieweg 1993

[12] Born, Lorenz: Science com–MathCad in Beispielen, Int. Thomson Publ. 1993

[13] Brackx, Constales: Computer Algebra with Lisp and Reduce, Kluwer Academic Publishers 1991

[14] Braden, Krug, McCartney, Wilkinson: Discovering Calculus with Mathematica, John Wiley & Sons 1992

[15] Brown, Porta, Uhl: Calculus & Mathematica, Part I, Addison–Wesley 1991

[16] Buchberger, Collins, Loos: Computer Algebra–Symbolic Algebraic Computation, Springer Verlag 1983

[17] Burbulla, Dodson: Self–Tutor for Computer Calculus using Mathematica, Prentice Hall 1992

[18] Burkhardt: Erste Schritte mit Mathematica,Springer Verlag 1993

[19] Char, Geddes usw.: First Leaves: A Tutorial Introduction to Maple V, Springer Verlag 1992

[20] Char, Geddes usw.: Maple V Library Reference Manual, Springer Verlag 1991

[21] Char, Geddes usw.: Maple V Language Reference Manual, Springer Verlag 1991

[22] Cohen: Computer Algebra in Industry, John Wiley & Sons 1993

[23] Crandall: Mathematica for the Sciences, Addison–Wesley 1991

[24] Crooke, Ratcliffe: A Guidebook to Calculus with Mathematica, Wadsworth Publishing 1991

[25] Culioli: Introduction à Mathematica, Ellipses 1991

[26] Davenport, Siret, Tournier: Computer Algebra, Academic Press 1988

[27] Ellis, Lodi: A Tutorial Introduction to Mathematica, Brooks/Cole Publishing Company 1991

[28] Ellis, Johnson, Lodi, Schwalbe: Maple VFlight Manual: Tutorials for Calculus, Linear Algebra and Differential Equations, Brooks/Cole Publishing Company 1992

[29] Ellis, Lodi: Derive for the Calculus Student: A Tutorial, Brooks Cole Publishing Company 1991

[30] Finch, Lehmann: Exploring Calculus with Mathematica, Addison–Wesley 1992

[31] Fuchssteiner u.a.: Mu PAD Benutzerhandbuch, Birkhäuser Verlag 1993

[32] Geddes, Czabor, Labahn: Algorithms for Computer Algebra, Kluwer Academic Publishers 1992

[33] Gloggengießer: Maple V, Markt & Technik 1993

[34] Glynn: Exploring Math from Agebra to Calculus with Derive,a Mathematical Assistant, Math Ware 1992

[35] Gray, Glynn: The Beginner's Guide to Mathematica Version 2, Addison–Wesley 1992

[36] Gray, Glynn: Exploring Mathematics with Mathematica, Addison–Wesley 1991

[37] Gray, Glynn: Guide d'Initiation à Mathematica 2, Addison–Wesley 1993

[38] Heck: Introduction to Maple, Springer Verlag 1993

[39] Hehl, Winkelmann, Meyer: Computer-Algebra, Springer Verlag 1992

[40] Heinrich, Janetzko: Das Mathematica Arbeitsbuch, Vieweg 1993

[41] Höft: Laboratories for Calculus I using Mathematica, Addison–Wesley 1992

[42] Jenks, Sutor: Axiom, Springer Verlag 1992

[43] Johnson, Evans: Discovering Calculus with Derive, John Wiley & Sons 1992

[44] Kaufmann: Mathematica als Werkzeug, Birkhäuser Verlag 1992

[45] Koepf, Ben–Israel, Gilbert: Mathematik mit Derive, Vieweg 1993

[46] Kofler: Mathematica, Addison–Wesley 1992

[47] Kofler: Maple V, Release 2, Addison–Wesley 1993

[48] Kutzler, Wall, Winkler: Mathematische Expertensysteme, expert–Verlag 1992

[49] Kutzler, Lichtenberger, Winkler: Softwaresysteme zur Formelmanipulation, expert–Verlag 1990

[50] MacCallum, Wright: Algebraic Computing with Reduce, Oxford Science Publications 1991

[51] Maeder: Informatik für Mathematiker und Naturwissenschaftler, Addison–Wesley 1993

[52] Maeder: Programming in Mathematica, Addison–Wesley 1991

[53] Mätzel, Nehrkorn: Formelmanipulationen mit dem Computer, Akademie–Verlag 1985

[54] Mignotte: Mathematics for Computer Algebra, Springer Verlag 1991

[55] Rayna: Reduce, Software for Algebraic Computation, Springer Verlag 1987

[56] Redfern: The Maple Handbook, Springer Verlag 1993

[57] Rousselet: Devenir Champion en Calcul avec Eureka, Marabout 1990

[58] Schaper: Grafik mit Mathematika, Addison–Wesley 1994

[59] Skeel, Keiper: Elementary Numerical Computing with Mathematica, McGraw-Hill 1993

[60] Skiena: Implementing Discrete Mathematics: Combinatorics and Graph Theory with Mathematica, Addison–Wesley 1991

[61] Spieth: Science com–Maple V Release 2 in Beispielen, Int. Thomson Publ. 1993

[62] Stauffer, Hehl, Winkelmann, Zabolitzky: Computer Simulation and Computer–Algebra-Lectures for Beginners, Springer Verlag 1988

[63] Steeb, Lewien: Algorithms and Computation with Reduce, BI Wissenschaftsverlag 1992

[64] Steiner: MathCad 3.1, tewi 1994

[65] Stelzer: Mathematica, Addison–Wesley 1993

[66] Stroyan: Calculus using Mathematica, Academic Press 1992

[67] Tournier: Computer Algebra and Differential Equations, Academic Press

[68] Ueberberg: Einführung in die Computeralgebra mit Reduce, BI Wissenschaftsverlag 1992

[69] Vardi: Computational Recreations in Mathematica, Addison–Wesley 1991

[70] Varian: Economic and Financial Modeling with Mathematica, Springer Verlag 1993

[71] Vedemsky: Partial Differential Equations with Mathematica, Addison–Wesley 1993

[72] Wagon: Mathematica in Aktion, Spektrum Akademischer Verlag 1993

[73] Weskamp: Mathcad 3.1 für Windows, Addison–Wesley 1993

[74] Wieder: Introduction to MathCad for Scientists and Engineers, McGraw–Hill 1992

[75] Wolfram: Mathematica: Ein System für Mathematik auf dem Computer, Addison–Wesley 1993

[76] Wolfram: Mathematica Reference Guide, Addison–Wesley 1992

[77] Wooff, Hodgkinson: MuMath: A Microcomputer Algebra System, Academic Press 1987

[78] Gander, Hrebicek: Solving Problems in Scientific Computing using Maple and Matlab, Springer Verlag 1994

[79] Kamerich: A Guide to Maple, Springer Verlag 1994

[80] Stauffer, Hehl, Ito, Winkelmann, Zabolitzky: Computer Simulation and Computer Algebra, Springer Verlag 1993

[81] Feagin: Quantum Mechanics with Mathematica, Springer Verlag 1993

[82] Gaylord, Kamin, Wellin: An Introduction to Programming with Mathematica, Springer Verlag 1993

[83] Hehl, Winkelmann, Meyer: Reduce , Springer Verlag 1993

[84] Mishra: Algorithmic Algebra , Springer Verlag 1993

[85] Scheu: Arbeitsbuch Computeragebra mit Derive-Beispielen, Algorithmen, Aufgaben aus der Schulmathematik, Dümmlers Verlag 1992

[86] Böhm: Teaching Mathematics with Derive, Chartwell-Bratt Ltd. 1992

[87] Cohen: A Course in Computational Algebraic Number Theory, Springer Verlag 1993

[88] Pohst: Computational Algebraic Number Theory, Birkhäuser Verlag 1993

[89] Berry, Graham, Watkins: Learning Mathematics through Derive, Ellis Horwood 1993

[90] Devitt: Calculus with Maple V, Brooks/Cole 1993

[91] Donnelly: Mathcad for introductory physics, Addison-Wesley 1992

[92] Burbulla, Dodson: Self Tutor for Computer Calculus using Maple, Prentice Hall 1993

[93] Burbulla, Dodson: Using Mathematica 2.0, Prentice Hall 1992

[94] Anderson: The Student Edition of Mathcad, Addison-Wesley 1992

[95] Arney: Exploring Differential Equations with Derive, Addison-Wesley 1993

[96] Harris: Discovering Calculus with Maple, Wiley 1992

[97] Holmes u.a.: Exploring Calculus with Maple, Addison-Wesley 1993

[98] Marcus: Matrics and Matlab, Prentice Hall 1993

[99] Mondel, Preiser: Maple, tewi 1994

[100] Mauve, Moos: Mathematik mit Derive, Arbeitsblätter zur experimentellen Mathematik, Dümmler 1993

[101] Shaw, Tigg: Applied Mathematica: Getting Started, Getting It Done, Addison-Wesley 1993

[102] Stroyan: Scientific Projects and Mathematical Background for Calculus Using Mathematica, Academic Press 1993

[103] Allen: Introduction to Computer Performance Analysis with Mathematica, Academic Press 1993

[104] Freeman: Simulating Neural Networks with Mathematica, Addison-Wesley 1993

[105] Packel, Wagon: Animating Calculus, Freeman 1994

[106] Gray: Mastering Mathematica: Programming Methods and Applications, Academic Press 1994

[107] Maeder: The Mathematica Programmer, Academic Press 1994

[108] Abell, Braselton: Revised Edition of Mathematica by Example, Academic Press 1994

[109] Maeder: Programming for Mathematica, Addison-Wesley 1994

Sachwortverzeichnis

—Z—